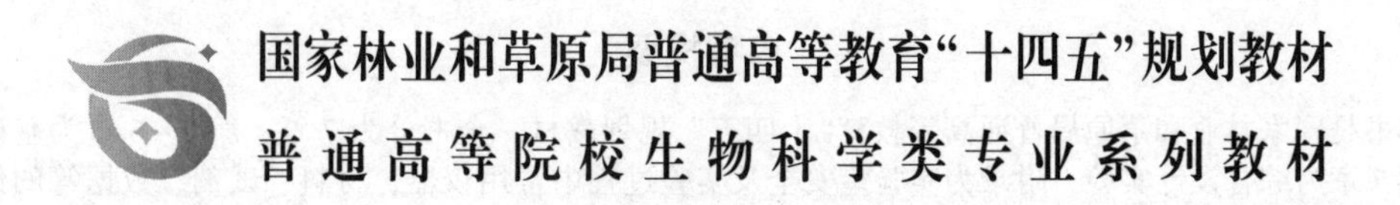

国家林业和草原局普通高等教育“十四五”规划教材

普通高等院校生物科学类专业系列教材

植物生理学实验教程

（第3版）

顾玉红　路文静　主编

中国林業出版社
CFPH China Forestry Publishing House

内容提要

本书是国家林业和草原局普通高等教育“十四五”规划教材。全书分为7章，第1~6章为基础性实验，第7章为综合设计实验，附录为实验室安全及实验过程中常用仪器、材料、试剂、数据等的使用和处理。本书作为《植物生理学》的配套实验教材，既可以加深学生对实验基本理论的理解，锻炼学生的实验操作技能，培养严谨的科学态度，又可以提高学生综合运用知识的能力和创新能力。同时，本书也可作为科研工作者的实验工具书。

图书在版编目(CIP)数据

植物生理学实验教程／顾玉红，路文静主编. —3版. —北京：中国林业出版社，2024.4(2024.12重印)

国家林业和草原局普通高等教育“十四五”规划教材

普通高等院校生物科学类专业系列教材

ISBN 978-7-5219-2623-1

Ⅰ. ①植… Ⅱ. ①顾… ②路… Ⅲ. ①植物生理学-实验-高等学校-教材 Ⅳ. ①Q945-33

中国国家版本馆CIP数据核字(2024)第027729号

责任编辑：范立鹏

责任校对：苏　梅

封面设计：周周设计局

出版发行　中国林业出版社

(100009，北京市西城区刘海胡同7号，电话83143626)

电子邮箱　jiaocaipublic@163.com

网　　址　https://www.cfph.net

印　　刷　北京中科印刷有限公司

版　　次　2012年2月第1版(共印2次)

2017年8月第2版(共印2次)

2024年4月第3版

印　　次　2024年12月第2次印刷

开　　本　787mm×1092mm　1/16

印　　张　13.25

字　　数　315千字

定　　价　45.00元

教学课件

《植物生理学实验教程》(第3版)
编写人员

主　　编：顾玉红　路文静

副 主 编：杨明峰　王凤茹

王文斌　贾晓梅

编写人员：(按姓氏拼音排序)

陈　琰(河北农业大学)

高同国(河北农业大学)

顾玉红(河北农业大学)

郭红彦(山西农业大学)

侯名语(河北农业大学)

胡小龙(西南林业大学)

贾　慧(河北农业大学)

贾晓梅(保定学院)

李　君(河北农业大学)

廖杨文科(南京林业大学)

刘　坤(内蒙古农业大学)

刘艳萌(河北农业大学)

路文静(河北农业大学)

时翠平(河北农业大学)

王凤茹(河北农业大学)

王文斌(山西农业大学)

杨明峰(北京农学院)

玉　猛(河北农业大学)

张　超(河北农业大学)

《植物生理学实验教程》(第2版)
编写人员

主　　编：路文静　李奕松

副 主 编：王凤茹　顾玉红

谢寅峰　贾晓梅

编写人员：(按姓氏拼音排序)

谷守芹(河北农业大学)

顾玉红(河北农业大学)

郭红彦(山西农业大学)

侯名语(河北农业大学)

胡小龙(西南林业大学)

贾　慧(河北农业大学)

贾晓梅(保定学院)

寇凤仙(保定职业技术学院)

李奕松(北京农学院)

路文静(河北农业大学)

时翠平(河北农业大学)

史树德(内蒙古农业大学)

王凤茹(河北农业大学)

王文斌(山西农业大学)

谢寅峰(南京林业大学)

周彦珍(保定职业技术学院)

《植物生理学实验教程》(第1版)
编写人员

主　　编： 路文静　李奕松

副 主 编： 王凤茹　王文斌
谢寅峰　顾玉红

编写人员：（按姓氏拼音排序）

谷守芹（河北农业大学）
顾玉红（河北农业大学）
郭红彦（山西农业大学）
侯名语（河北农业大学）
胡小龙（西南林业大学）
贾　慧（河北农业大学）
贾晓梅（保定学院）
李奕松（北京农学院）
路文静（河北农业大学）
时翠平（河北农业大学）
史树德（内蒙古农业大学）
王凤茹（河北农业大学）
王文斌（山西农业大学）
谢寅峰（南京林业大学）
周彦珍（保定职业技术学院）

第3版前言

植物生理学是研究植物生命活动规律及其与外界环境相互关系的科学，是高等院校生物技术、生物科学、农学、种子、中药学、园艺、设施农业、植物保护、动植物检疫、草业科学、资源与环境工程、林学等10多个专业必修的专业基础课，也是指导农业生产和科学研究的重要理论依据和技术。植物生理学实验是该课程重要的实践性教学环节。通过实验，可以进一步加深学生对基础理论的认识和理解，加强对学生基本实验技能的训练和动手能力的培养，使学生掌握植物生理的基本方法和技术，提高学生分析问题和解决问题的能力，有助于培养创新型人才，进而为我国农业生产和科学研究服务，为乡村振兴添砖加瓦。

本书作为国家林业和草原局普通高等教育“十四五”规划教材，为了满足高校教学改革以及创新型人才培养的需要，结合植物生理学与其他学科交叉渗透、研究领域不断向宏观和微观方向拓展、研究手段现代化、更加注重实际应用等发展特点，在此次修订中，各位编者遵循经典实用技术与现代先进技术相结合的原则，系统总结在教学和科研中的实践经验，注重内容的科学性、实用性和方法的可靠性、可操作性，力求比较全面和系统地介绍当今植物生理学的实验技术，体现现代植物生理学研究领域的新进展。

全书共分7章，第1~6章为基础性实验，结合《植物生理学》教材各章内容，运用科学的实验方法，测定相关数据，验证相关知识和理论；第7章为综合设计实验，综合运用有关知识设计实验内容，以提高学生分析问题、解决问题的能力，培养创新思维。实验附录为实验室安全以及实验过程中常用仪器、材料、试剂、数据等的使用和处理，以提高学生的实验技能，强化实验安全意识和解决危险情况的能力。本次修订新增实验15个、新增全书配套教学PPT(实验内容和图片、随堂测试、思考题)、新增实验操作视频33个、新增附录6个，并对第2版中出现的错漏进行了修正。因此，本书作为植物生理学的实验教材，一方面介绍了较丰富的实验方法，利于不同高校和科研单位、不同专业学生的选择性使用；另一方面配套了教学PPT，利于线下授课、线上授课、线下线上混合式授课的开展，可用于相关学习平台授课。本次修订的另一创新性亮点在于编写组制作了高清规范的实验操作视频，可以在很大程度上解决在授课过程中由于空间角度限制、学生多等因素导致老师操作仪器时有些同学看不到或看不全或看不准具体操作而使其在操作时出错导致实验结果差甚至失败的问题，有利于学生开展实验，更能弥补线上教学时学生未进行操作的遗憾和加深对实验操作的感性认识。总之，本书既可以加深学生对实验基本理论的理解，锻炼学生的实验操作技能，培养严谨的科学态度，又可以提高学生综合运用知识的能力和创新能力、利于实验教学的开展。同时，本书也可作为科研工作者的实验工具书。

自2012年以来，本书得到了广大读者的普遍认可，在此我们表示衷心感谢。为了体现植物生理学实验技术的新进展，经过各位编者的努力，完成了此次修订并由顾玉红、路文静、杨明峰、王文斌、贾晓梅进行统稿和修改。

本书编写引用了国内外许多教材、著作及相关论文的内容和图表，出版得到了各位编者所在院校和中国林业出版社的大力支持，中国林业出版社范立鹏博士对书稿进行了细致的编辑，在此一并表示衷心感谢！

本书编者在编写过程中力求严谨、认真、规范，但因水平有限，书中仍可能存在疏漏或错误，恳请广大读者批评指正。

编 者

2024年3月

第 2 版前言

植物生理学是研究植物生命活动规律及其与外界环境相互关系的科学，是生命科学的重要基础学科。近年来植物生理学发展迅速，表现出与其他学科交叉渗透，研究领域不断向宏观、微观方向拓展，研究手段现代化，更加注重实际应用等特点。为了适应高校教学改革和创新型人才培养的需要，加强对学生实践能力的培养，结合植物生理学的发展特点，在国家林业局普通高等教育“十三五”规划教材《植物生理学》的基础上，我们编写了这本《植物生理学实验教程》(以下简称《实验教程》)。

《实验教程》本着现代技术和常用技术相结合的原则，力求比较全面和系统地介绍当今植物生理学的实验技术，注重内容的科学性、实用性和方法的可靠性、可操作性。在编写过程中，参阅了大量相关文献，既体现现代植物生理学研究的新进展，又结合了各位编者在教学和科研中的实践经验。全书分为 7 篇，1~6 篇为基础性实验，结合《植物生理学》教材各章内容，运用科学的实验方法，测定相关数据，验证相关知识和理论；第 7 篇为综合设计实验，结合一个选题，综合运用有关知识设计实验内容，提高学生分析问题、解决问题的能力；附录为实验室安全及实验过程中常用仪器、材料、试剂、数据等的使用和处理，提高实验者的实验技能，强化实验安全意识。因此，本书作为植物生理学的实验教材，既可以加深学生对实验基本理论的理解，锻炼学生的实验操作技能，培养严谨的科学态度，又可以提高学生综合运用知识的能力和创新能力。同时，本书也可作为科研工作者的实验工具书。

《植物生理学实验教程》(第 1 版)自 2012 年 1 月出版以来，得到了广大读者的认可，在此我们表示衷心感谢。为了反映近几年植物生理学实验技术的进展，经过各位编者的努力，完成了第 2 版书稿，并由路文静、王凤茹、顾玉红进行统稿和修改。《实验教程》(第 2 版)被列为国家林业局普通高等教育“十三五”规划教材。第 2 版基本保持了第 1 版体系，内容上添加了新的实验技术和部分经典实验，并对第 1 版中出现的编写疏漏和印刷错误进行了修正。

本书编者在编写过程中力求严谨、认真、规范，但因水平有限，书中仍可能存在不妥或错误，恳请读者批评指正。

编　者

2017 年 1 月

第1版前言

植物生理学是研究植物生命活动规律及其与外界环境相互关系的科学，是生命科学的重要基础学科。近年来植物生理学发展迅速，表现出与其他学科交叉渗透，研究领域不断向宏观、微观方向拓展，研究手段现代化，更加注重实际应用等特点。为了适应高校教学改革和创新型人才培养的需要，加强对学生实践能力的培养，结合植物生理学的发展特点，在中国林业出版社“十二五”规划教材《植物生理学》的基础上，我们编写了这本《植物生理学实验教程》。

《植物生理学实验教程》本着现代技术和常用技术相结合的原则，力求比较全面和系统地介绍当今植物生理学的实验技术，注重内容的科学性、实用性和方法的可靠性、可操作性。在编写过程中，参阅了大量相关文献，既体现现代植物生理学研究的新进展，又结合了各位编者在教学和科研中的实践经验。全书分为7章，第1~6章为基础性实验，结合《植物生理学》教材各章内容，运用科学的实验方法，测定相关数据，验证相关知识和理论；第7章为综合设计实验，结合一个选题，综合运用有关知识设计实验内容，提高学生分析问题、解决问题的能力。附录为实验室安全及实验过程中常用仪器、材料、试剂、数据等的使用和处理，提高实验者的实验技能，强化实验安全意识。因此，本书作为植物生理学的实验教材，既可以加深学生对实验基本理论的理解，锻炼学生的实验操作技能，培养严谨的科学态度，又可以提高学生综合运用知识的能力和创新能力。同时，本书也可作为科研工作者的实验参考书。

本书编者均为多年在植物生理学教学及科研一线的人员，结合个人的教学和研究领域分工编写各章内容。初稿完成后，各编写人员进行了交互审阅，就有关内容进行了研讨、补充，主编、副主编经过了多次修改，最后由主编路文静教授进行统稿完善。

本书引用了国内外许多教材、著作及相关论文的内容和图表，同时，在编写过程中得到了中国林业出版社及各位编者所在院校的大力支持，在此一并表示感谢!

本书编者在编写过程中力求严谨、认真、规范，但因水平有限，对书中可能存在的不妥或错误之处，恳请读者批评指正。

编　者

2011年5月

目　录

第 1 章

植物的水分生理

实验 1-1　植物组织中自由水和束缚水含量的测定

【实验目的】

1. 了解植物组织中水分存在状态与植物生命活动的关系。
2. 熟悉折射仪的使用。

【实验原理】

植物组织中的水分以 2 种形式存在：一种是与原生质胶体紧密结合的束缚水；另一种是不与原生质胶体紧密结合而可以自由移动的自由水。自由水与束缚水的含量与植物的生长及抗逆性存在密切关系。当自由水/束缚水比值较高时，植物组织或器官的代谢活动一般比较旺盛，生长也较快；反之，则生长可能较缓慢，但抗逆性可能较强。因此，自由水和束缚水的相对含量可以作为评价植物组织代谢活动及抗逆性强弱的重要指标。

束缚水被细胞原生质胶体颗粒吸附不易移动，不易蒸发和结冰，不能作为溶剂，也不易被溶质夺取，所以当植物组织被浸入较浓的糖溶液中一定时间后，易移动的自由水可全部扩散到糖液中，组织中便只留下不易移动的束缚水。自由水扩散到糖液后(相当于增加了溶液中的溶剂)，便增加了糖液的重量，同时降低了糖液的浓度。用浓度降低了的糖液重量减去原来高浓度糖液的重量即为植物组织中自由水含量(即扩散到高浓度糖液中的水量)。最后，用同样植物组织的总含水量减去此自由水含量即植物组织中的束缚水含量。

【实验条件】

1. 材料

新鲜的植物叶片。

2. 试剂

65%~75%的蔗糖溶液：称取蔗糖 65~75 g 置烧杯中，加蒸馏水 25~35 g，使溶液总重为 100 g，溶解后备用。

3. 仪器用具

阿贝折射仪，分析天平，烘箱，超级恒温水浴槽，称量瓶，打孔器，烧杯，瓷盘，量筒，吸滤管，移液管和移液管架，洗耳球，胶塞，记号笔等。

【实验步骤】

(1)取称量瓶2个，洗净，烘干，称重后备用。

(2)在田间选定待测作物，摘取在生长部位、叶龄等方面较一致的叶片。

(3)用打孔器在叶子的半边钻取小圆片，每叶取5个小圆片，共取50个小圆片，放入1号称量瓶，盖紧，称重；在叶子的另半边的对称位置同样钻取5个小圆片，共取50个小圆片，放入2号称量瓶，盖紧，称重。然后分别计算1号和2号称量瓶中样品鲜重 m_{f1} 和 m_{f2}。

(4)将1号称量瓶置于烘箱，于105℃ 烘15 min，再于80℃烘至恒重，称量并计算1号称量瓶中样品的干重 m_{d1}。

(5)用移液管吸取5 mL质量浓度为65%~75%的蔗糖溶液加入2号称量瓶，加盖后称重，求得所加蔗糖溶液的质量 m_B。小心摇动瓶使溶液与样品混合均匀，放在阴凉处4~5 h，期间要经常摇动。

(6)将折射仪与超级恒温水浴槽相连，水温调到20℃。

(7)用吸滤管(在玻璃管的一端塞上少许脱脂棉，另一端配上橡皮吸头)吸取2号瓶少许上层透明的溶液，滴一滴在折射仪棱镜的毛玻璃片上，旋紧棱镜，测定浸出液的含糖质量浓度 B_2。棱镜用蒸馏水清洗，再用同样方法测定蔗糖溶液的质量浓度 B_1。

【结果分析】

$$\text{组织总含水量}=[(m_{f1}-m_{d1})/m_{f1}]\times 100\% \tag{1-1}$$

$$\text{自由水含量}= m_B(B_1-B_2)/(B_2\times m_{f2})\times 100\% \tag{1-2}$$

$$\text{束缚水含量}=\text{组织总含水量}-\text{组织自由水含量} \tag{1-3}$$

式中 m_{f1}，m_{f2}——分别为1号、2号称量瓶样品鲜重(g)；

m_{d1}——1号称量瓶样品干重(g)；

m_B——2号称量瓶所加蔗糖溶液的质量(g)；

B_1，B_2——蔗糖溶液加入样品前后的质量浓度(%)。

【注意事项】

1. 用于计算总含水量的叶圆片和用于测定自由水含量的叶圆片需在相同叶片的对称部位钻取。

2. 用折射仪测定蔗糖质量浓度时超级恒温水浴槽的温度应控制在20℃。

【思考题】

1. 植物组织中的自由水和束缚水的生理作用有何不同？

2. 自由水/束缚水比值的大小与生长及抗性关系如何？

3. 为什么用于计算总含水量的叶圆片和用于测定自由含水量的叶圆片需在相同叶片的对称部位钻取？

(贾晓梅)

实验1-2　植物细胞质壁分离现象观察及渗透势的测定

【实验目的】

1. 观察植物细胞在不同浓度溶液中质壁分离现象产生的过程。

2. 掌握质壁分离法测定植物组织渗透势的原理和方法。

实验视频

【实验原理】

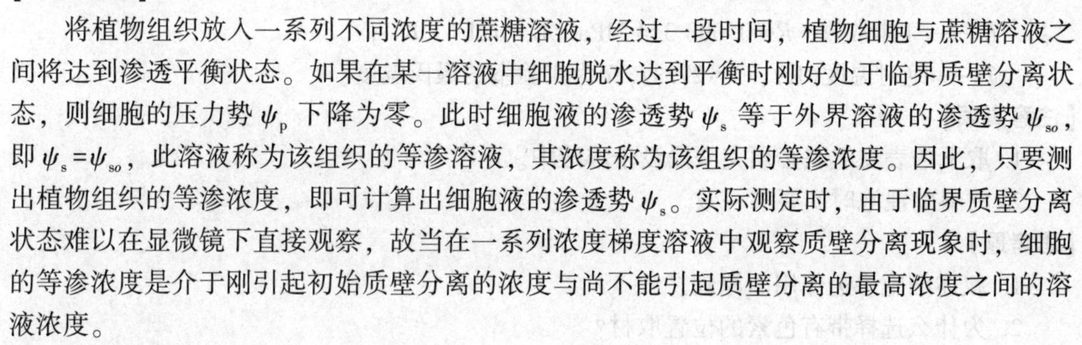

将植物组织放入一系列不同浓度的蔗糖溶液，经过一段时间，植物细胞与蔗糖溶液之间将达到渗透平衡状态。如果在某一溶液中细胞脱水达到平衡时刚好处于临界质壁分离状态，则细胞的压力势 ψ_p 下降为零。此时细胞液的渗透势 ψ_s 等于外界溶液的渗透势 ψ_{so}，即 $\psi_s=\psi_{so}$，此溶液称为该组织的等渗溶液，其浓度称为该组织的等渗浓度。因此，只要测出植物组织的等渗浓度，即可计算出细胞液的渗透势 ψ_s。实际测定时，由于临界质壁分离状态难以在显微镜下直接观察，故当在一系列浓度梯度溶液中观察质壁分离现象时，细胞的等渗浓度是介于刚引起初始质壁分离的浓度与尚不能引起质壁分离的最高浓度之间的溶液浓度。

【实验条件】

1. 材料

洋葱鳞茎或紫鸭跖草叶片。

2. 试剂

100 mL浓度为1.00 mol · L^{-1} 的蔗糖溶液，配制成0.10 mol · L^{-1}、0.15 mol · L^{-1}、0.20 mol · L^{-1}、0.25 mol · L^{-1}、0.30 mol · L^{-1}、0.35 mol · L^{-1}、0.40 mol · L^{-1}、0.45 mol · L^{-1}、0.50 mol · L^{-1} 共9个浓度梯度的蔗糖溶液。

3. 仪器用具

显微镜，载玻片，盖玻片，尖头镊子，刀片，培养皿，滤纸，计时器，记号笔等。

【实验步骤】

(1)取干燥洁净的培养皿并编号，将不同浓度蔗糖溶液按顺序加入各培养皿形成一薄层，盖好培养皿盖备用。

(2)用镊子剥取或用刀片小心刮取带有色素的洋葱鳞茎或紫鸭跖草叶片的下表皮，大小以0.5 cm^2 为宜。吸去切片表面水分后立即浸入不同浓度的蔗糖溶液5~10 min，每一浓度处理浸泡4~6片。

(3)从浓度0.50 mol · L^{-1} 蔗糖溶液开始依次取出表皮薄片放在滴有同样溶液的载玻片上，盖上盖玻片，于显微镜低倍镜下观察。如果所有细胞都产生质壁分离的现象，则取低浓度溶液中的制片进行同样观察，记录质壁分离的相对程度。

(4)实验中必须确定一个引起半数以上细胞原生质刚刚从细胞壁的角隅上分离的浓度和一个不引起质壁分离的最高浓度。

(5)在找到上述极限浓度时，用新的溶液和新鲜的叶片重复进行几次，直至确定极限浓度。在此条件下，细胞的渗透势与这2个极限溶液浓度之平均值的渗透势相等。记录数值。

【结果分析】

测出引起质壁分离刚开始的蔗糖溶液最低浓度和不能引起质壁分离的最高浓度平均值之后，可按式(1-4)计算在常压下该组织细胞的渗透势。

$$\Psi_s = -iCRT \tag{1-4}$$

式中　Ψ_s——细胞渗透势(MPa)；

i——溶液的解离系数(蔗糖溶液的 i 值取1)；

C——等渗溶液的浓度($mol \cdot L^{-1}$)；

R——气体常数，$R=0.008\ 314\ MPa \cdot L \cdot mol^{-1} \cdot K^{-1}$；

T——绝对温度(K)，$T=273+t$，t 为实验室的摄氏温度。

【注意事项】

1. 取下的表皮组织必须完全浸没于溶液中。
2. 材料的浸泡时间要求一致。

【思考题】

1. 叙述细胞渗透作用的原理。
2. 为什么选择带有色素的位置取材？
3. 比较不同植物组织的渗透势有何差异？

(贾晓梅)

实验1-3　植物组织水势的测定

【实验目的】

1. 了解植物组织中水势测定的几种方法和它们的优缺点。
2. 掌握相关方法和实验原理。

Ⅰ. 小液流法

【实验原理】

实验视频

水势表示水的化学势，水分从水势高处流向水势低处。植物体细胞之间、组织之间以及植物体和环境之间的水分移动方向都由水势决定。当植物细胞或组织置于一系列浓度递增的溶液中时，如果植物组织的水势小于溶液的渗透势，则组织吸水而使外界溶液浓度变大；反之，则组织水分外流而使外界溶液浓度变小。若植物组织的水势与溶液的渗透势相等，则二者水分保持动态平衡，所以外界溶液浓度不变，此时外界溶液的渗透势即等于所测植物组织的水势。溶液浓度不同，比重不同。当2种不同浓度的溶液相遇时，稀溶液由于比重小而上浮，浓溶液则由于比重较大而下沉。取浸过植物组织的溶液一小滴(为了便于观察可先染色)，放在原来浓度的溶液中，观察液滴升降情况即可判断浓度的变化，如小液滴不动，则表示溶液浸过植物组织后浓度未变，即外界溶液的渗透势等于组织的水势。

【实验条件】

1. 材料

胡萝卜肉质根或其他植物的叶片。

2. 试剂

甲烯蓝溶液，8个浓度梯度的蔗糖溶液(或氯化钙溶液)(0.1 mol·L^{-1}、0.2 mol·L^{-1}、0.3 mol·L^{-1}、0.4 mol·L^{-1}、0.5 mol·L^{-1}、0.6 mol·L^{-1}、0.7 mol·L^{-1}、0.8 mol·L^{-1})。

3. 仪器用具

具塞青霉素瓶，具塞试管和试管架，移液管和移液管架，毛细吸管，打孔器，胶塞或垫板，温度计，解剖针，镊子，洗耳球，单面刀片，记号笔，移液器和枪头等。

【实验步骤】

(1)分别取8个浓度梯度的蔗糖溶液(或氯化钙溶液)各6 mL于8支洁净干燥的大试管中，加塞，编号，按编号顺序在试管架上排成一列，作为对照组。

(2)分别取8个浓度梯度的蔗糖溶液(或氯化钙溶液)各4 mL于8支洁净干燥的青霉素瓶中，加塞，编号，按顺序放好，作为试验组。

(3)取胡萝卜肉质根或剪下具有代表性的新鲜叶片，用打孔器制作成均匀的组织圆片。迅速将适量组织圆片放入具塞青霉素瓶。一般先用单面刀片将胡萝卜肉质根切成几毫米厚的薄片再用打孔器取小圆片；叶片直接用打孔器取小圆片。每个青霉素瓶内放入8个胡萝卜根或叶片小圆片。摇动小瓶，使植物材料浸入溶液。注意：这个过程操作要快，防止水分蒸发。放置30 min，在此期间摇动小瓶2~3次，使组织与溶液进行充分的水分交换。

(4)30 min后，分别在各小瓶中加入甲烯蓝溶液少许，摇匀，使溶液呈淡蓝色。按浓度从低到高依次分别用毛细吸管吸取蓝色溶液，轻轻插入相应浓度的试管中，伸至溶液中部，小心缓慢地放出蓝色溶液一小滴，慢慢取出毛细吸管(注意避免搅混溶液)。观察并记录液滴的升降情况：如果有色液滴向上移动，说明浸过植物组织的蔗糖溶液浓度变小，植物组织失水，表明植物组织的水势高于该浓度溶液的渗透势；如果有色液滴向下移动，说明浸过植物组织的蔗糖溶液浓度变大，植物组织吸水，表明植物组织的水势低于该浓度溶液的渗透势；如果有色液滴静止不动，则说明植物组织的水势等于该浓度溶液的渗透势。在测定中，如果在前一浓度溶液中有色液滴下降，而在后一浓度溶液中有色液滴上升，则该组织的水势为2种浓度溶液渗透势的平均值。

【结果分析】

记录有色液滴静止不动的试管中蔗糖溶液(或氯化钙溶液)的浓度。由所得到的等渗浓度和测定的室温，按式(1-5)计算植物组织的水势。

$$\Psi_w = \Psi_s = -iCRT \tag{1-5}$$

式中　Ψ_w——植物组织水势(MPa)；

Ψ_s——外界溶液渗透势(MPa)；

i——溶液的解离系数(蔗糖溶液的 i 值取 1，氯化钙溶液的 i 值取 2.6)；

C——等渗溶液的浓度($mol \cdot L^{-1}$)；

R——气体常数，$R = 0.008\ 314\ MPa \cdot L \cdot mol^{-1} \cdot K^{-1}$；

T——绝对温度(K)，$T = 273+t$，t 为实验室的摄氏温度。

【注意事项】

1. 实验材料的取样部位要一致，若为叶片组织要避开大的叶脉部分。
2. 植物组织材料制作圆片的过程操作要迅速，避免失水。
3. 溶液染色时加入甲烯蓝溶液要适量，加入过多则影响溶液浓度。

(贾晓梅)

Ⅱ. 露点法

【实验原理】

实验视频

将叶片或组织汁液密闭在体积很小的样品室内，经一定时间后，样品室内的空气和植物样品将达到温度和水势的平衡状态。此时，气体的水势(以蒸气压表示)与叶片的水势(或组织汁液的渗透势)相等。因此，只要测出样品室内空气的蒸气压，便可确定植物组织的水势(或汁液的渗透势)。由于空气的蒸气压与其露点温度具有严格的定量关系，通过测定样品室内空气的露点温度可得知其蒸气压。露点微伏压计装有高分辨能力的热电偶，热电偶的一个结点便安装在样品室的上部。测量时，首先给热电偶施加反向电流，使样品室内的热电偶结点降温，当结点温度降至露点温度以下时，将有少量液态水凝结在结点表面，此时切断反向电流，并根据热电偶的输出电位记录结点温度变化。开始时，结点温度因热交换平衡而很快上升；随后，则因表面水分蒸发带走热量，而使其温度保持在露点温度，呈现短时间的稳衡状态；待结点表面水分蒸发完毕后，其温度将再次上升，直至恢复原来的温度平衡。记录下稳衡状态的温度，便可将其换算成待测样品的水势或渗透势。

【实验条件】

1. 材料

植物叶片。

2. 仪器用具

美国 Wescor 公司生产的 Psypro 露点水势测量系统是在 HR-33T 露点水势仪的基础上研发的新产品，是一种通过热电偶传感器来专门测量水势的仪器(图 1-1)。它包含有在露点

(a) Psypro露点水势仪

(b) C-52型样品室

(c) L-51型原位叶片探头

图 1-1　Psypro 露点水势测量系统

温度下自动维持热电偶结点温度的持续感应与控制电路，以测定露点温度的方式进行工作。仪器配套的 C-52 型样品室和 L-51 型原位叶片探头的基本结构都是由一个灵敏的热电偶和一个铝合金制的隔热性很好的叶室组成。前者用于离体叶片水势测定，后者主要用于活体测定。

【实验步骤】

实验以 Psypro 露点水势测量系统为例。

(1)连接 Psypro 到一台计算机。

(2)安装 Psypro 露点水势测量系统操作软件。

(3)通过 Psypro 上的 8 通道接口连接 C-52 样品室或 L-51 原位叶片探头。

(4)打开 Psypro 上的开关按钮，从计算机上通过软件操作界面与 Psypro 建立联系。

(5)设置日期和时间，设置 Psypro 的测试参数(多数为默认值)。

(6)点击软件操作界面上的“Logging ON”按钮，Psypro 露点水势测量系统开始测量和记录。

(7)点击操作界面上的“save PSYPRO data”从 Psypro 下载数据到计算机，data file 以表格(.xls)形式显示。

【结果分析】

(1)L-51 型原位叶片探头、C-52 型样品室分别测定。测定某一植物在不同土壤水分条件下叶片水势，每种叶片水势以 3~5 次稳衡状态的水势的平均值为计算结果(单位为 MPa)，对数据进行比较分析。

(2)分析 L-51 型原位叶片探头、C-52 型样品室分别测定的同一叶片水势差异的原因。

【注意事项】

1. 样品水势不同，所需平衡时间不同，样品水势越低，所需平衡时间越长。平衡时间过短，不能测出正确结果；平衡时间太长，也会造成实验误差。

2. 在使用 C-52 型样品室时，切勿将样品放得高出或大于样品室小槽；测定完毕后，一定要将样品室顶部的旋钮旋起足够高以后才可将样品室的拉杆拉出，否则将损伤热电偶。

(杨明峰)

Ⅲ. 折射仪法

【实验原理】

溶液折射率的大小受溶液浓度和温度的影响，温度一定时，溶液浓度越大，其折射率越高；浓度越小，其折射率越低；浓度不变，其折射率也不变。当植物细胞或组织放入外界溶液时，如果植物的水势小于溶液的渗透势，则组织吸水，体积变大并使外界溶液浓度变大；反之，则植物细胞内水分外流，植物组织体积变小并使外界溶液浓度降低；若植物组织的水势与溶液的渗透势相等，则二者水分进出保持动态平衡，外部溶液浓度不变，此时溶液的渗透势等于所测植物组织的水势。本法采用折射仪来测定实验前后外界溶液折射率的变化以确定等渗浓度，测定植物组织的水势。

【实验条件】

1. 材料

植物叶片。

2. 试剂

1 mol · L^{-1}的蔗糖溶液，去离子水。

3. 仪器用具

阿贝折射仪，温度计，具塞试管和试管架，移液管和移液管架，打孔器，镊子，洗耳球，胶塞，记号笔等。

【实验步骤】

(1)用1 mol · L^{-1} 蔗糖母液配制一系列不同浓度的蔗糖溶液(0.1 mol · L^{-1}、0.2 mol · L^{-1}、0.3 mol · L^{-1}、0.4 mol · L^{-1}、0.5 mol · L^{-1}、0.6 mol · L^{-1}、0.7 mol · L^{-1}、0.8 mol · L^{-1})各5 mL，注入8支编号的试管，加塞，按编号顺序放置在试管架上。

(2)用阿贝折射仪分别测定1~8管的折光系数。

(3)用打孔器在叶片中部靠近主脉钻取叶圆片，随机取样，浸入1~8号试管，每管放入相等数目(10~15片)的叶圆片，加塞，放置30 min，期间摇动数次。用阿贝折射仪再次测定蔗糖溶液的折光系数。

(4)前后2次测定其折光系数不变或变化很小的试管中的蔗糖浓度即为等渗浓度或近似等渗浓度。叶片的水势与此种溶液的渗透势相等。

【结果分析】

根据式(1-5)计算植物组织的水势。

【注意事项】

折射仪法前后2次测定溶液的折光系数时的温度必须一致。

(杨明峰)

Ⅳ. 压力室法

【实验原理】

植物叶片通过蒸腾作用不断地向周围环境散失水分，产生蒸腾拉力。导管中的水分由于内聚力的作用而形成连续的水柱。因此，对于蒸腾着的植物，其导管中的水柱由于蒸腾拉力的作用，承受着一定的张力或负压，使水分连贯地向上运输。压力室法是通过测定木质部导管中的负压来测定水势的。在水分的散失和供应处于平衡状态时，叶细胞的水势等于导管中液柱的负压和导管汁液的渗透势之和，由于导管汁液渗透势的绝对值很小(近于零)，一般认为木质部导管负压的大小基本上等于枝叶的水势。当叶片或枝条被切断时，木质部中的液流由于张力解除迅速缩回木质部。将叶片装入压力室钢筒，叶柄切口朝外，逐渐加压，直到导管中的液流恰好在切口处显露时，所施加的压力正好抵偿了完整植株导管中的原始负压，这时所施加的压力值通常称为平衡压，平衡压的负值就等于枝叶的水势。

$$\Psi_w = -P \quad (1\text{-}6)$$

式中　P——平衡压(MPa)。

【实验条件】

1. 材料

植物叶片或小枝条。

2. 仪器用具

压力室，充满压缩氮气(氮气含量95%左右)的钢瓶，剪刀，双面刀片，放大镜，塑料袋，纱布，滤纸，记号笔等。

【实验步骤】

(1)器材准备：将压力室的高压软管末端与钢瓶的出气口对接。压力室主控阀旋至“关闭”位置。顺时针方向旋紧计量阀。取下压力室的压帽，逆时针旋转压帽上的固定样品的螺栓，将压帽竖放在样品处理板的凹槽内。打开气瓶的气封阀。在压力室的钢筒内侧粘贴一层湿滤纸，以减少水分蒸发导致的水势降低。选取一定叶位的叶片(或小枝条)，从叶柄处切断，切口要平(若室外取样，可将叶片放入塑料袋，在塑料袋中放一块潮湿纱布，迅速带回)。将叶片迅速装入夹样器的中央孔，切口露出垫圈3~5 mm，旋紧螺旋环套。将夹样器迅速放入钢筒内，顺时针方向旋转锁定夹样器。

(2)加压测定：旋转调压三通阀到“加压”位置，打开调压阀，以0.05 MPa · s^{-1}的速率加压。左手持放大镜从侧面仔细观察样品切口的变化，当切口出现水膜时，迅速关闭调压三通阀，记录压力表读数，此即平衡压。

(3)重复测定：旋转三通阀排气，使压力读数降低0.1~0.2 MPa，再重新测定平衡压。用2次结果的平均值表示样品水势值。

(4)减压：把调压三通阀旋转至“排气”位置，放气，压力表指针归零。将夹样器逆时针旋转，取出夹样器，再进行第二个样品的测定。

【结果分析】

对测定的实验数据进行统计分析。

【注意事项】

1. 装样时螺旋环套不要拧得太紧，以免压伤植物组织。

2. 加压速率不能太快，接近叶片水势时加压速率要缓慢，否则会影响测量精度。

(杨明峰)

Ⅴ. 自动植物水势仪法(LB-PW-Ⅱ型)

【实验原理】

植物在土壤—植物—大气的连续系统中，植物的根茎不断从土壤中吸收水分，而叶片又不断地向周围环境蒸发散失掉水分，在这种水势的梯度系统中，植物的根—茎—叶之间也存在着水势梯度关系，使木质部导管中的细小水柱受空气低水势的负压影响，形成水分向上运输的拉力。当植物枝条或叶片被切下时，导管中这种被拉紧的水柱断裂，水柱会从切口处向上端内部收缩。将切下的材料装入仪器的压力室内，使切口的一端伸出室外密封起来，然后加压，使枝条或叶片内的张力重新平衡，把小水柱推回恰好到切口表面为止，此时自动检测装置会自动检测水滴的渗出，自动锁存测量数据。

【实验条件】

1. 材料

小麦、棉花和柳树枝。

2. 仪器用具

自动植物水势仪(LB-PW-Ⅱ型)(图1-2)，贮气瓶等。

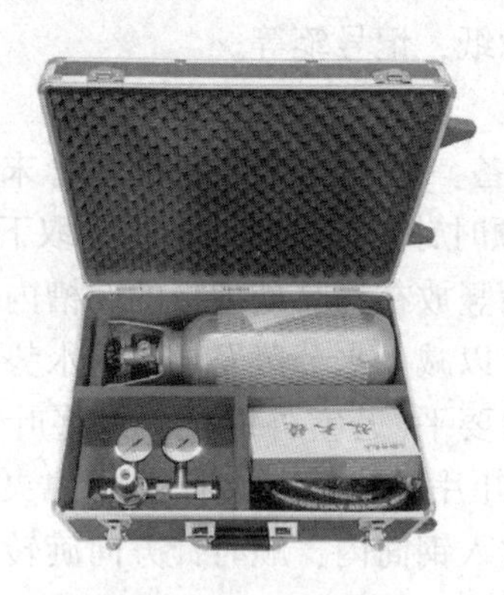

图1-2 自动植物水势仪(LB-PW-Ⅱ型)和贮气瓶

【实验步骤】

1. 仪器的安装

(1)把减压器进气口连接安装到专用的氮气钢瓶上并拧紧连接处螺纹，钢瓶气阀手柄应该处在关紧状态。

(2)把专用高压气管的一端连接到减压阀的出气口处并拧紧连接处螺纹，把专用高压气管的另一端快插接头插到水势仪的进气口处。

(3)水势仪的排气球阀手柄指向面板上的关闭位置。

(4)流量调节针阀处在完全关闭状态，贮气瓶减压器的调压手柄调节到出气口压力最小的状态。

2. 枝条的安装与固定

(1)取下LB-PW-Ⅱ型自动植物水势仪的植物压紧盖，同时，取下压力室盖。

(2)检查进气流量调节阀和排气阀都处在关闭状态。

(3)用锋利的小刀片切取样品(枝条、带叶枝条、小苗木的地面部分)，切口面应力求平整，枝条的长度应为80~100 mm，便于固定在密封橡胶圈上。样品如不能立即进行测定时，必须迅速将其装入塑料袋内或保存在潮湿的纱布内防止水分的散失。

(4)根据测定材料叶柄的粗细，选择合适孔径的橡胶塑料垫圈，然后依次插入塑料压圈(白色)与金属压圈(黄色)，盖上植物压紧盖，把枝条压紧并固定到压力室盖上，枝条的断口面最好与植物压紧盖的孔口端面齐平或稍高出2~4 mm。

(5)把固定好枝条的压力室盖装到压力室上，并顺时针旋转压力室盖使其上的小箭头对准面板上的工作位置处。

(6)把水滴检测探头插入压力室旁的小孔中，另一端插在压力室盖上。

3. 压力室加压

(1)缓慢打开气瓶阀少许(不要突然开大阀门)，减压器上的压力表(即靠近气瓶的压力表)指示出钢瓶内的气体压力。

(2)顺时针拧动减压阀，调整出气口的压力表显示3.0~3.4 MPa。

(3)轻微、缓慢地打开进气的流量调节针阀，只需要打开很微小的程度，同时，用仪器配套的放大镜仔细观察枝条切口面，当看到切口面呈现湿润小水滴时就立即关闭进气流量调节阀，此时，从精密压力表上读取压力值即为当前植物的水势值。

(4)读数结束后，首先要关闭气瓶的阀门，把减压器的手柄逆时针开到最大，关闭进气阀，再把面板左上角的排气球阀缓慢打开，指向排气口位置，排出仪器管路内的气体，使精密压力表的指针回落到零位处，再把进气针阀缓慢打开，排尽高压软管内的残留气体，使减压器的出气口压力表指针回落到零。然后，把压力室盖取下，再次关闭排气球阀、关闭进气针阀，为下一次测定做好准备。

4. 仪器操作流程

(1)界面上有6个按键，如图1-3(a)所示，使用仪器时长按“开/关”机按钮，听到“嘀”的一声后松手，开机后显示如图1-3(b)所示，“清零”键主要是用于当开机无气压时、显示不为零时按此键使仪器清零，在开机界面中上、下键主要是为了切换MPa与Bar 2种单位，测量时按下“确定”键显示如图1-3(c)所示，此时如果是自动测量，上面的喇叭标识为开，否则为人工识别水珠渗出，手工测量时发现水珠从枝干中渗出水后按“确定”键来停止测量；再按“确定”键来保存数据，测量完成[图1-3(d)]。

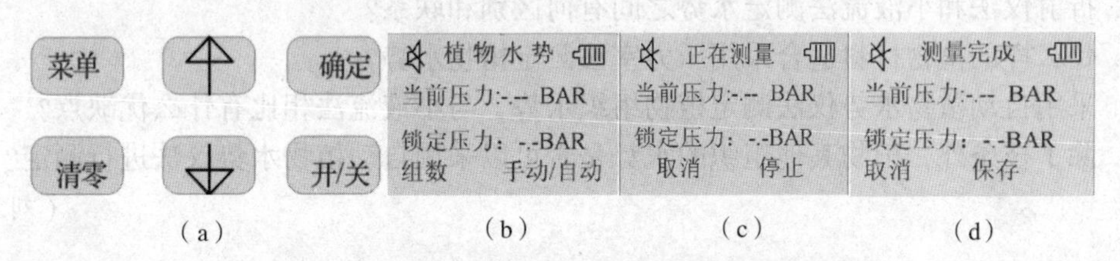

图1-3 自动植物水势仪(LB-PW-Ⅱ型)操作界面

(2)“菜单”功能介绍：按下“菜单”键后仪器屏幕显示“时钟设置”“测量记录”“手动模式”“删除数据”[图1-4(a)]。选择“时钟设置”后仪器屏幕显示“时钟设定、年、月、日、时、分、秒”[图1-4(b)]，按“菜单”键设定时间，按“确定”键保存设定的结果，选择“测量记录”后仪器屏幕显示保存的实验结果[图1-4(c)]，选择“手动模式”后按“确定”键则改变模式为“自动模式”，选择“删除数据”后按“确定”键即清除所有保存的实验结果。连上“位机”可以上传测量保存数据[图1-4(d)]。

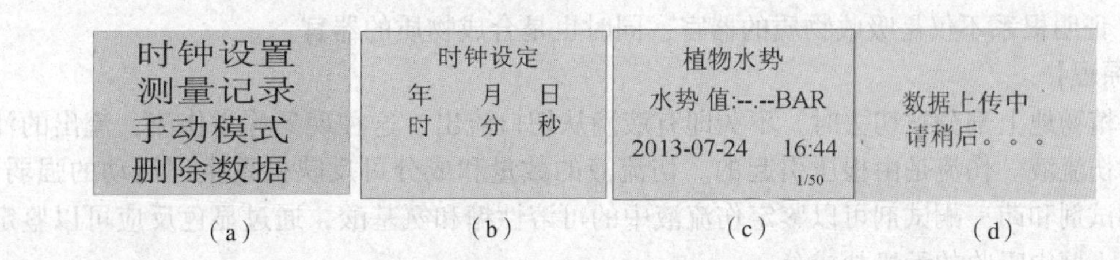

图1-4 自动植物水势仪(LB-PW-Ⅱ型)操作界面“菜单”功能

【结果分析】

选取同一种植物生长状态基本相同的3个枝条，截取的枝条长度基本相同，测定枝条的水势值，取 3 个枝条水势值的平均值作为该枝条此时的水势值。

【注意事项】

1. 所用气源必须为氮气或压缩空气，压力为 10 ~ 15 MPa，不可使用氧气、氢气等易燃易爆气体。

2. 操作时切记不要将脸和手处于压力室的正上方，避免材料未完全固定而冲出，造成不必要的伤害。

3. 必须在压力室盖上的小箭头对齐面板上的工作位置时，才可以加压，即压力室盖一定要关闭到位，才可以打开进气阀。测量完成后必须要完全排空压力室的气体，精密压力表指针回到零位后方可打开压力室盖，更换测量样品。

4. 加压速度应尽量缓慢，操作要耐心细致，操作过快会因传导滞后效应使测量数据偏高。

5. 仪器上的精密压力表使用后应定期送检。

6. 仪器不得超压使用，LB-PW-Ⅱ型自动植物水势仪限压 3.9 MPa，超压时安全阀会发出泄气声，此时应立即停止加压。

【思考题】

1. 在小液流法实验中，与植物组织水势相等的外界溶液是否为等渗溶液，为什么？

2. 在露点法测定植物水势实验中，如何理解叶片水势越低所需平衡时间越长？

3. 折射仪法和小液流法测定水势之间有何区别和联系？

4. 什么样的植物材料适合采用压力室法测定植物水势？

5. 采用自动植物水势仪法测定植物组织水势，与小液流法相比有什么优缺点？

6. 除了枝条外，植物其他组织的水势是否可以采用自动植物水势仪法进行测定？

（刘坤）

实验 1-4 植物伤流液的收集及成分分析

【实验目的】

1. 通过实验掌握植物伤流液的收集及成分分析方法。

2. 证明根系不仅是吸收物质的器官，同时也是合成物质的器官。

【实验原理】

当植物地上部分被切去时，不久即有液滴从切口流出，这种现象称为伤流，流出的汁液称为伤流液。伤流是由根压引起的。伤流液的数量和成分可反映根系生理活动的强弱。用蒽酮试剂和茚三酮试剂可以鉴定伤流液中的可溶性糖和氨基酸，通过显色反应可以鉴定根系从土壤中吸收的无机盐成分。

【实验条件】

1. 材料

茎基部直径约 1 cm 的植株。

2. 试剂

(1)蒽酮试剂：称取 1.00 g 蒽酮溶于 1 000 mL 稀硫酸(将 760 mL 相对密度为 1.84 的硫酸用蒸馏水稀释成 1 000 mL)。

(2)茚三酮试剂：称取 0.10 g 茚三酮溶于 100 mL 95%的乙醇。

(3)二苯胺试剂：称取 0.05~1.00 g 二苯胺溶于 6 mL 浓硫酸。

(4)萘氏试剂：称取 11.50 g HgI_2、8.00 g KI 溶于 50 mL 蒸馏水，再加入 50 mL 6 mol · L^{-1} NaOH 溶液，如产生沉淀可以过滤，装于棕色瓶中暗处保存。

(5)饱和醋酸钠溶液：称取 12.00 g 醋酸钠在 10 mL 蒸馏水中加热溶解后，冷却，过滤取清液。

(6)钼酸铵硝酸溶液：称取 5.00 g 钼酸铵溶于 65 mL 蒸馏水中，注入 35 mL 相对密度为 1.2 的硝酸。

(7)0.5%联苯胺溶液(有毒，注意安全)。

(8)0.05%硝酸银溶液。

(9)固体亚硝酸钴钠。

3. 仪器用具

分光光度计，恒温水浴锅，刀片，移液管和移液管架，容量瓶，电子天平，塑料薄膜，刻度试管和试管架，洗耳球，白瓷板，橡皮管，引流玻璃管，烘箱，胶头滴管等。

【实验步骤】

(1)伤流液的收集：选择生长健壮大小适合的植株，在离地面 3~5 cm 处用刀切去地上部分，在地面断茎上套上橡皮管，将已弯好的引流玻璃管较短一端套入橡皮管，较长一端插入刻度试管。整个过程要防止伤流液漏出，并用塑料薄膜封住管口以免伤流液蒸发和外界污物进入。收集时间依具体情况而定。记录收集伤流液的时间和伤流液量，计算单位时间内的伤流量(mL · h^{-1})。

(2)可溶性糖的鉴定：取 1 mL 伤流液和 1 mL 蒸馏水分别加入 2 支干净的试管中，再分别加入蒽酮试剂 5 mL 混匀，沸水浴 5~10 min，绿颜色出现即表示有糖存在，其深浅与糖的含量成正比。具体测定方法和计算方法详见本书实验 3-12。

(3)氨基酸的鉴定：取伤流液 1 mL 于干净试管中，加入茚三酮试剂 3~4 滴混合，沸水浴中 5~10 min，颜色变为蓝色表示有氨基酸存在。具体测定方法和计算方法详见本书实验 3-13。

(4)硝态氮的鉴定：硝态氮(NO_3^-)在浓硫酸中能将无色的二苯胺氧化生成蓝色化合物。取一滴伤流液在白瓷板上，加一滴二苯胺试剂，如有蓝色出现，说明伤流液中有 NO_3^- 存在。

(5)铵态氮的鉴定：萘氏试剂与铵态氮(NH_4^+)反应生成红色沉淀，在很少时呈黄色。取一滴伤流液在白瓷板上，加一滴萘氏试剂，如有黄色出现，说明伤流液中有 NH_4^+ 存在。

(6)无机磷的鉴定：钼酸铵遇磷酸生成磷钼酸铵，它的氧化能力极强，可以将难以被钼酸或钼酸盐氧化的联苯胺氧化，生成钼蓝和联苯胺蓝 2 种蓝色物质。取一滴伤流液在白瓷板上，加一滴钼酸铵溶液，干燥后再加一滴联苯胺溶液和一滴饱和醋酸钠溶液，如有蓝色出现，说明伤流液中有磷存在。

(7)钾离子的鉴定：中性或微酸性的钾盐溶液加入亚硝酸钴钠生成黄色晶状的亚硝酸钴钠钾，如有硝酸银存在，则形成亚硝酸钴银钾沉淀。铵盐能干扰该反应。取一滴伤流液在白瓷板上，放在70℃烘箱中片刻，将 NH_3 逸出，再加一滴硝酸银和少许固体亚硝酸钴钠，荧光黄色混浊出现说明有钾存在。

【结果分析】

植物根系是植物吸收水分和矿质元素的重要器官，也是许多重要物质的合成和贮存器官。伤流液中含有糖、氨基酸、激素等多种物质成分，伤流量的多少受土壤水分、温度、通气状况等外部因素的影响，也与植株生长、根系发达程度及生命活动强弱等内部因素有关。因此，伤流液的数量和其中有效成分含量可作为根系活力强弱的指标。

【注意事项】

1. 一般情况下，收集伤流液之前不要浇水，刚下过雨不收集伤流液，避免因为浇水和雨水影响测定结果。

2. 收集时选择合适的容器。

【思考题】

1. 试比较不同植物的伤流量及糖和氨基酸的相对含量。

2. 伤流液的数量和成分受哪些环境因子的影响？

（郭红彦）

实验1-5　植物蒸腾速率的测定

【实验目的】

掌握测定植物蒸腾速率的原理和方法。

Ⅰ. 钴纸法

【实验原理】

本实验方法是根据氯化钴纸在干燥时为蓝色，当吸收水分后变为粉红色，根据变色所需时间的长短，然后按钴纸标准吸水量计算出植物蒸腾速率。

【实验条件】

1. 材料

可选择不同植物或品种的功能叶片，或同一植物不同部位的叶片。

2. 试剂

5%的氯化钴溶液：准确称取5.0 g氯化钴，用蒸馏水溶解并定容至100 mL，其中滴几滴盐酸调为弱酸性。

3. 仪器用具

电子天平，扭力天平，烘箱，装有无水氯化钙的干燥器，光照培养箱，镊子，剪刀，玻璃板，载玻片，薄橡皮，具塞试管和试管架，秒表，直尺，吸水纸，滤纸，弹簧夹，打孔器，胶水，记号笔等。

【实验步骤】

(1)氯化钴纸的制备：选取优质滤纸，剪成宽0.8 cm、长20 cm的滤纸条，浸入5%的氯化钴溶液中，待浸透后取出，用吸水纸吸去多余的溶液，将其平铺在干燥洁净的玻璃板上，然后置于60～80℃烘箱中烘干，选取颜色均一的钴纸条，小心而精确地切成边长0.8 cm的小方块，再行烘干，取出贮于具塞试管，再放入装有无水氯化钙的干燥器中备用。

(2)钴纸标准化：使用前，测出每钴纸小方块由蓝色转变成粉红色需吸收多少水量。将扭力天平置于25℃、53%相对湿度的光照培养箱中，取1～2片钴纸小方块，置于电子天平上称重，并记下开始称重的时间，每隔1 min记一次重量，当钴纸由蓝色全部变为粉红色时，准确记下重量和时间。如此重复数次，计算钴纸小方块由蓝色变为粉红色时平均吸收的水量(mg)，以此作为钴纸标准吸水量，以X表示。

(3)蒸腾强度的测定：取2片载玻片，再取一小块薄橡皮，并在其中央开1 cm^2的小孔，用胶水将它固定在载玻片当中，另准备一只弹簧夹。用镊子从干燥器(管)中取出钴纸小块，放在载玻片上的橡皮小孔中，立即置于待测植物叶子的背面(或正面)，将另一载玻片在叶子的正面(或背面)的相应位置上，用夹子夹紧，同时记下时间，注意观察钴纸的颜色变化，待钴纸全部变为粉红色时，记下时间。以时间的长短作相对比较，可用钴纸小方块的标准吸水量和小纸块由蓝色变为粉红色所需的时间计算所测定叶片表面的蒸腾速率(E)，单位为$mg \cdot cm^{-2} \cdot min^{-1}$。

【结果分析】

叶片的蒸腾速率E按式(1-7)计算。

$$E = 60X/St \tag{1-7}$$

式中　X——钴纸标准吸水量(mg)；

S——测试样品的叶面积(cm^2)；

t——钴纸由蓝色变为粉红色所需时间(s)；

60——将分钟(min)换算为秒(s)的倍数。

【注意事项】

1. 本实验可选择不同植物的功能叶片，或同一植物的不同部位的叶片测其蒸腾强度，或者可测定植物在不同环境条件下的蒸腾速率。例如，光和暗对植物蒸腾作用的影响，事先把一组盆栽的蚕豆、小麦或其他植物放在黑暗中过夜或几个小时，另一组放在光下，二者都要适当浇水，分别测其蒸腾速率(注：黑暗中的植物在测定时可移到实验室柔和的光线下进行)。

2. 每一处理最少要测10次，然后求其平均值。

3. 氯化钴试纸不得用手接触或在空气中暴露较长时间，避免受潮变色。

4. 试纸要紧贴叶面不留空隙。

Ⅱ. 快速称重法

【实验原理】

植物蒸腾失水，质量减轻，故可用称重法测得植物材料在一定时间内所失水量而推算蒸腾速率。植物叶片在离体后的短时间内(数分钟)，蒸腾失水不多时，失水速率可基本保持恒定，但随着失水量的增加，气孔开始关闭，蒸腾速率将逐渐减少，故此实验应快速(在数分钟内)完成。

为了快速称重，可用感量为0.001 g的电子顶载天平或普通托盘天平稍加改制成为快速称重天平。

【实验条件】

1. 材料

番茄、向日葵或其他植物的枝条。

2. 仪器用具

防风玻璃箱，木架，电子顶载天平、托盘天平或经过改制的横梁式托盘天平，镊子，剪刀，铁夹，叶面积仪或透明方格板，计时器等。

【实验步骤】

(1)普通托盘天平的改制：取一架具有横梁游码的托盘天平，将一块扇形硬纸板或塑料板固定在天平的中央，并用细铁丝加长指针，使指针尖端恰在纸片的上缘。调节天平零点，使指针偏于扇形板左侧，做标记作为零点。再在天平右盘内增加1 g砝码，使指针偏右，再做标记。然后在两标记间等分10小格，每格等于0.1 g。使用时可根据指针移动的格数，迅速测出1 g以下重量的变化。使用时，将改制的天平置于特制的玻璃箱内，以保证称重时不受气流的影响。

(2)测定：在待测植株上选一枝条，重约20 g(3~5 min内蒸腾水量近1 g，而失水不超过含水量的10%)，在基部缠线以便悬挂，然后剪下枝条立即称重，称重后记录时间和质量并迅速放回原处(可用夹子将离体枝条夹在原母枝上)，使枝条在原来环境下进行蒸腾。快到3 min或5 min时，迅速取下重新称重，准确记录质量，计算3 min或5 min内的蒸腾失水量。称重要快，要求2次称重的质量变化不超过1 g，以便从指针在扇形纸板上偏移的格数即可确定蒸腾失水量。

(3)测定叶面积：用叶面积仪或透明方格板测定所选枝条的叶面积(cm^2)。

【结果分析】

按式(1-8)求出蒸腾速率。

$$\text{蒸腾速率}(g \cdot m^{-2} \cdot h^{-1}) = \frac{\text{蒸腾失水量}}{\text{蒸腾叶面积} \times \text{测定时间}} \tag{1-8}$$

针叶树类不便计算叶面积的植物，可于第二次称重后摘下针叶，再称枝重，用第一次称得的质量减去摘叶后质量，即为针叶(蒸腾组织)的原始鲜重，再以式(1-9)求出蒸腾速率($mg \cdot g^{-1} \cdot h^{-1}$)。

$$\text{蒸腾速率}(mg \cdot g^{-1} \cdot h^{-1}) = \frac{\text{蒸腾失水量}}{\text{组织鲜重} \times \text{测定时间}} \tag{1-9}$$

一般植物也可以鲜重为基础计算蒸腾速率，但应将嫩梢计算在蒸腾组织的质量之内。比较不同时间(晨、午、晚、夜)、部位(上、中、下)、环境(温、湿、风、光)或植物的蒸腾速率，把结果及当时气候条件记录在表1-1并加以解释。

在测定蒸腾时间的同时，可附测气孔开闭情形以作参考。

表1-1　蒸腾速率测定记录表

植物及部位	生长情况	重复	开始时间			叶面积 (cm^2)	测定时间 (min)	蒸腾水量 (g)	蒸腾速率 ($g \cdot m^{-2} \cdot h^{-1}$)	当时天气	气孔开闭	备注
			h	min	s							

【注意事项】

1. 如果被测叶片有灰尘时，可在取样前用毛刷去掉，同时测定气温、日照、风速、空气湿度，以便于分析比较。

2. 天平的灵敏度决定了该实验的精确度，因此应尽量使用灵敏度较高的天平。

3. 该方法尤其适合于测定较小枝条的蒸腾速率。

Ⅲ. 干燥管吸湿法

【实验原理】

用干燥管连接装有叶片的气室，通过气泵抽气把气室空气流经干燥管，记录抽气时间，称量干燥剂在抽气前、后的质量。计算单位时间内干燥剂质量的增加量即为单位时间内叶片蒸腾散失水分的质量。测定叶面积，将蒸腾散失水分的质量、叶面积、抽气时间代入公式便可计算出叶片的蒸腾速率。该法可用于测定活体植株的蒸腾速率。

【实验条件】

1. 材料

植物叶片。

2. 试剂

干燥剂(可用无水氯化钙)。

3. 仪器用具

吸湿测定装置(由干燥管、大气采样器与叶室组成，叶室可用有机玻璃或玻璃制作，干燥管中装有干燥剂，大气采样器中有一气泵与流量计，计量计带干电池，可在野外工作)，铁架台(固定叶室用)，剪刀，天平，透明方格板或便携式叶面积仪，塑料袋，绳子等。

【实验步骤】

(1)取2个装有干燥剂的干燥管，分别称重后连同测定装置带入田间。

(2)在待测的植株旁安置测定装置。

(3)将干燥管1装入测定装置，开启大气采样器的气泵，定时抽气，5 min后，将干燥管1取下放入塑料袋中保存。

(4)将干燥管2装入测定装置，同时把要测定的叶片放入叶室，开启气泵以同样的流量定时抽气5 min，然后将干燥管2取下放在塑料袋中保存。

(5)用透明方格板或便携式叶面积仪测定放入叶室中的叶片面积，测定完毕将干燥管及测定仪器带回实验室。

(6)用天平称取吸湿后的干燥管1和干燥管2的重量，测定数据填入表1-2。

表1-2　干燥管吸湿法测定蒸腾速率记录表

干燥管	原初重量(g)	吸湿后称重(g)	吸湿时间(min)	吸湿水量(g)	叶面积(cm^2)	蒸腾速率($g \cdot m^{-2} \cdot s^{-1}$)
干燥管1(对照用)						
干燥管2(测定用)						

【结果分析】

$$E=\frac{(W_{2B}-W_{2A})-(W_{1B}-W_{1A})}{60At} \tag{1-10}$$

式中　E——蒸腾速率($g \cdot m^{-2} \cdot s^{-1}$)；

A——蒸腾面积(m^2)；

t——蒸腾时间(min)，即干燥管吸湿时间；

60——将分钟(min)换算为秒(s)的倍数；

$W_{1B}-W_{1A}$——干燥管1吸湿的水量(g)，其中W_{1A}为吸湿前的重量，W_{1B}为吸湿后的重量；

$W_{2B}-W_{2A}$——干燥管2吸湿的水量(g)，其中W_{2A}为吸湿前的重量，W_{2B}为吸湿后的重量。

【注意事项】

1. 最好在光照强、田间湿度低时测定蒸腾速率。
2. 操作时干燥管1与干燥管2的流量计读数要一致。
3. 叶面积小或蒸腾速率低时，可通过延长抽气时间增加吸湿量。

【思考题】

1. 测定蒸腾速率在水分生理研究上有何意义？
2. 测定蒸腾速率为什么要考虑天气情况和气孔开闭情况？
3. 哪些因素会影响蒸腾速率的测定？可通过哪些途径来降低植物的蒸腾速率？

(廖杨文科)

实验1-6　钾离子对气孔开度的影响

【实验目的】

1. 了解钾离子对气孔开度的影响。

2. 加深对气孔开度“K^+积累学说”的理解。

【实验原理】

保卫细胞的渗透系统可由钾离子调节，环式或非环式光合磷酸化都可形成ATP，ATP不断供给保卫细胞膜上的H^+-ATP酶，使保卫细胞中的H^+泵出，并从周围表皮细胞吸收钾离子，降低保卫细胞的水势，使保卫细胞吸水，气孔张开。

【实验条件】

1. 材料

蚕豆叶片。

2. 试剂

(1)0.5%硝酸钾溶液：称取0.5 g硝酸钾，用蒸馏水彻底溶解，定容至100 mL。

(2)0.5%硝酸钠溶液：称取0.5 g硝酸钠，用蒸馏水彻底溶解，定容至100 mL。

(3)蒸馏水。

3. 仪器用具

显微镜，恒温箱，盖玻片，载玻片，培养皿，滴管，移液管和移液管架，洗耳球，镊子，记号笔等。

【实验步骤】

(1)在3个培养皿中分别加入0.5% KNO_3溶液、0.5% $NaNO_3$溶液及蒸馏水15 mL。

(2)从植株上取一叶片，撕取下表皮置显微镜下观察，如有相当部分气孔已张开，则可撕叶片下表皮若干放入上述3个培养皿。

(3)将培养皿放入25℃恒温箱20~30 min，使溶液温度达25℃。

(4)将培养皿置于光照条件30 min，然后分别在显微镜下观察气孔开度。

【结果分析】

(1)图示显微镜下观察到的各皿中叶片气孔的开度情况。

(2)分析不同的溶液环境对植物气孔开度的影响。

【注意事项】

1. 本实验供试材料除蚕豆外，还可选用鸭跖草或紫鸭跖草。

2. 实验结果可能受到气孔随处理时间的延长呈现有节律地开放和闭合情况的影响。

3. 浸泡时间要一致。

【思考题】

1. 钾离子引起气孔张开的原理是什么？

2. 比较在本实验中各种溶液中气孔的开度，差异的原因何在？

（贾晓梅）

实验1-7　植物根系水力学导度(水导)的测定

【实验目的】

学习并掌握植物根系水力学导度测定的原理和方法。

【实验原理】

植物根系水力学导度(root hydraulic conductivity，Lp_r，简称根系水导)是植物根系水力学特征的重要参数，可以反映植物根系的输水和导水性能，进而反映植物整体的水分状况。Lp_r 可以在根细胞、单根和整株根系几个水平反映出来，测试方法有毛细管渗透计法、蒸腾法、压力室法和压力探针法等。本实验采用最简单的压力室法测定整株根系水导。Lp_r 可以用单位压力(P，MPa)下溶液的流速(J_v，$m \cdot s^{-1}$)来表示。而溶液的流速可以通过给定压力下单位时间(t，s)内通过根系表面积(S，m^2)的溶液流量(Q_v，m^3)来进行计算。Lp_r 的计算公式可以表示如下：

$$Lp_r = \frac{J_v}{P} = \frac{Q_v}{t \times S \times P} \tag{1-11}$$

因此，通过测定 Q_v、t、S、P 就可以计算植物根系水力学导度。

【实验条件】

1. 材料

植物根系。

2. 试剂

(1)0.5%甲基蓝溶液：取甲基蓝 0.5 g，用蒸馏水定容至 100 mL。

(2)蒸馏水。

(3)液体石蜡。

3. 仪器用具

压力室(3005 型)，高压氮气，电子天平，数字化扫描仪，根系分析软件(Image Analysis Software，CID Inc.，Vancouver，WA)，双面刀片，镊子，透明硬玻璃纸，离心管和离心管架，有机玻璃杯，计时器，吸水纸等。

【实验步骤】

(1)实验前准备：准备一个比所用型号压力室略小的有机玻璃杯，将其放入压力室内并加入蒸馏水至距杯口 3~5 cm 处，杯口略低于或恰好与压力室盖接触，不将水加满是为了形成一个空气层，保证水分只从导管而非外皮层向上运输。

(2)取样及安装：用双面刀片快速从植物茎基部切除地上部，留茎 1 cm 左右，将根系小心穿过压力室盖(注意一定要根据茎的粗细选择与其匹配的压力室盖上的垫片型号，垫片太松加压时容易漏气，太紧容易使茎基部损伤)，压力室内未浸入水中的根段用液体石蜡涂封。

(3)测定：压力从0 MPa起始，每隔0.2 MPa加压一次，直至加到1.0 MPa。每个压力下待液体流出速率稳定后(约1 min)用1.5 mL离心管放入吸水纸吸取汁液，吸水时间可以统一为1 min，然后在电子天平上称量吸水前后吸水纸的质量差，即为1 min内通过根段的水流量。完成不同压力下水流量的测定后，打开压力室，小心取出根系，冲洗后用0.5%甲基蓝溶液染色12 h，用吸水纸吸干根系表面残余的甲基蓝溶液，将根系平铺于透明硬玻璃纸上，并使根系各分支展开，不重叠，然后用扫描仪扫描染色根系，再用图像分析软件测定根系的表面积。

整个实验至少重复测定3~5株植物。

【结果分析】

(1)采用直线回归法进行计算。

(2)汁液流量(汁液的密度近似等于1 g·cm^{-3})除以根系表面积即得流速。用不同流速对相应的压力P作图，回归直线斜率即为植物整株根系水导Lp_r。

【注意事项】

1. 操作尽量在恒温、恒压和光照相同的条件下进行。

2. 加速要均匀，且每测完一株，压力室内玻璃杯中的水要更换，以免外界溶液浓度不同而对实验结果造成影响。

3. 在用软件计算根系表面积时，不同处理间设定参数要相同。

【思考题】

1. 什么是植物根系水导？目前常用哪几种测试方法？

2. 压力室法测定根系水导的原理是什么？

(王文斌)

实验1-8 植物原生质体的制备及转化

【实验目的】

1. 了解植物细胞的结构。

2. 熟悉植物原生质体制备及转化的原理及流程。

实验视频

【实验原理】

植物细胞膜外有一层细胞壁包裹，去除植物细胞壁的方法有机械分离法和酶解分离法。机械分离法借助于利器使细胞壁破损，使原生质体释放，即将待分离原生质体的材料置于高渗的糖溶液中，使之发生质壁分离，原生质体收缩成球形，然后用剪刀剪碎组织，就可获得少量完整的原生质体。酶解法分离原生质体的原理是使用纤维素酶、半纤维素酶、离析酶和果胶酶去除细胞壁，得到的原生质体数量多，完整性好，是目前常用的获得原生质体的方法。

植物原生质体的转化方法主要是聚乙二醇(PEG)介导法。PEG溶液会刺激原生质体细胞膜的变性和融合，将质粒DNA直接输送到原生质体内。PEG转化技术的优点：一是操作简单、成本低、可用于多种类型的植物材料；二是不受物种基因型的限制；三是不需要特定的设备或者试剂，可以在常规实验室条件下完成。关于PEG介导法转化效率和细胞存活率，需要考虑的主要因素是植物种类、PEG浓度、转染时间、DNA浓度和原生质体数量。

【实验条件】

1. 材料

14 d龄新鲜油绿3号白菜，GFP质粒。

2. 试剂

(1)酶解液：1.5% Cellulase R-10，0.75% Macerozyme R-10，0.6 mol · L^{-1} Mannitol，10 mmol · L^{-1} MES，调节pH值至5.7。再加10 mmol · L^{-1} $CaCl_2$，0.1% BSA，0.45 μm滤膜过滤。

(2)W5溶液：154 mmol · L^{-1} NaCl，125 mmol · L^{-1} $CaCl_2$，5 mmol · L^{-1} KCl，2 mmol · L^{-1} MES，调节pH值至5.7，121℃灭菌20 min。

(3)MMG溶液：0.4 mol · L^{-1} Mannitol，15 mmol · L^{-1} $MgCl_2$，4 mmol · L^{-1} MES，调节pH值至5.7。

(4)PEG溶液：40% (*W/V*) PEG4000，0.2 mol · L^{-1} Mannitol，0.1 mol · L^{-1} $CaCl_2$。

3. 仪器用具

0.45 μm滤膜，锡箔纸，刀片，尼龙膜，离心管和离心管架，锥形瓶，电子天平，移液器和枪头，pH计，光学显微镜，高压灭菌锅，高速冷冻离心机，台式水平离心机，真空泵，水平摇床，摇床，冰箱，荧光显微镜等。

【实验步骤】

(1)取白菜真叶叶片大小约2 cm，放置于灭菌水中(防止脱水)，用锋利的刀片切成0.5~1.0 mm的细条，放置到20 mL酶解液中，用锡箔纸包好，水平摇床50 r · min^{-1}，避光酶解6 h。

(2)向酶解液中加入20 mL W5溶液，终止酶解反应。将尼龙膜用灭菌水润湿，放置在50 mL锥形瓶，将酶解液用尼龙网过滤到2个10 mL离心管(离心管可以提前预冷)，放置在冰上。

(3)100 ×*g*离心3 min，用移液器吸出上清液。向2个离心管中各加入10 mL预冷的W5溶液重悬原生质体，将重悬后的溶液混合到一个离心管。

(4)将20 μg GFP质粒(浓度1 μg · μL^{-1})加到2 mL的离心管中，加入200 μL的原生质体溶液，混匀后再加入220 μL PEG溶液，轻柔混匀，冰上静置7 min，37℃水浴锅热激6 min，冰上静置2 min。

(5)加入880 μL的W5溶液终止反应，700 r · min^{-1}离心2 min，用移液器吸取上清液，加入2 mL的W5溶液，避光25℃培养，24 h后可以用于GFP荧光观察。

【结果分析】

在光学显微镜下，完整的白菜原生质体为圆形。由于光学显微镜下看到的是原生质体的叶绿体，所以绿色呈颗粒状分布，且不均匀；除去细胞壁的原生质体很脆弱，在实验操作过程中很容易破损，破损的原生质体呈松散状聚在一起，还可以观察到一些绿色的原生质体碎片。

原生质体的纯度=完整的原生质体数/总原生质体数×100%　　(1-12)

经过18 h暗培养后，用荧光显微镜观察经过PEG转化的原生质体，有些原生质体发GFP荧光，表明成功转入GFP质粒，有些没有发荧光，表明没有转入GFP质粒，统计原生质体瞬时转化效率。

原生质体瞬时转化效率=具有绿色荧光的原生质体数目/原生质体总数×100%　　(1-13)

【注意事项】

1. 酶解时需要避光，且酶解温度要保持在22~25℃，酶解完轻轻摇晃酶解液，使原生质体释放出来。

2. 实验操作时，动作要轻柔，尽量减少原生质体的破损。

3. 加入MMG重悬原生质体时，需要计数统计原生质体的数量，保证原生质体的浓度为$0.2\times10^6\sim1\times10^6$个·$mL^{-1}$。

4. 离心时最好用水平转子，离心时升降速都要缓慢，防止原生质体破碎。

【思考题】

1. 制备原生质体的纯度低的原因有哪些？

2. 原生质体转化技术的优点有哪些？

3. 原生质体的瞬时转化实验有哪些应用？

（李君）

第 2 章

植物的矿质营养

实验 2-1 植物体内全氮、全磷、全钾含量测定

【实验目的】

1. 了解植株体内氮、磷、钾的吸收、运输和代谢规律。

2. 了解不同的环境条件或栽培技术对植物吸收养分的影响，比较不同品种的营养特性，为选育优良品种和合理施肥提供依据，同时对了解农产品的品质、营养价值等也有一定参考价值。

3. 掌握作物全氮、全磷、全钾含量的测定原理和方法，学会使用凯氏定氮仪、分光光度计、火焰光度计等相关仪器。

【实验原理】

植物体中的氮、磷、钾通过硫酸消化，使有机氮化物转化成铵态氮[$(NH_4)_2SO_4$]，各种形态磷化物转化成磷酸(H_3PO_4)，N、P、K 均转变成可测的离子态(NH_4^+、PO_4^{3-}、K^+)。然后采用相应的方法分别测定其含量。

1. 全氮含量的测定原理[微量凯氏(Micro-Kjeldahl)定氮法]

在有催化剂的条件下，用浓硫酸消化样品，将有机氮转变成无机铵盐，然后在碱性条件下将铵盐转化为氨，随水蒸气馏出并被过量的酸液(硼酸)吸收，再用标准硫酸或盐酸滴定，直到硼酸溶液恢复原来的氢离子浓度。滴定消耗的标准硫酸或盐酸摩尔数即为 NH_3 的摩尔数，通过计算可得出样品的含氮量。为了加速有机物质的分解，在消化时通常加入多种催化剂，如硫酸铜、硫酸钾等。由于蛋白质含氮量比较恒定，可由其含氮量计算蛋白质含量，故此法也是经典的蛋白质定量测定方法。主要反应如下：

有机物中的氮在强热和浓 H_2SO_4 作用下，以 $CuSO_4$、K_2SO_4 为催化剂，硝化生成 $(NH_4)_2SO_4$。

$(NH_4)_2SO_4$ 在凯氏定氮器中与碱作用，通过蒸馏释放 NH_3，收集于 H_3BO_3溶液中。反

应式为：

$$(NH_4)_2SO_4+2NaOH=2NH_3+2H_2O+Na_2SO_4$$

$$2NH_3+4H_3BO_3=(NH_4)_2B_4O_7+5H_2O$$

用已知浓度的 H_2SO_4(或 HCl)标准溶液滴定，根据 H_2SO_4(或 HCl)的消耗量计算出氮的含量，然后乘以相应的换算因子，即得蛋白质的含量。反应式为：

$$(NH_4)_2B_4O_7+H_2SO_4+5H_2O=(NH_4)_2SO_4+4H_3BO_3$$

2. 全磷含量的测定原理(钒钼黄比色法)

植物样品经浓 H_2SO_4 消煮使各种形态的磷转变成磷酸盐。在酸性条件下，溶液中的磷酸根与偏钒酸盐和钼酸盐作用形成黄色的钒钼酸盐，其吸光度与溶液中磷浓度呈正比。可在波长 400~490 nm 处测定溶液的吸光度值，根据朗伯—比尔定律计算溶液中磷的浓度，再进一步计算单位植物材料的含磷量。磷浓度较高时选用较长的波长，浓度较低时选用较短波长。

3. 全钾含量的测定原理(火焰光度法)

含钾溶液雾化后与可燃气体(如汽化的汽油等)混合燃烧，其中的钾离子(基态)接受能量后，外层电子发生能级跃迁，呈激发态，由激发态变成基态过程中发射出特定波长的光线(称特征谱线)。单色器或滤光片将其分离出来，并通过光电检测器测出其数值。该数值与火焰中含有的钾离子数量成比例关系，据此可计算钾的含量。

【实验条件】

1. 材料

各种干燥、过筛(60~80 目)的植物样品。

2. 试剂

浓硫酸，硫酸铜，硫酸钾，2%硼酸溶液，30%氢氧化钠溶液，0.025 mol · L^{-1} 硫酸标准溶液或 0.05 mol · L^{-1} 盐酸标准溶液，混合指示剂，钒钼酸试剂，2,4-二硝基酚指示剂，磷、钾混合标准液，7 mol · L^{-1} NaOH。

(1)混合指示剂：1 份 0.1%甲基红乙醇溶液与 5 份 0.1%溴甲酚绿乙醇溶液用前混合，或 2 份 0.1%甲基红乙醇溶液与 1 份 0.1%次甲基蓝乙醇溶液用前混合。

(2)钒钼酸试剂：25.0 g 钼酸铵[$(NH_4)_6Mo_7O_{24}\cdot 4H_2O$]溶于 400 mL 水，另取 1.25 g 偏钒酸铵(NH_4VO_3)溶于 300 mL 沸水，冷却后加入 250 mL 浓硝酸，冷却后，将钼酸铵溶液慢慢地混入偏钒酸铵溶液，边混边搅拌，用水稀释至 1 000 mL。

(3)2,4-二硝基酚指示剂：0.25 g 2,4-二硝基酚溶于 100 mL 水。

(4)磷、钾混合标准液：称取 105℃烘干的 KH_2PO_4 2.196 8 g，KCl 0.703 0 g，定容于 1 000 mL，此为含磷 500 mg · L^{-1}、含钾 1 000 mg · L^{-1} 的混合标准溶液，取上液准确稀释 10 倍得到磷、钾含量分别为 50 mg · L^{-1} 和 100 mg · L^{-1} 的标准液，用于制作标准曲线。

3. 仪器用具

凯氏定氮仪，分光光度计，火焰光度计，消煮管，三角烧瓶，量筒，容量瓶，锥形瓶，烧杯，移液管和移液管架，电炉，通风橱，滴管，硫酸纸，玻璃珠，电子天平，漏斗，洗耳球，表面皿，记号笔等。

【实验步骤】

1. 样品的消化

准确称取植物材料干粉0.2 g，以长条硫酸纸放入消煮管底部，用滴管加入几滴蒸馏水以湿润样品，加入0.2 g硫酸铜—硫酸钾混合催化剂(K_2SO_4：$CuSO_4 \cdot 5H_2O$按5：1混合)，再缓慢加入5 mL浓硫酸。另取消煮管不加样品以测定试剂中微量氮作为对照。每个管口放一漏斗，在通风橱内的电炉上消化。

消化开始时应控制火力，不要使液体冲到瓶颈。待瓶内水汽消失、硫酸开始分解并放出二氧化硫白烟后适当加强火力，保持管内液体轻轻沸腾，继续消化，直至消化液呈透明无色或淡蓝色为止。消化过程中要时时转动消煮管，使样品始终处于浓硫酸的回流中。消化完毕，关闭电炉，取下消煮管，冷却至室温后，将管中溶物倒入50 mL容量瓶中，并以少量蒸馏水洗消煮管3次，将洗液并入容量瓶，定容，混匀即为消化液，备用。

2. 氮的测定方法

1)普通凯氏定氮法

(1)蒸馏器的洗涤：蒸汽发生器中加入用几滴硫酸酸化的蒸馏水，以保持水呈酸性，加入数粒玻璃珠以防暴沸。打开蒸汽发生器，然后使蒸馏水由加样室进入反应室，水即自动吸出，或打开自由夹使冷水进入蒸汽发生器，也可使反应室中的水自动吸出，如此反复清洗3~5次。清洗后在冷凝管下端放一锥形瓶，瓶内盛有5 mL 2%硼酸溶液和1~2滴混合指示剂。蒸馏数分钟后，观察锥形瓶内溶液颜色变化，如不变色则表明蒸馏装置内部已洗涤干净。

(2)蒸馏：50 mL锥形瓶数个，各加5 mL 2%硼酸溶液和1~2滴混合指示剂，溶液呈紫色，用表面皿覆盖备用。

(3)关闭冷凝水，打开自由夹，使蒸汽发生器与大气相通。将一个盛有2%硼酸溶液和混合指示剂溶液的锥形瓶放在冷凝器下，使冷凝器下端浸没在液体内。

(4)用移液管取5 mL消化液，小心地由加样室下端加入反应室，随后加入已准备好的30%NaOH溶液5 mL，关闭自由夹，打开冷凝水(注意不要过快过猛，以免水溢出)，在加样漏斗中加少量水作水封。打开蒸汽发生器，开始蒸馏。

(5)当观察到锥形瓶中溶液由紫色变成蓝绿色时(2~3 min)，开始计时，蒸馏3 min，移动锥形瓶，使冷凝器下端离开液面约1 cm，同时用少量蒸馏水洗涤冷凝管口外部，继续蒸馏1 min，取下锥形瓶，用表面皿覆盖瓶口。

(6)蒸馏完毕后立即清洗反应室。清洗3~5次后将自由夹同时打开，将蒸汽发生器内的废水全部换掉。关闭自由夹，使蒸汽通过整个装置数分钟后再继续下一次蒸馏。待样品和空白消化液均蒸馏完毕，同时进行滴定。

(7)滴定：全部蒸馏完毕后用标准硫酸或盐酸溶液滴定各锥形瓶收集的氨，以硼酸指示剂溶液由蓝绿色变为淡紫色作为滴定终点。

2)K9850全自动凯氏定氮法

当被测样品完成消化过程后，利用K9850凯氏定氮仪可自动完成蒸馏、滴定过程。测定前首先检查硼酸桶、碱液桶、蒸馏水桶中的溶液和滴定酸是否充足，用一支空白消煮管将凯氏定氮仪放碱 3 次，以防测定不准确。然后将消化后的样品放入定氮管，样品中硫酸铵与碱反应释放的氨气与水蒸气一起经过冷凝管后，被收集在加入硼酸吸收液(含混合指示剂)的接收瓶。最后自动滴定器进行滴定，并记录标准酸滴定消耗量。

3. 磷的测定方法

吸取消化后的待测液 20 mL 放入 50 mL 容量瓶中，加 2,4-二硝基酚指示剂 2 滴，用 7 $mol \cdot L^{-1}$ NaOH 中和至初现淡黄色，冷却至室温后准确加入钒钼酸铵试剂 20 mL，再冷却后用水定容至 50 mL，摇匀。15 min 后测定 450 nm 波长处的吸光度值。测定前以空白液调零。

绘制标准曲线或求直线回归方程：取 6 个 50 mL 容量瓶，分别吸取 50 $mg \cdot L^{-1}$ 磷标准液 0、1.0 mL、2.5 mL、5.0 mL、7.5 mL、10.0 mL、15.0 mL，定容，按上述步骤显色，即得 0、1.0 $mg \cdot L^{-1}$、2.5 $mg \cdot L^{-1}$、5.0 $mg \cdot L^{-1}$、7.5 $mg \cdot L^{-1}$、10.0 $mg \cdot L^{-1}$、15.0 $mg \cdot L^{-1}$ 磷标准系列溶液，与待测溶液一起进行比色测定，读取吸光度值，然后绘制标准曲线或求直线回归方程。

4. 钾的测定方法

(1)吸取消化后的待测液 10 mL，用蒸馏水定容至 50 mL，直接在火焰光度计上测定，读取检流计读数。若消煮液中含钾量低于标准曲线范围，则可直接用原液测定。

(2)绘制标准曲线或求直线回归方程：取 6 个 100 mL 容量瓶，分别加入 100 $mg \cdot L^{-1}$ 的钾标准液 2 mL、5 mL、10 mL、20 mL、40 mL、60 mL，配制成钾浓度为 2 $mg \cdot L^{-1}$、5 $mg \cdot L^{-1}$、10 $mg \cdot L^{-1}$、20 $mg \cdot L^{-1}$、40 $mg \cdot L^{-1}$、60 $mg \cdot L^{-1}$ 的标准系列溶液。以蒸馏水调零，以浓度最高的标准溶液定火焰光度计检流计的满度，然后按浓度从低到高依次进行测定，记录检流计读数。以检流计读数为纵坐标、钾浓度为横坐标，绘制标准曲线或求直线回归方程。

5. 火焰光度计测定植物体元素含量

410 Classic 型火焰光度计可用于测定样品中钠、钾、钙元素的含量，其操作步骤如下。

(1)打开空压机开关，打开燃气阀门。

(2)打开光度计电源开关，点火周期开始。

(3)选择滤光片的正确位置。

(4)把喷雾嘴的进样管放到装有 100 mL 蒸馏水的烧杯中，预热 30 min，以保证仪器的稳定。

(5)在预热时可以准备校正标样(要覆盖测量的范围)。为获得最大线性精度，建议使用的浓度不要超过 10 $mg \cdot L^{-1}$(钠、钾)和 100 $mg \cdot L^{-1}$(钙)。

(6)预热后，利用空白蒸馏水调节 BLANK，使显示为 000。

(7)把进样管从空白样品中取出，空置 10 s 后放入浓度最高的标准液中。大约等待 20 s 使读数稳定。调节粗调旋钮和细调旋钮，得到一个易于读取的数值。例如，10 $mg \cdot L^{-1}$ 的标样可以调到 10.0。

(8)调节 FUEL 旋钮，得到一个最大的读数值。每调节一次等待几秒，以便读数稳定。

(9)把进样管取出，空置 10 s，再放入空白样品中吸 20 s，调节 BLANK 旋钮，保证读数为 0.0，然后把进样管取出。

(10)重复步骤(7)~(9)，直到用空白样品读出 0.0(±0.2)，最高浓度的校正标准溶液的读数在±1%范围内。

(11)在不改变粗调和细调旋钮位置的情况下，从低浓度开始依次测定其他样品。每个样品测定间隔 10 s，稳定时间约 20 s。建立样品浓度与对应读数的相关曲线。

详细说明请参阅 410 Classic 型火焰光度计操作手册。

【结果分析】

1. 氮含量的测定结果

(1)普通凯氏定氮仪法的测定结果。

$$全氮含量=[C\times(V_1-V_2)\times14\times a]/(W\times1\ 000)\times100\% \qquad (2\text{-}1)$$

式中　C——标准硫酸或盐酸溶液摩尔浓度($mol \cdot L^{-1}$)；

V_1——滴定样品用去的硫酸或盐酸溶液平均体积数(mL)；

V_2——滴定空白消化液用去的硫酸或盐酸溶液平均体积数(mL)；

W——样品质量(g)；

14——氮的摩尔质量($g \cdot mol^{-1}$)；

a——分取倍数(样品消化时定容体积/蒸馏时吸取消化液体积)；

1 000——将毫升(mL)换算为升(L)的倍数。

若测定的样品含氮部分只是蛋白质，蛋白质中的氮含量一般为 15.0%~17.6%，按蛋白质的含氮量为 16.0%计算，则

$$蛋白质含量=全氮含量\times 6.25 \qquad (2\text{-}2)$$

若样品中除有蛋白质外，尚有其他含氮物质，则需向样品中加入三氯乙酸，然后测定未加三氯乙酸的样品及加入三氯乙酸后样品上清液中的含氮量，得出总氮量及非蛋白氮含量，从而计算出蛋白氮含量，再进一步算出蛋白质含量。

$$蛋白氮含量=全氮含量-非蛋白氮含量 \qquad (2\text{-}3)$$

$$蛋白质含量=蛋白氮含量\times6.25 \qquad (2\text{-}4)$$

(2)K9850 全自动凯氏定氮仪法的测定结果。依据标准酸滴定消耗量，仪器计算系统按式(2-5)和式(2-6)自动计算含氮量及粗蛋白含量。

$$全氮含量=[C\times(V_1-V_2)\times14\times a]/(W\times1\ 000)\times100\% \qquad (2\text{-}5)$$

$$粗蛋白含量=全氮含量\times粗蛋白转换系数 \qquad (2\text{-}6)$$

式中　各符号意义同式(2-1)；

粗蛋白转换系数一般取 6.25。

K9850 全自动凯氏定氮仪使用安全，操作简单、省时(测定速度为每份样品 4~8 min)，回收率高(100% ± 1%)，测定准确(平均值相对误差 ± 1%)，是目前测定全氮及粗蛋白含量的理想仪器。详细说明请参阅 K9850 全自动凯氏定氮仪使用说明书。

2. 磷含量的测定结果

将 450 nm 波长处的吸光度值代入标准曲线求得磷的浓度，再代入式(2-7)计算样品中磷的含量。

$$全磷含量=(C_P\times V\times a)/(W\times10^6)\times100\% \qquad (2\text{-}7)$$

式中　C_P——从标准曲线或回归方程上查(求)得的磷浓度($mg \cdot L^{-1}$)；

V——显色液体积(mL);

a——分取倍数(样品消化时定容体积/本测定吸取消化液体积);

W——植株样品烘干重(g);

10^6——将毫克(mg)换算为克(g)、将毫升(mL)换算为升(L)的倍数。

3. 钾含量的测定结果

$$全钾含量=(C_K \times V \times a)/(W \times 10^6) \times 100\% \qquad (2\text{-}8)$$

式中　C_K——从标准曲线或回归方程上查(求)得待测液钾浓度($mg \cdot L^{-1}$);

V——消煮液体积(mL);

a——分取倍数(样品消化时定容体积/本测定吸取消化液体积);

W——植株样品烘干重(g);

10^6——将毫克(mg)换算为克(g)、毫升(mL)换算为升(L)的倍数。

【注意事项】

1. 样品放入消煮管时，不要黏附在管颈上。如果黏附可用少量水冲洗，以免被检样消化不完全，导致测定结果偏低。

2. 消化时如不容易呈透明溶液，可待消煮管冷却后缓慢加入30%过氧化氢(H_2O_2)2~3 mL，促使氧化。

3. 消化过程中保持轻轻沸腾，使火力集中在消煮管底部，以免附在壁上的蛋白质在无硫酸存在的情况下不能彻底消化，使氮有所损失。

4. 消化时加入硫酸钾可提高硫酸的沸点，以加快消化速率。如硫酸缺少，过多的硫酸钾会引起氨的损失，这样会形成硫酸氢钾，而不与氨作用。因此，当硫酸过多地被消耗或样品中脂肪含量过高时，要增加硫酸用量。

5. 在蒸馏样品和空白对照之前，应先取2 mL标准硫酸铵溶液(氮0.3 $mg \cdot mL^{-1}$)代替样品，作硫酸铵溶液中氨的回收率测定，以2 mL配置硫酸铵的蒸馏水为对照。回收率在98%以上，误差不得超过2%。

6. 进行磷含量测定时，室温一般对显色影响不显著，但室温太低(如<15℃)时，需将显色时间延长至30 min。

7. 使用火焰光度计在点火之前，应确认空压机已经打开，否则会导致燃气在光度计内过量积累，点火时火焰会冲出烟道。

【思考题】

1. 本实验中，氮、磷、钾含量测定的原理是什么?

2. 何谓消化?如何判断消化终点?

3. 本实验应如何避免误差?

(顾玉红　路文静)

实验 2-2　植物体内钾含量的测定(便携式钾离子计法)

【实验目的】

实验视频

1. 熟悉掌握 LAQUA Twin 便携式钾离子计(HORBIA 2400GL)测定植株叶柄钾离子浓度的原理与方法。

2. 学会使用 LAQUA Twin 便携式钾离子计。

【实验原理】

离子计又称离子活度计，它与各种离子选择性电极配合使用，精密地测定两电极所构成的原电池的电动势。根据能斯特方程在不同条件下的应用，可以用直接电位法、加入法、电位滴定法和格氏作图法来测定溶液中的离子浓度。离子计测定离子浓度的原理是建立在电位分析法的基础上，电位分析法的实质是通过在零电流条件下测定两电极间电位差(即由待测试样溶液所造成原电池的电动势)进行分析测定的方法。离子计必须与离子选择性电极配合使用，离子选择性电极是一种电化学敏感元件，是以电位法测定溶液中某些特定离子活度的指示电极，它能将非电量的离子活度的变化转换为电位的变化。

【实验条件】

1. 材料

以大白菜、菠菜、小麦或马铃薯等植物的叶柄为材料。

2. 试剂

150 mg · L^{-1} 钾离子标准液，2 000 mg · L^{-1} 钾离子标准液，去离子水。

3. 仪器用具

日本 LAQUA Twin 便携式钾离子计(HORBIA 2400GL)(图 2-1)，压蒜器，容量瓶，烧杯，镊子等。

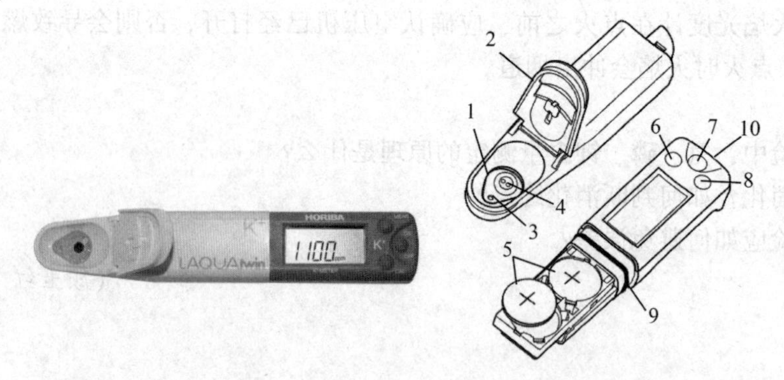

1. 平板传感器；2. 遮光盖；3. 液体交接处；4. 响应膜；5. 锂电池；6. MEAS 开关；
7. ON/OFF 开关；8. CAL 开关；9. 防水密封垫；10. 带状孔眼。

图 2-1　LAQUA Twin 便携式钾离子计(HORBIA 2400GL)

【实验步骤】

1. 样品准备

取大白菜、菠菜、小麦或马铃薯等植物的叶柄30个，用压蒜器将叶柄的汁液压于小烧杯内，取体积为1 mL的叶柄汁液置于10 mL离心管，用去离子水稀释10倍(即加入去离子水到10 mL刻度线)，稀释后的液体为稀释液，备用。

2. 仪器的校准

(1)按住ON / OFF开关，开启仪器电源，屏幕上显示仪器型号。

(2)测量前需要对仪器进行校准，默认情况下，第一校准点设置为150 mg · L^{-1}(对固体物质的水溶液1 ppm = 1 mg · L^{-1})，第二校准点设置为2 000 mg · L^{-1}。

(3)打开遮光罩，将150 mg · L^{-1}钾离子标准溶液滴在平板传感器上，注意覆盖整个平面传感器。校准前使用标准溶液冲洗浸润传感器可提高校准的准确性和效率，同时，可以减少样品的交叉污染。

(4)合上遮光罩并按CAL开关键1~2 s，仪器进入CAL模式并闪烁校准设置的150 mg · L^{-1}浓度值，按下MEAS开关可在设定的浓度之间切换显示的值。

(5)当第一点的校准浓度显示时，按下CAL开关，此时屏幕上闪烁☺图标，并显示校准值，校准完成后，☺停止闪烁并显示测量值(图2-2)。

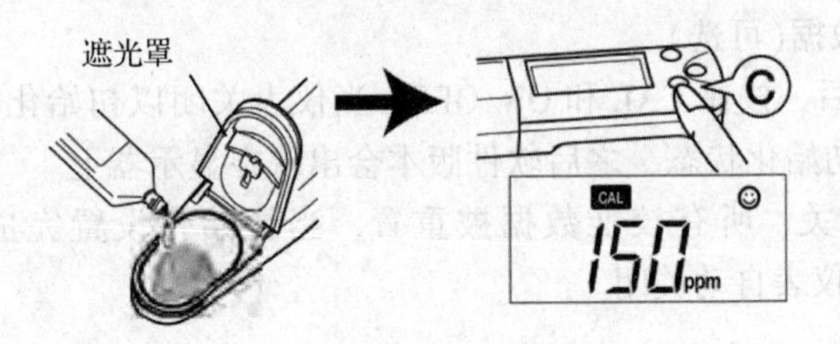

图2-2 校准示测量值

(6)打开遮光罩，倒掉150 mg · L^{-1}的钾离子标准溶液，然后，用软纸巾轻轻擦拭平面传感器，除去传感器上多余的水分，这样就完成了第一点的校准，第二点(2 000 mg · L^{-1})的校准与第一点相同。

(7)如果闪烁并出现"Er4"(错误消息)，则校准失败，请检查是否使用了正确的标准溶液，并在清洁完平板传感器后重复校准，如果在使用正确的标准溶液时校准反复失败，则传感器可能已损坏，请及时更换新的传感器。

3. 数据的测量

(1)测量样品时，打开遮光罩，将样品滴在平面传感器上，以覆盖整个平面传感器，合上遮光罩。

(2)可以选择自动稳定模式(AS)和自动保持模式(AH)，默认设置为自动稳定模式，显示屏出现☺，表明测量值符合稳定性标准，如果测量值更改，☺则会消失。当☺稳定时，记录显示值，如果读取的值不符合稳定性标准，则☺消失并且读数会变化，待☺稳定后再进行读取。

(3)自动保持模式设置。确认仪表处于测量模式，然后将样品放在传感器上，按下MEAS开关，显示屏出现MEAS标识，并且开始闪烁，直到测量值稳定下来，当测量值稳定后停止闪烁，记录测量值，再按下 MEAS 开关，自动保持功能被禁用并且消失。开始下一次测量时，务必再次执行此步骤，否则会将显示的保持值误认为下一个测量值。

(4)如果测量值超出指定的测量范围，则上限显示“Or”，而下限显示“Ur”。如果要进行微小采样，可以采用随机附带的采样纸进行微小采样，在使用采样纸时，整个平面传感器只能覆盖 50~100 μL 的样品。

4. 保养和储存

(1)使用蒸馏水清洁传感器，用软纸巾轻轻擦拭以除去传感器和仪表上多余的水。

(2)合上遮光罩和滑盖，存放仪器之前要盖好盖子。

5. Sensor 温度传感器调整(可选)

(1)有时候要通过矫正仪器温度，才能够进行准确的测量。

(2)准备好温度计，使仪表和温度计都达到室温，将显示模式的温度参考设置为“测量显示变化”，按下 CAL 开关，仪表显示目标温度的设置屏幕，按 MEAS 开关调节仪表上显示的温度，使其与参考温度计指示的温度匹配，按下 MEAS 开关会增加显示的温度。

(3)再次按 CAL 开关以应用。显示值进行调整，调整值闪烁并显示，调整完成后值将停止闪烁，并显示 MEAS，如果出现“Er4”(错误显示)，则调整失败。重试上述步骤，如果反复失败，则传感器可能已损坏，需更换新的传感器。

6. 初始化校准数据(可选)

(1)更换传感器后，按住 CAL 和 ON/OFF，当仪表关闭以初始化校准时，开关会持续 3 s 以上，即可进入初始化状态，之后软件版本会出现在显示器上。

(2)按下 CAL 开关，所有校准数据被重置，当初始化设置完成时，仪表盘上出现“End”标识，同时，仪表自动关闭。

【结果分析】

对同一种植物不同位置的叶柄钾离子浓度进行测量，观察是否存在差异，将结果记录在表 2-1，并对结果进行分析。

表 2-1　不同位置叶柄钾离子浓度测定结果

叶柄位置	测定结果($mg \cdot L^{-1}$)	叶柄位置	测定结果($mg \cdot L^{-1}$)
倒 1 叶		倒 5 叶	
倒 2 叶		倒 6 叶	
倒 3 叶		倒 7 叶	
倒 4 叶		倒 8 叶	

注：倒几叶叶柄是从植株主茎顶端向下数第几个叶片的叶柄。

【注意事项】

1. 即使仪表关闭，校准值也会保存。如果使用相同的标准溶液重复校准，则重复出现校准值。

2. 为了进行准确的测量，请使用 2 种标准溶液进行校准，其中标准溶液的浓度差必须达到目标浓度的 10 倍或更多，当要测量的浓度很高或很低时，精度可能会变差。

3. 进行微小取样时，样品与采样纸之间的反应可能会影响测量结果，用镊子夹住采样纸，以减少可能的污染，并且在测量的过程中务必关闭遮光罩，以尽量减少样品的蒸发。

4. 对于包含微小颗粒的样品（如土壤提取物），颗粒会影响测量结果，请使用另售的样品纸支架盖和样品纸进行测量。

5. 清洁传感器时，确保轻柔的擦拭，以免传感器受到损坏。

【思考题】

1. 使用钾离子计进行样品测定时，为什么要进行样品溶液的稀释？

2. 如果用钾离子计法测定不同干旱胁迫、低温胁迫、盐胁迫下植物的钾离子含量，那么，不同处理之间钾离子含量会呈现什么规律？

（刘坤）

实验 2-3　植物组织中金属元素含量的测定（原子吸收分光光度法）

【实验目的】

1. 了解金属元素在植物组织中的含量与生命活动的关系。

2. 掌握原子吸收分光光度计的工作原理。

3. 学会使用原子吸收分光光度计测定植物组织金属元素含量的方法。

实验视频

【实验原理】

对于植物来说，金属元素分为必需元素和毒性元素，必需金属元素可以作为辅酶或辅基的必要成分参与植物代谢活动，如铜、锌等。缺乏必需金属元素，会导致植物代谢紊乱，严重时诱发病症甚至死亡。而铅、镉、铬等重金属过量进入植物体内，易对植物细胞膜系统造成伤害，进而影响细胞器的结构与功能，使其体内的各种生理生化过程发生紊乱。

将植物样品消化处理后，金属元素会溶解在硝酸溶液中，随后使用原子吸收分光光度计可测出样品中金属元素的含量。

原子吸收分光光度法是基于测量从光源中辐射出的待测元素的基态原子对其特征谱线的吸收程度而建立起来的定量分析方法。当特征光波通过样品的原子蒸气时，被蒸气中待测元素的基态原子所吸收，使通过的光波强度减弱，根据光波强度减弱的程度，可以求出样品中待测元素的含量。锐线光源在低浓度的条件下，基态原子蒸气对共振线的吸收符合朗伯—比尔定律。

$$A = \lg \frac{I_0}{I} = KLN_0 \tag{2-9}$$

式中　A ——吸光度；

I_0——入射光强度；

I——经原子蒸气吸收后的透射光强度；

K——吸光系数；

L——辐射光穿过原子蒸气的光程长度；

N_0——基态原子密度。

在固定的实验条件下，原子总数与试样浓度 C 的比例是恒定的，因此上述等式可记为 $A=K'C$(K'为常数)，常用标准曲线法或标准加入法进行定量分析。

【实验条件】

1. 材料

叶片等植物材料。

2. 试剂

(1)Cu 系列标准溶液：用 1 mg · mL^{-1} 铜标准母液和去离子水分别配制 0.5 μg · mL^{-1}、1.0 μg · mL^{-1}、1.5 μg · mL^{-1}、2.0 μg · mL^{-1}、2.5 μg · mL^{-1} 铜系列标准溶液。

(2)Zn 系列标准溶液：用 1mg · mL^{-1} 锌标准母液和去离子水分别配制 2 μg · mL^{-1}、4 μg · mL^{-1}、6 μg · mL^{-1}、8 μg · mL^{-1}、10 μg · mL^{-1} 锌系列标准溶液。

(3)10%硝酸溶液：取 10 mL 硝酸慢慢加入 90 mL 去离子水中。

(4)混酸溶液(硝酸：高氯酸=4：1)。

(5)30%过氧化氢溶液。

3. 仪器用具

电子天平，可调式电热板，微波消解仪，原子吸收分光光度计，容量瓶，剪刀，镊子，移液器和枪头，锥形瓶，漏斗，玻璃珠等。

所用器皿均以 10%的硝酸溶液浸泡过夜，用自来水反复冲洗，最后用去离子水冲洗干净后再使用。

【实验步骤】

1. 样品消解(可根据实验室条件选用其一)

(1)微波消解法：将植物叶片剪碎，称取 0.3~0.5 g(精确至 0.001 g)样品置于微波消解罐中，加入浓硝酸 4 mL、30%过氧化氢溶液 2 mL，轻轻摇匀，按照表 2-2 中微波消解条件消解试样。冷却后取出消解罐，在电热板上于 140~160℃赶酸至 1 mL 左右。此时溶液颜色呈无色或淡黄色，待溶液冷却后将溶液转移至 25 mL 容量瓶，用少量去离子水多次洗涤消解罐，合并洗涤液于容量瓶，用去离子水定容至刻度，混匀备用，同时做空白对照。

表 2-2　植物组织微波消解条件

步骤	升温时间(min)	温度(℃)	保持时间(min)
1	7	120	5
2	7	160	5
3	10	180	20

(2)湿法消解：称取 0.3~1.0 g(精确至 0.001 g)样品于锥形瓶中，加入 20 mL 混酸溶液(硝酸：高氯酸=4：1)，放置几粒玻璃珠防止暴沸，放置片刻，瓶口加漏斗后在可调式电热板上消解[参考条件：120℃(0.5~1 h)，升至 180℃(2~4 h)，升温至 200~220℃]，

若消解液呈棕褐色，再加少量硝酸，消解至白烟冒尽，此时消解液呈无色或略带黄色。冷却后，用少量去离子水多次洗涤锥形瓶并转移至 25 mL 容量瓶中，定容后混匀备用，同时做空白对照。

2. 样品中金属元素含量的测定

以岛津 AA6300 型原子吸收分光光度计为例，介绍原子吸收分光光度计测定植物样品中 Cu、Zn 金属元素含量的操作方法。

(1) 开机：依次打开乙炔钢瓶主阀、空气压缩机电源、AA6300 主机电源、WizAArd 软件，输入用户名和密码，点击确定。

(2) 参数设置：选择要测定的金属元素，Cu 元素测定波长为 324. 8 nm、Zn 元素测定波长为 213. 9 nm。原子化器选择“火焰连续”，点击“确定”。点击“编辑参数”，校准曲线参数选择合适“浓度单位”，点击“确定”。点击“下一步”，点击“校准曲线设置”，设定校准曲线的测定次序，点击“更新”，并修改实际值，再次点击“更新”，点击“确定”。点击“样品组设置”，选择“实样浓度单位”，根据待测样品数量设定“样品数”，点击“更新”，点击“确定”。点击“下一步”，点击“连接/发送参数”，此时仪器开始初始化。待初始化完成后，点击“确定”，勾选点火前需要检查的项目，点击“确定”，等待仪器设置火焰参数。点击“仪器”菜单“执行谱线搜索”，结束后关闭。

(3) 样品测定：同时按住主机上的黑、白按钮，点火，检查火焰颜色是否正常。预热 15 min 后开始测定金属元素含量。首先测定金属元素系列标准溶液的吸光度值，制备标准曲线。系列标准溶液测定时使用去离子水调零，并按照低浓度到高浓度的测试顺序进行测定。测试结束后以金属元素的浓度为横坐标，以吸光度值为纵坐标，自动绘制得到标准曲线。然后，采用同样方法测定植物样品溶液的吸光度值，计算每毫升样品溶液中所含 Cu、Zn 的含量，然后计算每克植物样品中 Cu、Zn 的含量($\mu g \cdot g^{-1}$)。

【结果分析】

1. 根据标准曲线计算出样品中含有的 Cu 或 Zn 的浓度(C，$\mu g \cdot mL^{-1}$)。

2. 根据式(2-10)计算每克样品中 Cu 或 Zn 的含量：

$$\text{Cu 或 Zn 的含量}(\mu g \cdot g^{-1}) = \frac{(C - C_0) \times V_T}{W} \tag{2-10}$$

式中 C——样品溶液中 Cu 或 Zn 的浓度($\mu g \cdot mL^{-1}$)；

C_0——空白溶液中 Cu 或 Zn 的浓度($\mu g \cdot mL^{-1}$)；

V_T——样品提取液总体积(mL)；

W——样品重量(g)。

【注意事项】

若样品中金属元素含量超过标准溶液的最高浓度，应该重新配制标准溶液，提高其浓度或适当稀释样品溶液。

【思考题】

1. 植物生长发育中必需的金属元素有哪些？有何作用？

2. 对植物生长发育不利的金属元素有哪些？生产上如何减少这些金属的危害？

（高同国）

实验 2-4　谷氨酰胺合成酶活性的测定

【实验目的】

掌握分光光度计测定谷氨酰胺合成酶活性的原理和方法。

【实验原理】

谷氨酰胺合成酶(glutamine synthetase，GS)是植物体内氨同化的关键酶之一，在 ATP 和 Mg^{2+}存在下，GS 催化植物体内谷氨酸形成谷氨酰胺。在反应体系中，谷氨酰胺转化为 γ-谷氨酰基异羟肟酸，进而在酸性条件下与铁形成红色的络合物，该络合物在 540 nm 处有最大吸收峰，可用分光光度计测定。谷氨酰胺合成酶活性可用产生的 γ-谷氨酰基异羟肟酸与铁络合物的生成量来表示，单位 $\mu mol \cdot mg^{-1} protein \cdot h^{-1}$。也可间接用 540 nm 处吸光度值的大小来表示，单位 $A \cdot mg^{-1}$ protein · h^{-1}。

【实验条件】

1. 材料

小麦叶片或其他植物材料。

2. 试剂

(1)提取缓冲液：pH 值 8.0 的 0.05 $mol \cdot L^{-1}$Tris-HCl 缓冲液(内含 2 $mmol \cdot L^{-1} Mg^{2+}$、2 $mmol \cdot L^{-1}$ DTT，0.4 $mol \cdot L^{-1}$ 蔗糖)。称取 1.529 5 g Tris(三羟甲基氨基甲烷)、0.124 5 g $MgSO_4 \cdot 7H_2O$、0.154 3 g DTT(二硫苏糖醇)和 34.250 0 g 蔗糖，溶于去离子水后用 0.05 $mol \cdot L^{-1}$HCl 调节 pH 值至 8.0，最后定容至 250 mL。

(2)反应混合液 A：pH 值 7.4 的 0.1 $mol \cdot L^{-1}$Tris-HCl 缓冲液(内含 80 $mmol \cdot L^{-1} Mg^{2+}$、20 $mmol \cdot L^{-1}$ 谷氨酸钠盐、20 $mmol \cdot L^{-1}$ 半胱氨酸和 2 $mmol \cdot L^{-1}$EGTA)。称取 3.059 0 g Tris、4.979 5 g $MgSO_4 \cdot 7H_2O$、0.862 8 g 谷氨酸钠盐、0.605 7 g 半胱氨酸、0.192 0 g EGTA，溶于去离子水后用 0.1 $mol \cdot L^{-1}$HCl 调节 pH 值至 7.4，定容至 250 mL。

(3)反应混合液 B：pH 值 7.4 的 0.1 $mol \cdot L^{-1}$Tris-HCl 缓冲液(含盐酸羟胺)，即反应混合液 A 加 80 $mmol \cdot L^{-1}$ 盐酸羟胺。称取 3.059 0 g Tris、4.979 5 g $MgSO_4 \cdot 7H_2O$、0.862 8 g 谷氨酸钠盐、0.605 7 g 半胱氨酸、0.192 0 g EGTA、1.390 0 g 盐酸羟胺，溶于去离子水后用 0.1 $mol \cdot L^{-1}$HCl 调节 pH 值至 7.4，定容至 250 mL。

(4)显色剂：0.2 $mol \cdot L^{-1}$TCA(三氯乙酸)、0.37 $mol \cdot L^{-1} FeCl_3$ 和 0.6 $mol \cdot L^{-1}$HCl 混合液。称取 3.317 6 g TCA、10.102 1 g $FeCl_3 \cdot 6H_2O$，溶于去离子水后加 5 mL 浓盐酸，定容至 100 mL。

(5)20 $mmol \cdot L^{-1}$ATP 溶液：0.605 0 g ATP 溶于 50 mL 去离子水。

3. 仪器用具

冷冻离心机，分光光度计，电子天平，研钵，恒温水浴锅，剪刀，移液管和移液管架，洗耳球，离心管和离心管架等。

【实验步骤】

(1)粗酶液提取：称取植物材料1 g于研钵中，加3 mL提取缓冲液，置冰浴上研磨成匀浆，转移于离心管中，并用1 mL提取缓冲液冲洗研钵，转入离心管。4℃下10 000 r·min^{-1}离心20 min，上清液即为粗酶液。

(2)酶促反应：不同离心管中分别加入1.6 mL反应混合液A或反应混合液B，再依次在各管中加入 0.5 mL粗酶液、0.2 mL提取缓冲液、0.7 mL ATP溶液，混匀，于37℃下保温30 min，加入显色剂1 mL，摇匀并放置片刻后，于5 000 r·min^{-1}下离心10 min，取上清液测定540 nm处的吸光度值(A)，以加入1.6 mL反应混合液A的溶液为参比调零。

(3)粗酶液中可溶性蛋白质含量测定：取粗酶液0.5 mL，用蒸馏水定容成100 mL，取2 mL，用考马斯亮蓝G-250法测定可溶性蛋白质含量。

【结果分析】

$$\text{GS 活性}(A \cdot \text{mg}^{-1}\ \text{protein} \cdot \text{h}^{-1}) = \frac{A}{P \times V \times t} \tag{2-11}$$

式中　A——540 nm处的吸光度值；

P——粗酶液中可溶性蛋白含量(mg·mL^{-1})；

V——粗酶液的总体积(mL)；

t——反应时间(h)。

【注意事项】

1. ATP溶液现用现配。

2. 研磨植物材料后要用提取缓冲液冲洗研钵，以免造成酶液损失。

【思考题】

谷氨酰胺合成酶活性大小可反映哪些问题？

(顾玉红　路文静)

实验2-5　植物对离子的选择吸收

【实验目的】

1. 加深理解细胞吸收离子的方式。

2. 掌握溶液培养的一般过程与注意事项。

3. 掌握植物对离子选择性吸收的原理和实验方法。

【实验原理】

植物根系对离子的吸收具有选择性，即使对环境中相同浓度的离子，吸收速率也不相同。如$(NH_4)_2SO_4$溶液，根对NH_4^+的吸收比对SO_4^{2-}的吸收快，但对于$NaNO_3$溶液，根系对NO_3^-的吸收快于对Na^+的吸收。将阳离子吸收较多、阴离子吸收较少导致植物所处的介质环境 pH 值降低的盐，称为生理酸性盐；将阴离子吸收较多，阳离子吸收较少导致植物所处的介质环境 pH 值升高的盐，称为生理碱性盐。植物对离子吸收的选择性与运输蛋白质在质膜上的含量与类型，植物的需求有关。选择性吸收导致的植物所处的 pH 值变化与吸收条件，吸收方式和植物的需求相关。本实验通过测定培养液(植物所处的环境介质) pH 值的变化，来说明植物根系对离子的吸收具有选择性。

【实验条件】

1. 材料

发芽 2~3 d 的玉米。

2. 试剂

培养液母液(5 g KH_2PO_4、5 g $MgSO_4 \cdot 7H_2O$、0.97 g $CaCl_2 \cdot 6H_2O$，溶于 1 000 mL 蒸馏水中)，2%的 HCl 溶液，2%的 NaOH 溶液，1.6%的$(NH_4)_2SO_4$ 溶液，1.0%的 $NaNO_3$ 溶液，0.2%的 EDTA 溶液。

3. 仪器用具

罐头瓶，pH 计，量筒，黑色塑料膜，玻璃棒，橡皮筋，记号笔，镊子，移液管和移液管架，洗耳球，滴管等。

【实验步骤】

(1)配制培养液：按以下方法配置对照液、生理酸性盐溶液和生理碱性盐溶液。

对照液：取 5 mL 母液加入罐头瓶中，再加入 195 mL 蒸馏水和 1 滴 0.2%的 EDTA 溶液，混匀，将溶液的 pH 值调至 5.8，用标签纸(或记号笔)标记液面高度。

生理酸性盐溶液：取 5 mL 母液加入罐头瓶中，再加入 190 mL 蒸馏水、5 mL 1.6% $(NH_4)_2SO_4$ 溶液和 1 滴 0.2%的 EDTA 溶液，混匀，将溶液的 pH 值调至 5.8，用标签纸或记号笔标记液面高度。

生理碱性盐溶液：取 5 mL 母液加入罐头瓶中，再加入 190 mL 蒸馏水、5 mL 1.0% $NaNO_3$ 溶液和 1 滴 0.2%的 EDTA 溶液，混匀，将溶液的 pH 值调至 5.8，用记号笔标记液面高度。

(2)种植：取 1 张黑色塑料薄膜蒙住罐头瓶口，用橡皮筋扎紧，在薄膜上用镊子钻多个小孔，将 3 粒发芽玉米的根从小孔伸入溶液中，沿着罐头瓶瓶口将塑料膜下压，直到塑料膜与液面平齐，用塑料膜将罐头瓶包裹，各处理重复 3 次。

(3)将种植好的玉米在实验台上(常温)培养 1 周。

(4)培养 7 d 后，取出玉米苗，用蒸馏水少量多次冲洗玉米根系上残留的溶液，用蒸馏水将瓶内溶液补足到刻度标记高度后混匀，测定其 pH 值并记录于表 2-3 中。

【结果分析】

将测定与计算的实验结果记录于表 2-3 中。

表 2-3　玉米吸收离子后溶液 pH 值的变化

氮源	编号	实验前 pH 值	实验后 pH 值	平均 ΔpH	处理平均 ΔpH ± 对照平均 ΔpH
$(NH_4)_2SO_4$	1				
	2				
	3				
$NaNO_3$	1				
	2				
	3				
对照	1				
	2				
	3				

通过处理平均 ΔpH± 对照平均 ΔpH 的计算，可以分析得出玉米对溶液中阴离子与阳离子吸收的多少。

【注意事项】

1. 准确调节与测定溶液的 pH 值。
2. 选取的发芽玉米生长状况要一致。
3. 玉米苗种植时不能伤及根系。

【思考题】

1. 植物是如何吸收离子的?
2. 为什么离子吸收会引起溶液 pH 值的变化?
3. 供试材料生长状况不一致对结果有什么影响?

（胡小龙）

实验 2-6　单盐毒害及离子拮抗现象

【实验目的】

掌握单盐毒害及离子拮抗现象产生的原理和实验方法。

【实验原理】

任何植物假若培养在某一单盐溶液中(即溶液中只含有 1 种金属离子)，不久植株即呈现不正常状态，最终死亡，这种现象称为单盐毒害(toxicity of single salt)。在发生单盐毒害的溶液中加入少量其他元素尤其是阳离子，毒害即会减弱或消除，离子间的这种相互作用称为离子拮抗作用(ionantagonism)。通过实验可以得出，将植物培养在单盐溶液中，植物对单一元素尤其是阳离子吸收越少，对植物伤害越小；吸收越多，对植物伤害越大。在含有多种元素尤其是阳离子的溶液中伤害作用消除。所以，植物需要生长在含有适当比例和浓度的多种营养元素(盐分)的溶液中才能正常生长发育，这样的溶液称为平衡溶液(balanced solution)，一般来讲，陆生植物能正常生长的土壤溶液、海水植物能够正常生长的海水、淡水植物能正常生长的淡水、无土栽培植物能正常生长的人为配制的营养液均可以称为平衡溶液。

【实验条件】

1. 材料

发芽1 d的小麦种子。

2. 试剂

0.12 $mol \cdot L^{-1}$ 的KCl溶液，0.06 $mol \cdot L^{-1}$ 的 $CaCl_2$ 溶液，0.12 $mol \cdot L^{-1}$ 的NaCl溶液，0.06 $mol \cdot L^{-1}$ 的 $MgCl_2$ 溶液，琼脂。

3. 仪器用具

小烧杯，玻璃棒，记号笔，直尺，移液管和移液管架，洗耳球，电炉，镊子等。

【实验步骤】

(1)取样：选取发芽1 d的小麦种子60粒作为实验材料。

(2)溶液配制：取4个小烧杯，在小烧杯中加入0.25 g琼脂后分别加入下列盐溶液，并用记号笔标记液面高度。

处理1：0.12 $mol \cdot L^{-1}$ 的KCl溶液50 mL。

处理2：0.06 $mol \cdot L^{-1}$ 的 $CaCl_2$ 溶液50 mL。

处理3：0.12 $mol \cdot L^{-1}$ 的NaCl溶液50 mL。

处理4：0.06 $mol \cdot L^{-1}$ 的 $MgCl_2$ 溶液50 mL。

处理5：0.12 $mol \cdot L^{-1}$ 的KCl溶液2.2 mL + 0.06 $mol \cdot L^{-1}$ 的 $CaCl_2$ 溶液1 mL + 0.12 $mol \cdot L^{-1}$ 的NaCl溶液46.8 mL。

处理6：0.12 $mol \cdot L^{-1}$ 的KCl溶液2.2 mL + 0.06 $mol \cdot L^{-1}$ 的 $MgCl_2$ 溶液1 mL + 0.12 $mol \cdot L^{-1}$ 的NaCl溶液46.8 mL。

(3)将上述溶液在电炉上加热至琼脂完全溶解后，补足蒸发的水分，自来水中冷却。

(4)样品苗培养：选取发芽程度一致的小麦种子60粒，每只烧杯的琼脂胶体上放置10粒发芽种子。常温培养1周后，测定麦苗的平均根长、平均根数和平均苗高。

【结果分析】

(1)测定各烧杯中苗的平均根长、平均根数和苗高。

(2)分析不同溶液对根长、根数和苗高的影响。

【注意事项】

1. 溶液不能污染。

2. 选样尽量一致，实验材料种植时不必埋入胶体中，只需放在琼脂胶体表面。

3. 统计根数时，根长小于1 cm的不必计数。

【思考题】

为什么会产生单盐毒害现象？

(胡小龙)

第 3 章

植物的光合作用与呼吸作用

实验 3-1　叶绿体的分离及其完整度的测定

【实验目的】

1. 掌握叶绿体提取分离及完整度的测定方法。

2. 学会梯度离心法，学会氧电极法测定放氧量。

Ⅰ. 叶绿体的分离

【实验原理】

叶绿体是绿色植物细胞中典型的细胞器，可通过研磨叶片并匀浆后，根据其颗粒大小经过滤、离心方法加以分离。分离的叶绿体应在等渗溶液中制备，以减少渗透压对叶绿体的伤害。

植物细胞被细胞壁所包围，因此实验中必须破碎细胞壁，但同时需保持叶绿体的完整。从破碎细胞中释放的叶绿体等质体可经适当的梯度离心将完整的叶绿体和破碎的叶绿体分开。植物细胞质体贮存的淀粉致密颗粒可能在离心过程中造成质体破裂，因此可在较低温度下预处理植物 1~2 d，以消除淀粉的积累作用。叶绿体得率可通过检测叶绿素含量来确定。

【实验条件】

1. 材料

新鲜的绿色叶片。

2. 试剂

(1) 分离介质：含 0.33 mol · L^{-1} 山梨醇、50 mmol · L^{-1} Tris-HCl（或 Tricine，pH 值 7.6）、5 mmol · L^{-1} $MgCl_2$、10 mmol · L^{-1} NaCl、2 mmol · L^{-1} EDTA 和 2 mmol · L^{-1} 异抗坏

血酸钠。

配制方法：称60 g山梨醇、6.06 g Tris、1 g $MgCl_2 \cdot 6H_2O$、0.6 g NaCl、0.77g EDTA-Na_2和0.4 g异抗坏血酸钠，溶解后用1 mol · L^{-1} HCl调节pH值至7.6，定容至1 000 mL。

(2)悬浮和测定介质Ⅰ：0.66 mol · L^{-1}山梨醇、2 mmol · L^{-1} $MgCl_2$、2 mmol · L^{-1} $MnCl_2$、4 mmol · L^{-1} EDTA、10 mmol · L^{-1} 焦磷酸钠和100 mmol · L^{-1} Tris-HCl(pH值7.6)。

配制方法：称60 g山梨醇、0.2 g $MgCl_2 \cdot 6H_2O$、0.2 g $MnCl_2 \cdot 4H_2O$、0.75 g EDTA-Na_2、2.23 g $Na_4P_2O_7 \cdot 10H_2O$和6.06 g Tris，溶解后用1 mol · L^{-1} HCl调节pH值至7.6，定容至500 mL。

(3)悬浮和测定介质Ⅱ：将悬浮和测定介质Ⅰ稀释1倍。

3. 仪器用具

冰箱，离心机，电子天平，显微镜，pH计，研钵，量筒，移液管和移液管架，离心管和离心管架，漏斗，洗耳球，剪刀，胶头滴管，脱脂纱布等。分离器皿都需在0℃预冷。

【实验步骤】

(1)选择生长健壮，最好是连续几个晴天生长的菠菜叶片，洗净后去除中脉，放入4℃冰箱中预冷。

(2)分离介质30~50 mL，置于研钵中，并在冰箱中预冷至现薄冰。

(3)取冷却的菠菜叶片10~20 g，剪碎后放入研钵，手工快速研磨0.5~10 min，注意不要用力过猛，也不必研磨过细，以叶片磨成小块时即可，研磨后将匀浆用2层新纱布过滤。

(4)将滤液装入预冷过的2个离心管，配平后1 000 r · min^{-1} 离心2 min。

(5)倾去上层液，沉淀即为叶绿体。随后每管加2 mL悬浮和测定介质Ⅰ，并用胶头滴管冲散沉淀。叶绿体悬浮液合并后放冰箱中备用。

(6)用胶头滴管吸取少量叶绿体，加少量悬浮和测定介质Ⅱ稀释，置显微镜(400~600倍)下观察叶绿体的形态。

Ⅱ. 叶绿体被膜完整度的测定

【实验原理】

由于铁氰化钾不能透过被膜，故完整叶绿体在等渗介质中不能进行铁氰化钾光还原的希尔反应。而失去完整被膜的叶绿体，铁氰化钾可以进入类囊体进行希尔反应。根据这一原理，通过比较胀破与未胀破的叶绿体希尔反应速率，就可计算叶绿体被膜的完整度。

【实验条件】

1. 材料

实验3-1：Ⅰ分离得到的叶绿体。

2. 试剂

(1)测定介质Ⅰ和Ⅱ(配制方法见实验3-1：Ⅰ)。

(2)100 mmol · L^{-1} 铁氰化钾：称3.29 g铁氰化钾溶于水，定容至100 mL。

(3)100 mmol · L^{-1} NH_4Cl：称0.54 g NH_4Cl溶于水，定容至100 mL。

(4)适量叶绿体(20~50 μg Chl · mL^{-1} 反应体系)。

3. 仪器用具

氧电极测氧装置，烧杯，微量移液器和枪头等。

【实验步骤】

(1)取 0.1 mL 叶绿体提取液加到 0.9 mL 的蒸馏水中并搅拌 1 min，使叶绿体被膜胀破，加 1 mL 测定介质Ⅰ悬浮备用。

(2)取 0.1 mL 未胀破叶绿体提取液加入反应杯中，视反应杯体积加入测定介质Ⅱ，加入适量铁氰化钾溶液和 NH_4Cl 溶液，使铁氰化钾和 NH_4Cl 的最终浓度都为 1 mmol · L^{-1}。搅拌，平衡 1 min，照光测定希尔反应放氧速率，记录 5 min，然后清洗反应杯。

(3)将已胀破叶绿体加入反应杯中，再加入适量测定介质Ⅱ、铁氰化钾和 NH_4Cl，使反应体系物质最终浓度同未胀破叶绿体测定体系，测定过程同步骤(2)。

(4)分别计算胀破和未胀破的叶绿体测定体系中单位时间的放氧量(或希尔反应速率)。

【结果分析】

计算被膜完整度。

$$\text{被膜完整度} = \frac{A-B}{A} \times 100\% = \left(1-\frac{B}{A}\right) \times 100\% \tag{3-1}$$

式中　A——胀破叶绿体单位时间的放氧量(或希尔反应速率)；

B——未胀破叶绿体单位时间的放氧量(或希尔反应速率)。

根据式 3-1 计算被膜完整度，判断叶绿体提取分离的效果。

【注意事项】

1. 本实验所用试剂要存放在冰箱中，存放时间不宜过长，最好现配现用。

2. 叶绿体的分离要在 0~4℃下进行，玻璃器皿和溶液都需预冷，操作要快，整个分离过程最好在 5 min 内完成。

3. 离心过程中，离心机的转速不宜过高，否则叶绿体中的淀粉粒会打破叶绿体被膜。

4. 被膜完整度测定过程中，反应杯内破碎叶绿体与完整叶绿体的叶绿素含量应相等。

【思考题】

1. 为什么叶绿体的提取要在低温的介质中进行?

2. 反应体系中为什么要加入 NH_4Cl?

(王凤茹)

实验 3-2　叶绿体色素的提取分离、理化性质和定量测定

【实验目的】

1. 掌握叶绿素的提取、分离和理化性质以及定量测定的方法，熟悉层析分析的原理和方法。

2. 掌握分光光度计的使用原理及方法。

3. 掌握 SPAD-502 Plus 仪测定植株叶绿素含量的原理与方法。

【实验原理】

1. 叶绿体色素的提取与分离

叶绿体中所含的色素主要有两大类：叶绿素(包括叶绿素 a 和叶绿素 b)和类胡萝卜素(包括胡萝卜素和叶黄素)。它们与类囊体膜上的蛋白质结合，成为色素蛋白复合体。这两类色素都不溶于水，而溶于有机溶剂，故可用乙醇或丙酮等有机溶剂提取。提取液可用层析分析的原理加以分离。因吸附剂对不同物质的吸附力不同，当用适当的溶剂推动时，混合物中各成分在两相(流动相和固定相)间具有不同的分配系数，所以它们的移动速度不同，经过一定时间层析后，便可将混合色素分离。

2. 叶绿素的理化性质测定

叶绿素是叶绿酸与甲醇和叶绿醇形成的二羧酸酯类，故可与碱起皂化反应而生成醇(甲醇和叶绿醇)和叶绿酸的盐，产生的盐能溶于水中，可用此法将叶绿素与类胡萝卜素分开；叶绿素吸收光子而转变成激发态，激发态的叶绿素分子很不稳定，当其回到基态时可发射出红色荧光。叶绿素与类胡萝卜素具有各自特异的吸收光谱，可用分光光度计精确测定。叶绿素的化学性质很不稳定，容易受强光的破坏，特别是当叶绿素与蛋白质分离以后，破坏更快，而类胡萝卜素则较稳定。叶绿素中的镁可以被 H^+ 所取代而成为褐色的去镁叶绿素，后者遇铜则成为绿色的铜代叶绿素，铜代叶绿素很稳定，在光下不易破坏，故常用此法制作绿色植物标本。

3. 叶绿体色素的定量测定(分光光度计法)

(1)丙酮提取法：根据朗伯—比尔定律，某有色溶液的吸光度值(A)与其中溶质浓度(C)和液层厚度(L)成正比，即 $A=\alpha CL$，其中，α 为吸光系数。

当溶液浓度以质量-体积浓度为单位，液层厚度为 1 cm 时，α 为该物质的吸光系数。

已知叶绿素 a、b 的 80% 丙酮提取液在红光区的最大吸收峰分别为波长 663 nm 和 645 nm，又知在波长 663 nm 处，叶绿素 a、b 在该溶液中的吸光系数分别为 82.04 和 9.27，在波长 645 nm 处分别为 16.75 和 45.60，据此列出浓度(C)与吸光度值(A)之间的关系式：

$$A_{663}=82.04C_a+9.27C_b \tag{3-2}$$

$$A_{645}=16.75C_a+45.60C_b \tag{3-3}$$

式中 A_{663}，A_{645}——叶绿素溶液在波长 663 nm 和 645 nm 处测得的吸光度值；

C_a、C_b——叶绿素 a、b 的浓度($g\cdot L^{-1}$)。

解式(3-2)、式(3-3)联立方程，并把 C_a、C_b 单位转换为 $mg\cdot L^{-1}$ 得

$$C_a=12.72A_{663}-2.59A_{645} \tag{3-4}$$

$$C_b=22.88A_{645}-4.67A_{663} \tag{3-5}$$

$$C_T=C_a+C_b=8.05A_{663}+20.29A_{645} \tag{3-6}$$

式中 C_a，C_b——叶绿素 a、b 的浓度($mg\cdot L^{-1}$)；

C_T——总叶绿素浓度($mg\cdot L^{-1}$)。

利用式(3-4)、式(3-5)和式(3-6)可以分别计算出叶绿素 a、b 和总叶绿素浓度。丙酮

提取液中类胡萝卜素的浓度($mg \cdot L^{-1}$)为：

$$C_k = 4.70A_{440} - 0.27C_{a+b} \tag{3-7}$$

由于叶绿体色素在不同溶剂中的吸收光谱有差异，因此，在使用其他溶剂提取色素时，计算公式也有所不同。

(2)乙醇提取法：根据朗伯—比尔定律，某有色溶液的吸光度 A 与其中溶质浓度 C 和液层厚度 L 成正比，即 $A=\alpha CL$（式中 L=1 cm，α 为吸光系数），叶绿素 a、b 的95%乙醇提取液在红光区的最大吸收峰分别为 665 nm 和 649 nm，在波长 665 nm 下，叶绿素 a、b 在该溶液中的吸光系数分别为 83.81 和 23.10，在波长 649 nm 下，叶绿素 a、b 在该溶液中的吸光系数分别为 24.50 和 46.84，据此列出浓度 C 与吸光度 A 之间的关系式：

$$A_{665} = 83.81C_a + 23.10C_b \tag{3-8}$$

$$A_{649} = 24.50C_a + 46.84C_b \tag{3-9}$$

式中　A_{665}，A_{649}——叶绿素溶液在波长 665 nm 和 649 nm 处测得的吸光度；

C_a，C_b——叶绿素 a 、b 的浓度($g \cdot L^{-1}$)。

解式(3-8)、式(3-9)联立方程，并把 C_a、C_b 单位转换为 $mg \cdot L^{-1}$：

$$C_a = 13.95A_{665} - 6.88A_{649} \tag{3-10}$$

$$C_b = 24.96A_{649} - 7.32A_{665} \tag{3-11}$$

将 C_a 与 C_b 与相加即得叶绿素总量 C_T。

$$C_T = C_a + C_b \tag{3-12}$$

式中　C_a、C_b——叶绿素 a、b 的浓度($mg \cdot L^{-1}$)；

C_T——总叶绿素的浓度($mg \cdot L^{-1}$)。

利用式(3-10)、式(3-11)和式(3-12)可以分别计算出叶绿素 a、b 和总叶绿素的浓度。

(3)计算叶绿体色素的含量：

$$\text{叶绿素 a 的含量 (mg/g)} = (C_a \times V)/W \times 1\,000 \tag{3-13}$$

$$\text{叶绿素 b 的含量 (mg/g)} = (C_b \times V)/W \times 1\,000 \tag{3-14}$$

$$\text{总叶绿素的含量 (mg/g)} = (C_T \times V)/W \times 1\,000 \tag{3-15}$$

$$\text{类胡萝卜素的含量 (mg/g)} = (C_k \times V)/W \times 1\,000 \tag{3-16}$$

式中　C_a——叶绿素 a 的浓度($mg \cdot L^{-1}$)；

C_b——叶绿素 b 的浓度($mg \cdot L^{-1}$)；

C_T——总叶绿素的浓度($mg \cdot L^{-1}$)；

C_k——类胡萝卜素的浓度($mg \cdot L^{-1}$)；

V——提取液总体积(mL)；

W——样品质量(g)；

1 000——将毫升(mL)换算成升(L)的倍数。

4. 叶绿体色素的定量测定(SPAD 仪法)

(1)测量原理：SPAD-502 Plus 仪的测量值反映的是作物叶片中的叶绿素含量，它的原理是依据植物叶片叶绿素吸收率不同的 2 个波段中叶片的光透射量的差异来计算叶绿素值(图 3-1)。

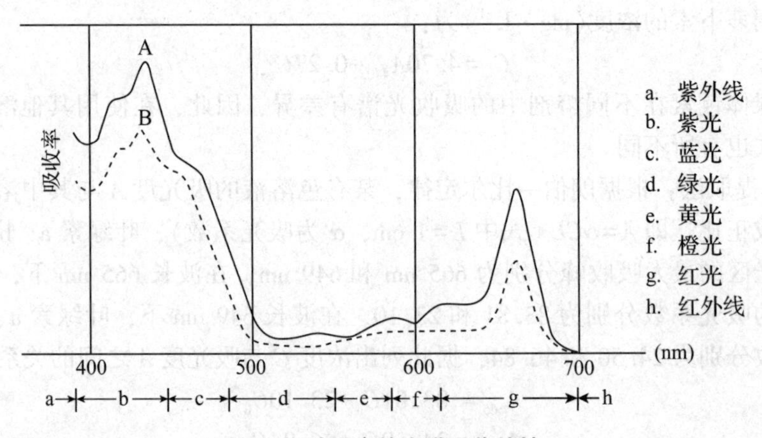

图 3-1　叶绿素的光谱吸收特性

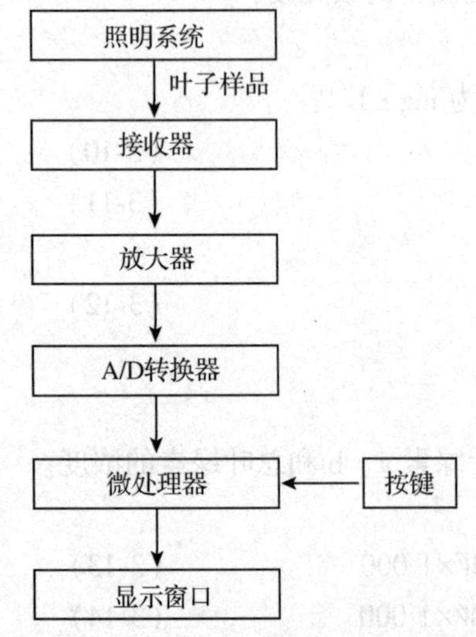

图 3-2　SPAD-502 Plus 仪的工作原理

如图 3-1 所示，使用 80%的丙酮溶液从 2 片叶子中提取叶绿素并分析二者光谱吸收特性。叶片 B 的叶绿素含量低于叶片 A。叶绿素的峰值吸收区是在蓝色和红色区，而绿色区的吸收率较低、红外区几乎无吸收。因此，选择红色区(吸收率高且不受胡萝卜素影响)和红外区(吸收率极低)作为测量的波长区。

SPAD-502 Plus 仪的照明系统中的 LED 发射红光和红外线，穿过叶片的光线射入接收器，接收器将透射光转化为模拟电子信号，放大器加强这些信号，然后，由 A/D 转换器将其转化为数字信号，微处理器采用数字信号计算 SPAD 值，在屏幕上显示计算值即为叶绿素含量，并将数值自动保存到仪器中(图 3-2)。

(2)照明/测量系统：由一个红色 LED(峰值波长：约 650 nm)和一个红外 LED(峰值波长：约 940 nm)提供照明。这些 LED 提供的相对照度如图 3-3 所示。

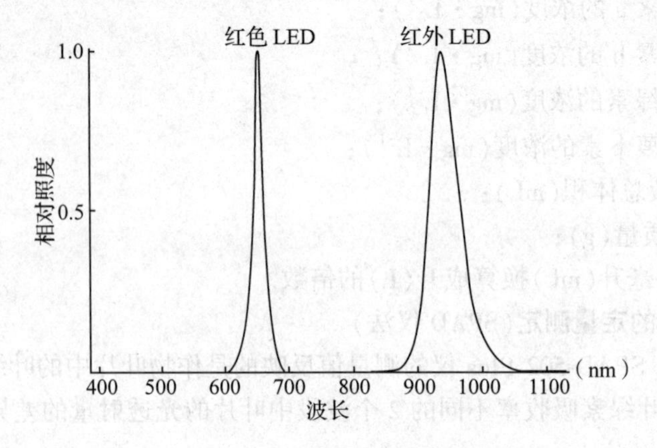

图 3-3　LED 的照度特征

2个LED内置于测量探头中(图3-4)，合上测量探头时按次序发射光线。这2个LED发出的光线穿透发射窗口，穿过测量探头中的叶片样品，最终进入接收窗口。随后，光线射入SPD(硅光二极管)接收器后，可以被转化成模拟电子信号。

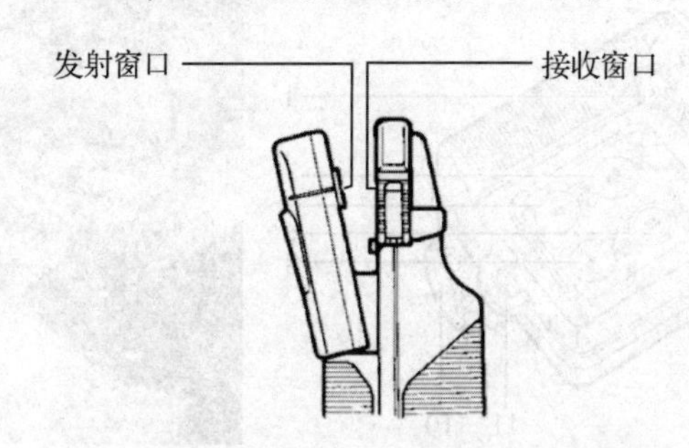

图3-4 SPAD-502 Plus仪的照明/测量系统

(3)计算：校准过程中，样品槽中无任何样品时，2个LED按次序发射光线，接收的光线被转化成电子信号，然后计算其强度比。将样品插入测量探头后，2个LED再次发射光线，穿过测量探头中叶片样品的光射入接收器，被转化成电子信号，然后，计算透射光的强度比。通过2个强度比来计算SPAD值，即叶片样品中的叶绿素含量。

【实验条件】

1. 材料

新鲜的菠菜叶或其他植物叶片。

2. 试剂

(1)80%丙酮溶液，95%乙醇溶液，苯，石英砂，碳酸钙粉，醋酸铜粉末。

(2)推动剂：按石油醚：丙酮：苯(10：2：1)比例配制(*V/V*)。

(3)氢氧化钾—甲醇溶液：30 g KOH溶入100 mL甲醇中，过滤后盛于具橡皮塞的试剂瓶中。

(4)醋酸—醋酸铜溶液：用50%的醋酸100 mL溶入醋酸铜6 g，再加蒸馏水4倍稀释而成。

3. 仪器用具

紫外可见分光光度计，电子天平，移液器和枪头，研钵，漏斗和漏斗架，玻璃棒，剪刀，滴管，培养皿，康维皿，药匙，圆形滤纸，滤纸条，试管和试管架，烧杯，刻度吸量管，棕色容量瓶，柯尼卡美能达SPAD-502 Plus仪(图3-5)等。

【实验步骤】

1. 叶绿体色素提取与分离

(1)叶绿体色素的提取：具体步骤如下。

①取菠菜或其他植物新鲜叶片，洗净，擦干，去叶脉，称取5 g，剪碎，放入研钵中。

②研钵中加入少量石英砂及碳酸钙粉，加10 mL 80%丙酮溶液，研磨至糊状，再加20 mL 80%丙酮溶液，提取3~5 min，将上清液过滤于烧杯中。

(2)叶绿体色素的分离：具体步骤如下。

①取圆形定性滤纸一张，在其中心戳一圆形小孔(直径约3 mm)，另取一张滤纸条，

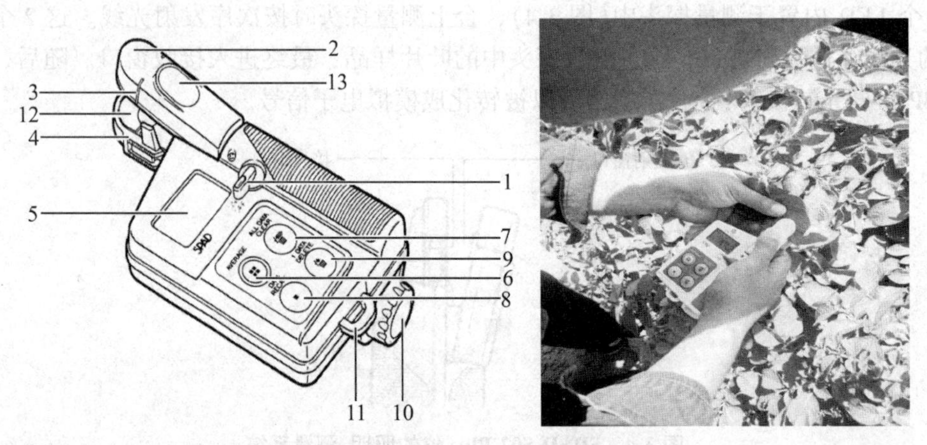

1. 电源开关(打开/关闭电源)；2. 测量探头(闭合时，执行测量)；3. 测量中心线(指示测量区域的中心)；4. 深度调节装置(可设置以确保所有样品的测量均在离样品边缘相同距离的位置执行。如有需要，可移除此装置)；5. 显示窗口(显示数据和其他信息)；6. 计算平均键(计算内存中所有数据的平均值)；7. 删除所有数据键(删除内存中的所有数据)；8. 数据恢复键(将存储在前一数据编号中的数据恢复到屏幕上)；9. 删除当前数据键(删除显示的数据)；10. 电池仓盖；11. 手绳孔；12. 样品槽(将样品插入此处供测量)；13. 指托(按此处合上测量探头)。

图 3-5　SPAD-502 Plus 仪的部件名称与田间测试

用滴管吸取丙酮叶绿体色素提取液，沿纸条的长度方向涂在纸条的一边。使色素扩散的宽度限制在5 mm以内，风干后，再重复操作数次，然后沿长度方向卷成纸捻，使浸过叶绿体色素溶液的一侧恰在纸捻的一端(图3-6)。

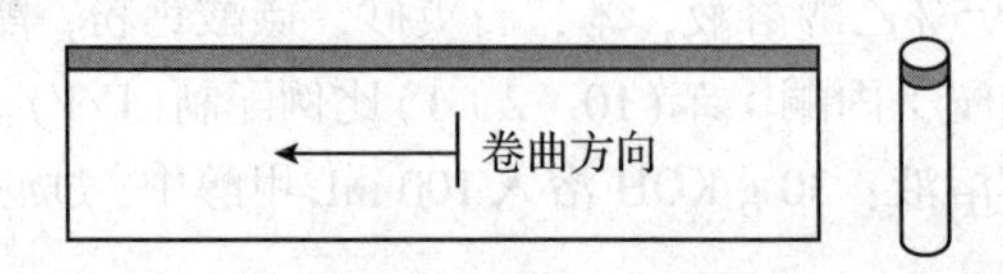

图 3-6　纸捻涂叶绿素位置及卷曲方向

②将纸捻带有色素的一端插入圆形滤纸的小孔中，使与滤纸刚刚平齐(切勿凸出)。

③在培养皿内放一康维皿，在康维皿中央小室中加入适量的推动剂，把带有色素的纸捻下端浸入推动剂中，迅速盖好培养皿。此时，推动剂借毛细管引力顺纸捻扩散至圆形滤纸上，并把叶绿体色素向四周推动，不久即可看到各种色素的同心圆环。

如无康维皿，也可在培养皿中放入一玻璃管或塑料药瓶盖，以盛装推动剂。但所用培养皿底、盖直径应相同，且略小于滤纸直径，以便将滤纸架在培养皿边缘上。

④当推动剂前沿接近滤纸边缘时，去除滤纸，风干，即可看到分离的各种色素：叶绿素a为蓝绿色，叶绿素b为黄绿色，叶黄素为鲜黄色，胡萝卜素为橙黄色。用铅笔标出各种色素的位置和名称。

2. 叶绿素的理化性质分析

本实验提取的叶绿体色素溶液进行以下实验：

(1)荧光现象观察：取1支20 mL刻度试管，加入5 mL浓叶绿体色素丙酮提取液，在反射光下观察叶绿素溶液，呈暗红色。

(2)皂化作用(叶绿素与类胡萝卜素的分离)：在做过荧光现象观察的叶绿体色素丙酮提取液试管中加入1.5 mL 20%氢氧化钾—甲醇溶液，充分摇匀。片刻后，加入5 mL苯，摇匀，再沿试管壁慢慢加入1.5 mL蒸馏水，轻轻混匀(切勿剧烈摇荡)，于试管架上静置分层。若溶液不分层，则用滴管吸取蒸馏水，沿管壁滴加，边滴加边摇动，直到溶液开始分层时，静置。可以看到溶液逐渐分为2层，下层是稀的丙酮溶液，其中溶有皂化的叶绿素a和b(以及少量的叶黄素)；上层是苯溶液，其中溶有黄色的胡萝卜素和叶黄素。

(3)H^+和Cu^{2+}对叶绿素分子中Mg^{2+}的取代作用：具体步骤如下。

①取2支试管，第一支试管中加叶绿体色素提取液5 mL，再加入1~2滴浓HCl溶液，摇匀，第二支试管只加叶绿体色素提取液2 mL，作为对照。观察溶液颜色变化。

②当溶液变褐后，再加入少量醋酸铜粉末，稍微加热，观察记录溶液颜色变化情况，并与对照试管相比较。解释其颜色变化原因。

(4)光对叶绿素的破坏作用：具体步骤如下。

①取4支小试管，其中2支各加入5 mL用水研磨的叶片匀浆，另外2支各加入2.5 mL叶绿体色素丙酮提取液，并用80%丙酮稀释1倍。

②取1支装有叶绿体色素丙酮提取液的试管和1支装有水研磨叶片匀浆的试管，放在直射光下，另两支放在暗处，40 min后对比颜色有何变化，解释其原因。

③另取本实验中用圆形滤纸层析分离成的色谱一张，通过圆心裁成两半，一半放在直射光下，另一半放在暗处，30 min后比较2张色谱上的4种色素的颜色有何变化。

3. 叶绿体色素的含量测定(分光光度计法)

①取新鲜植物叶片，擦净组织表面污物，剪碎，混匀。

②称取剪碎的新鲜样品0.2 g，放入研钵中，加少量石英砂和碳酸钙粉及2~3 mL 80%丙酮溶液(或95%乙醇溶液)，研成匀浆。

③将匀浆转移到25 mL棕色容量瓶中，用少量80%丙酮溶液(或95%乙醇溶液)冲洗研钵、研棒及残渣数次，最后连同残渣一起倒入容量瓶中。最后用80%丙酮溶液(或95%乙醇溶液)定容至25 mL，摇匀。离心或过滤。

④将上述色素提取液倒入光径1 cm的比色杯内。以80%丙酮溶液(或95%乙醇溶液)为对照调零，在波长663 nm(用95%乙醇溶液提取时是665 nm)、645 nm(用95%乙醇溶液提取时是649 nm)和440 nm处测定吸光度值。

4. 叶绿体色素的含量测定步骤(SPAD-502 Plus仪法)

(1)安装电池：①按盖上的箭头方向旋转以拆卸电池仓盖[图3-7(a)]。②将2节五号电池插入电池仓，确保电池的正负极位置正确[图3-7(b)]，可使用碱锰电池，请勿混合使用不同类型或不同寿命的电池。③重新装上电池仓盖，按盖上的箭头的反方向旋转，直到盖子贴紧仪表，请勿过度旋紧[图3-7(c)]。如果打开电源开关时屏幕显示仪器的型号与版本等基本信息，则自动跳转到仪器的校准界面；如果打开电源开关时电池标志出现在屏幕上，表示电量即将耗尽，应更换电池；如果打开电源开关时无显示，请检查电池是否安装正确以及电池是否已用尽。

(2)系手绳：应按图3-8所示将手绳系到手绳孔中。

(3)校准：每次关闭后重新开启时，都需要校准仪表。请按照以下步骤校准仪表。

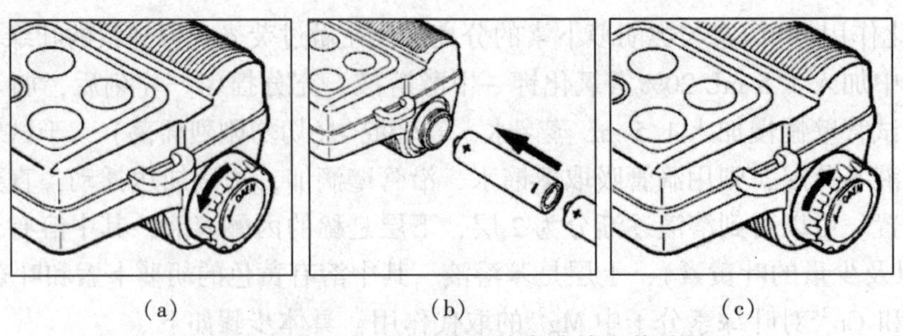

图 3-7 SPAD-502 Plus 仪的电池的安装过程

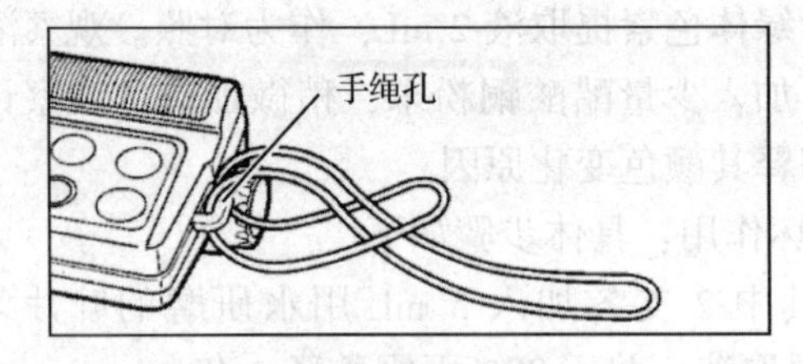

图 3-8 手绳的识系方法

①打开电源开关，屏幕显示如图 3-9 所示。

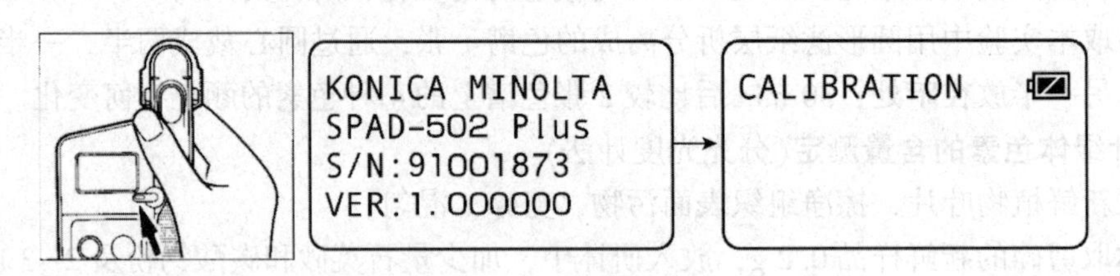

图 3-9 开机屏幕显示

②样品槽中无样品时，按下指托，合上测量探头，使其闭合，直到听到哔的一声，然后出现屏幕所示，至此校准完成(图 3-10)。

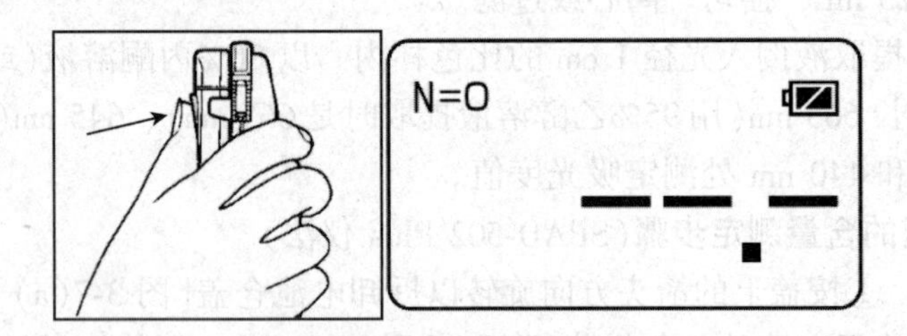

图 3-10 仪器的校准

如果发出一系列哔哔声，并且屏幕上出现"ERROR"字样，表示未正确执行校准(测量探头在校准过程中未完全合上或者在校准完成前打开了)，则需重新按下指托，合上测量探头，务必保持测量探头完全合上，直到校准完成(图 3-11)。

如果发出一系列哔哔声，并且屏幕上出现"ERROR"和"E-U"字样，表示测量探头的发射或接收窗口可能脏污。请清洁窗口，然后重新按下指托，合上测量探头，务必保持测量探头完全合上，直到校准完成(图 3-12)。

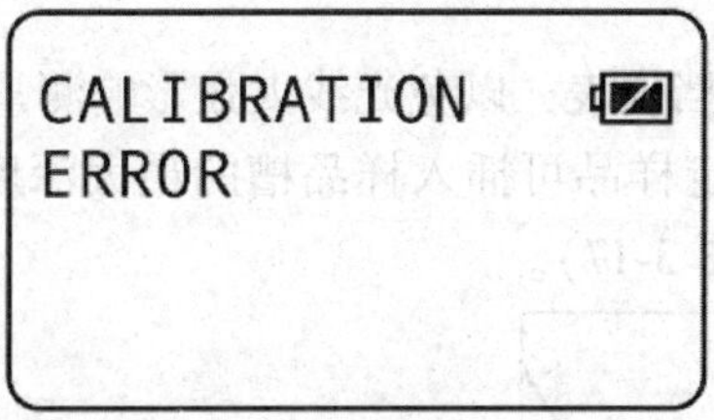

图 3-11　屏幕上出现“ERROR”字样 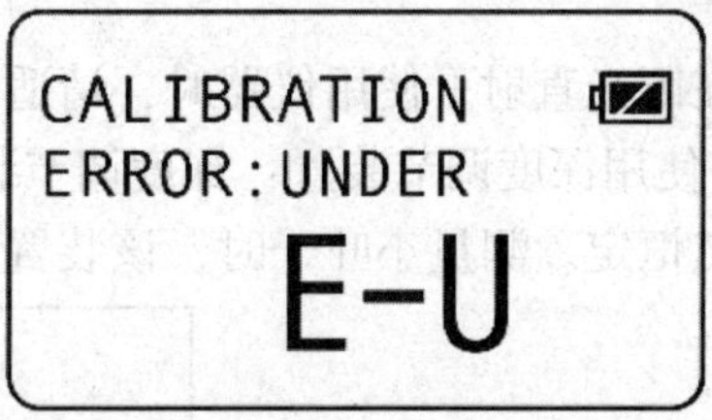　　　图 3-12　屏幕上出现“ERROR”和“E-U”字样

(4)测量：选择生长健康、无病虫害的植物叶片，插入到仪器测量探头的样品槽(图 3-13、图 3-14)，使测量中心线和测量点与测定区域对齐，按下指托，合上测量探头，直到发出哔的一声，测量值出现在屏幕上，表示测量完成，测量值将被自动存储到仪器中(图 3-15)。如果发出一系列哔哔声，并且屏幕上出现“ERROR”字样，表示未正确进行测量(测量探头未完全合上或在测量完成前打开了，还可能是样品太厚或太薄)，则需重新按下指托，合上测量探头，务必保持测量探头完全合上，直到测量完成(图 3-16)。

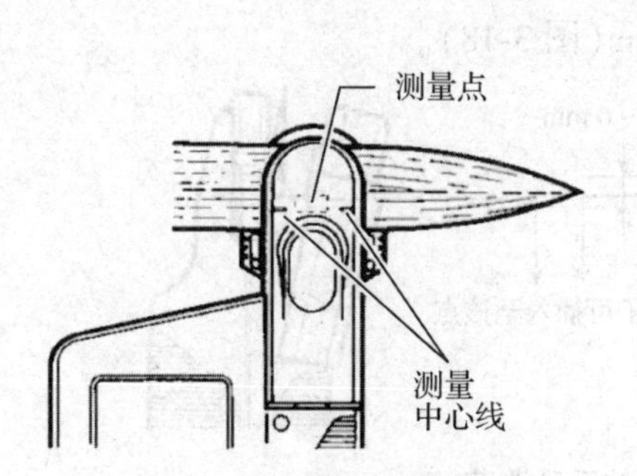

图 3-13　发射和接收窗口位置

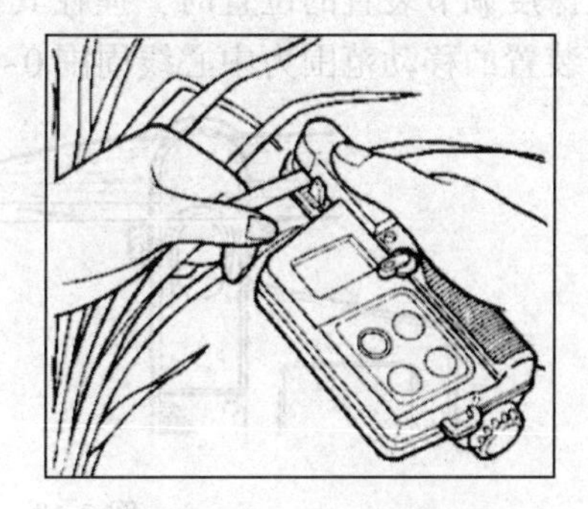

图 3-14　植株样品的测量

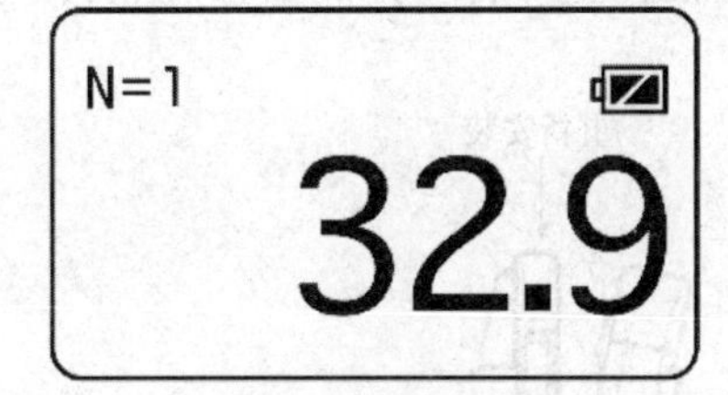

图 3-15　数值测量

图 3-16　测量时屏幕上出现“ERROR”字样

测量时需要注意：

①SPAD-502 Plus 仪的测量面积只有 2 mm×3 mm，所以，叶片面积至少要大于测定区域的面积。

②SPAD-502 Plus 仪具有防水功能，下雨不影响田间试验的进行。仪器使用完毕后，请用干净柔软的布将其擦干，请勿将其浸入水中或用水冲洗。

③确保样品完全遮盖接收窗口，请勿尝试测量叶脉等极厚的部位。如果测量的叶子上有许多细脉，请执行多次测量，然后取其平均值，以获得最佳结果。

④如果测量探头的发射和接收窗口脏污或有水迹，则无法进行精确测量，测量前请先

进行清洁。

⑤在阳光直射下使用仪器时，请适当用身体遮挡仪表，以免光线太强影响测量结果。

(5)使用深度调节装置：深度调节装置用于设定样品可插入样品槽的最大深度，以保持测量点恒定。测量小叶子时，该装置特别有用(图3-17)。

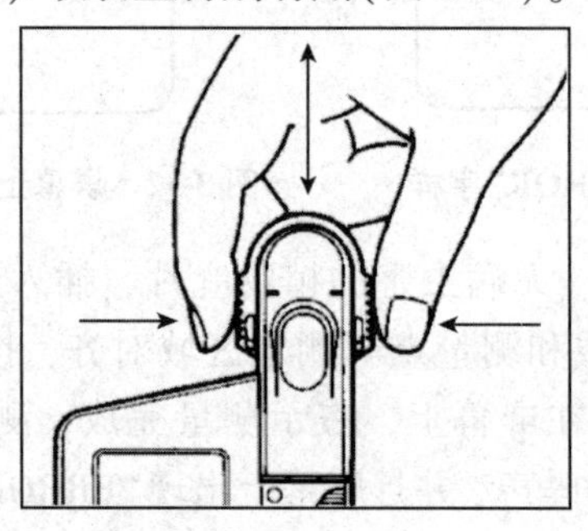

图3-17 深度调节装置

设置深度调节装置的位置时，捏住其靠测量探头端的两侧，然后，滑动至所需位置，深度调节装置的移动范围为中心线周围0~6 mm(图3-18)。

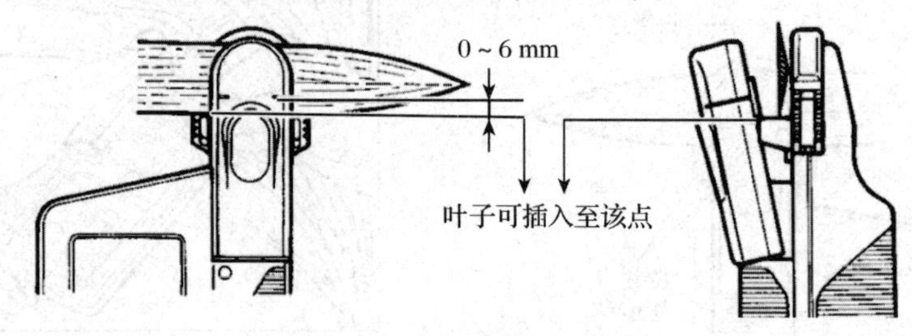

图3-18 装置的手动调节

不使用深度调节装置时，请将其拆下，翻转(使调整片背对样品槽)，然后，重新装到测量探头上(图3-19)。

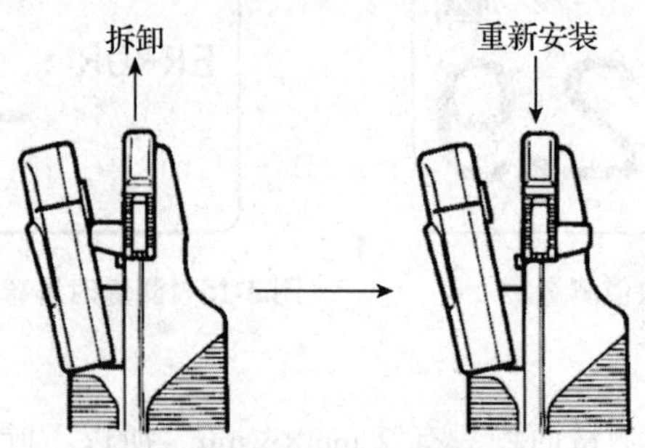

图3-19 装置的拆卸与安装

(6)记忆功能：测量时，测得的数据会被自动存储到内存中。SPAD-502 Plus仪的内存空间可存储多达30项数据。当内存已满时，首个数据编号的数据(内存中存储最久的数据)会被删除，内存中剩余的数据上移，即2~30号数据会变成1~29号数据。新测量的数据会被保存为30号数据。关闭电源开关时，内存中的所有数据将被删除。通过使用SPAD-502 Plus仪的按键，可以对内存中的数据执行特定操作(表3-1)。

表 3-1　数据的删除与恢复

按键名称	功能	内存数据状态	操作后显示
计算平均	计算内存中所有数据的平均值	平均	内存中的数据数量 平均值 N=30 AVG 35.8 计算平均提示
删除所有数据	显示信息确认内存中的所有数据将被删除，然后再次按此键删除	空白	CLEAR ALL OK? NO YES NO NO N=0
数据恢复	将存储在前一数据编号中的数据恢复到屏幕上以供查看	15 显示 14 显示	显示的数据编号 No. 14 48.6 光标线：显示的数据编号 逆转点：显示的数据
	删除显示的数据。可用于删除错误的数据	显示 9 空白	No. 10 所删除数据的数据编号

使用删除当前数据键删除显示的数据后，接下来的测量结果将按以下方式之一存储。

①如果在未变更数据编号的情况下进行了另一次测量(屏幕上显示“---”时或者如果在删除数据后仅按了计算平均键)，新测得的数据将被保存在相应数据已被删除的数据编号的空间中(图 3-20)。

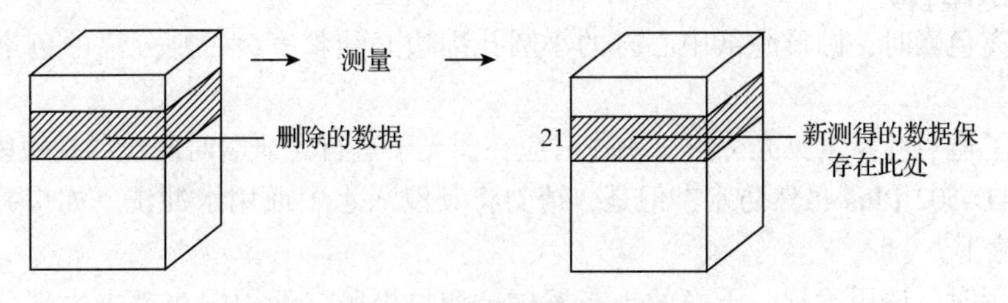

图 3-20　测量数据的保存

②如果使用数据恢复键将屏幕显示更改为其他数据编号，内存中的剩余数据将上移以填补数据已被删除的数据编号的空间，而新测得的数据将被保存在下一空白数据编号的空间中(图 3-21)。

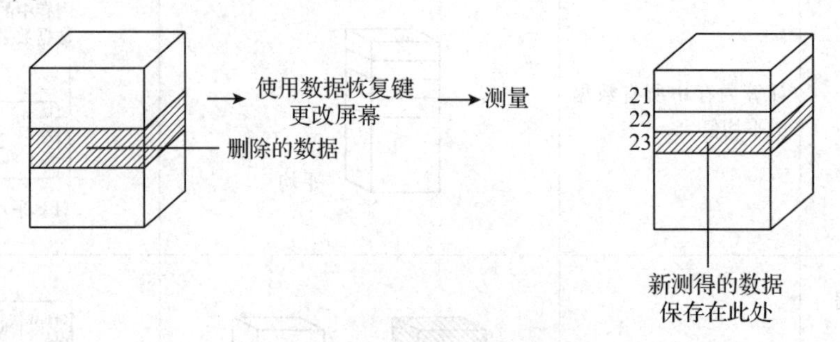

图 3-21 恢复后新数据的保存

【结果分析】

1. 叶绿体色素的提取与叶绿素理化性质的实验结果分析

观察叶绿体色素分离实验中 4 种色素的颜色和位置，并进行简要描述；描述叶绿素具有哪些理化性质。

2. 叶绿体色素含量(分光光度计法)的实验结果分析

将样品质量、提取液总体积、吸光度值代入实验原理中的公式进行计算，获得叶绿素 a 含量、叶绿素 b 含量、叶绿素总含量、类胡萝卜素含量，并对结果进行分析。

3. 叶绿体色素含量(SPAD-502 Plus 仪法)的实验结果分析

(1) 对同一种植物的叶片，选择主茎从顶端向下数第 4 个叶片(倒 4 叶)进行测定，样本量(叶片数)要超过 30 个，同时测定叶片的位置也要分为顶部、中部、底部 3 个部分，每个部分测定 3 次，3 个部分的平均值作为该叶片的 SPAD 值，30 个叶片样本的平均值作为倒 4 叶叶片的 SPAD 值。

(2) 如果测定的倒 4 叶是复叶，则每个复叶测定顶生小叶和依次往下的第 1 层侧生小叶(两个侧生小叶的平均值作为第 1 层侧生小叶的测定值)、第 2 层侧生小叶，每片小叶测定 3 个位点(顶部、中部、底部)，以 3 个位点的平均值作为每片小叶的 SPAD 值，以 3 个部位的平均值作为倒 4 叶的 SPAD 值。

【注意事项】

1. 在低温下发生皂化反应的叶绿体色素溶液，易乳化而出现白絮状物，溶液混浊，且不分层。可激烈摇匀，放在 30~40℃ 的水浴中加热，溶液很快分层，絮状物消失，溶液也变得清晰透明。

2. 分离色素时，圆形滤纸中心打的小圆孔周边必须整齐，否则分离的色素不是一个同心圆。

3. 为了避免叶绿素见光分解，操作时应在弱光下进行，研磨时间应尽量短些。

4. SPAD-502 Plus 虽然防水，但是，请勿将其浸入水中或用水冲洗。如果弄湿，使用后请将其擦干。

5. 脏污时，请用柔软、干净的干布擦拭。如果极脏，请用湿布擦去大部分污垢，然后用柔软、干净的干布擦拭。请勿使酒精或化学品接触仪表表面。

6. 请勿使仪表遭受强烈撞击或震动。

7. 请勿按压或损坏 LCD 窗口或测量探头。

8. 请勿将仪表置于直射阳光下或火炉、强光等热源附近。

9. 不使用仪表时，请关闭电源开关。

10. 应将仪表保存在温度为-20~55℃的地方。请勿将仪表存储在密封的机动车辆等高温或高湿的地方，并应与脱湿剂一起存储。如果可能，存储过程中应保持相对恒温。

11. 如果仪表存储时间超过 2 周，请取出电池。

12. 请勿尝试拆开仪表。如果仪表发生故障，请联系服务中心。

【思考题】

1. 用不含水的有机溶剂如无水丙酮、无水乙醇等提取植物材料特别是干材料的叶绿体色素往往效果不佳，原因何在？

2. 研磨提取叶绿素时加入碳酸钙粉有什么作用？

3. 对比传统叶绿素测定方法，分析使用 SPAD-502 Plus 仪测定植物叶绿素的优缺点？

4. 从测定时间、测定部位以及测定数据量的角度，尝试分析影响实验结果的因素有哪些？

（刘坤）

实验 3-3　植物叶面积的测定方法

【实验目的】

1. 了解测定叶片面积在植物科学研究中的重要意义。

2. 掌握测定叶面积常用的几种方法及其原理。

Ⅰ. 叶面积仪测定法

【实验原理】

叶面积仪的工作原理是采用方格近似积分法，即将被测叶片划分成许多小格并统计小格数目，然后乘以小格面积得到被测叶面积。叶面积仪一般都包括一个发光装置和一块接收板。接收板上存在许多光敏电阻，可将发光装置的光信号转变成电信号。但是，当把叶片铺在接收板上时，由于叶片的阻隔，一部分光敏电阻接受不到光，或接收的光不足总光强的 50%(即小格面积的一半以上被叶遮盖)。仪器的计算机系统处理可以将这部分小格数计数并乘以小格面积，即为叶面积，一般以平方厘米(cm^2)表示。

【实验条件】

1. 材料

新鲜植物叶片。

2. 仪器用具

LI-3000 型便携式叶面积仪，剪刀，笔等。

【实验步骤】

(1)取植物叶片，并擦净其上、下叶面。打开探测器上盖，将叶片横向夹入，露出叶基部或叶柄，再合拢探测器上盖。

(2)右手持探测器柄，按动零按钮，使荧光屏显示“0”。

(3)左手轻拉叶片和测长索，使叶片完全通过探测器，记录荧光屏上显示的数字。

【结果分析】

探测器荧光屏上显示的数字即为该叶片的面积。

【注意事项】

1. 对于较小的叶片，可用脱去药膜的 X 光胶片将其平展地夹在中间，再按上述方法测定。

2. 探测器尽量避免阳光直射。

3. 因为叶面积仪的最大扫描速率为 20 $cm \cdot s^{-1}$，所以拉动叶片的速度不可太快。

Ⅱ. 透明方格法

【实验原理】

利用透明方格法测定叶面积也是采用方格近似积分法，即将被测叶片划分成许多小格并统计小格数目，然后乘以小格面积得到被测叶面积。

【实验条件】

1. 材料

新鲜的植物叶片。

2. 仪器用具

标准方格纸(最小方格的规格为 1 mm×1 mm)或坐标纸，薄膜袋等。

【实验步骤】

将叶片平铺于一定大小的透明方格纸下面，计算叶片所占方格数。或者将叶片铺于一定大小的方格纸上，用铅笔描出叶片图形，再统计图形所占方格数。叶缘处达到或超过半格的计数，不足半格的不计。

【结果分析】

叶面积依据式(3-17)计算。

$$叶面积(cm^2)=方格数\times每个小方格面积(cm^2) \tag{3-17}$$

【注意事项】

1. 该方法测定的是离体叶片，为防止叶片失水，取样时可将其装入薄膜袋保存。

2. 对于形状不规则的叶片测量精度较低。

Ⅲ. 印相质量测定法（纸样称重法）

【实验原理】

植物叶片都具有一定的厚度。当叶片厚度较均匀时，可近似采用密度法求其叶面积，即分别称量单位面积叶片的质量和待测叶片的总质量，然后按照“叶面积=叶总质量/单位面积质量”即可计算出待测叶片的叶面积。对于厚度不一致的叶片，则可将其印于厚薄均匀的纸上并将其形状剪下，再按照上述原理计算纸的面积即为叶面积。

【实验条件】

1. 材料

新鲜的植物叶片。

2. 试剂

氨水。

3. 仪器用具

晒图纸，平板玻璃，带盖水桶，电子天平，烘箱，剪刀，燕尾夹，计时器，记号笔，不透光的盒，暗室等。

【实验步骤】

(1) 预先在暗室中按需要裁好大小合适的晒图纸并保存于不透光的盒内。

(2) 将待测叶平铺于玻璃板上，在弱光处取出晒图纸，将有药一侧盖在叶片上，再压上一块玻璃板，并用燕尾夹将 2 块玻璃板固定。翻转玻璃板，将叶片在阳光下晒 5～20 min，直至叶片外部的晒图纸变为灰白色。

(3) 弱光下取下晒图纸，立即置于盛有氨水的桶内，加盖。几分钟后取出，叶片形状即清晰地印于纸上。

(4) 沿叶片轮廓剪下晒图纸，同时剪下 3～5 块已知准确面积的晒图纸作为标准。70℃烘至恒重，分别称重。

【结果分析】

根据标准纸的质量计算叶面积。

$$\text{叶面积}(\text{cm}^2)=\frac{\text{叶状纸重}(\text{mg})\times\text{标准纸面积}(\text{cm}^2)}{\text{标准纸重}(\text{mg})} \tag{3-18}$$

【注意事项】

1. 晒图纸印迹的过程较为复杂，可用简化的方法代替，即将叶片平铺在厚薄均匀的标准纸上，用铅笔沿叶缘描下，再按上述方法测定。

2. 纸一定要厚薄均匀。

【思考题】

1. 3 种叶面积测定方法的原理有何异同？

2. 比较利用 3 种方法测定叶面积的优缺点。

3. 简述叶面积对植物生长和发育的重要意义。

4. 测定叶面积在农业生产上有何意义？

（王文斌）

实验3-4　红外CO_2分析仪法和氧电极法测定植物的光合速率及呼吸速率

【实验目的】

1. 掌握红外CO_2分析仪法和氧电极法测定植物的光合速率及呼吸速率方法。
2. 理解植物光合速率与呼吸速率测定的实验原理。

Ⅰ. 红外CO_2分析仪法

【实验原理】

红外线CO_2气体分析仪(IRGA)工作原理：当红外线经过含有CO_2的气体时，能量就因CO_2的吸收而降低，降低幅度与CO_2的浓度有关，并服从朗伯—比尔定律。即红外线经过CO_2气体分子时，其辐射能量减少，被吸收的红外线辐射能量与该气体的吸收系数(K)、气体浓度(C)和气体层的厚度(L)有关，可表示如下：

$$E = E_0 e^{-KCL} \tag{3-19}$$

式中　E_0——入射红外线的辐射能量；

E——透过的红外线的辐射能量。

一般红外线CO_2气体分析仪内设置仅可使波长4.26 μm的红外线通过滤光片，其辐射能量即E_0，只要测得透过的红外线辐射能量(E)，即可知CO_2气体浓度。

本实验中，IRGA是测定CO_2浓度的专用仪器，不能直接测定植物叶片的光合速率，必须根据IRGA的性能和测定目的，将IRGA和同化室组成一定的气路系统，才能进行叶片光合速率的测定。常用的气路系统有密闭式和开放式2种。

(1)密闭式气路系统：由2根气路管在叶室和红外线CO_2分析仪之间连通形成回路进行气体的循环，在叶片的光合作用吸收CO_2、放出O_2的过程中达到对CO_2浓度降低的测定，从而计算出植物光合速率等数据。其工作原理如图3-22所示。被测植物或叶片密闭在同化室中，不与同化室外发生任何的气体交换，同化室内的CO_2浓度因光合作用而下降，或由呼吸作用而上升，可用IRGA测定同化室内CO_2浓度的下降值或上升值，根据叶片面积、同化室体积，计算光合速率或呼吸速率。

(2)开放式气路系统：由单根导气管在红外线CO_2分析仪与叶室之间连通，形成开路。在开路光合测量时，通入的气体浓度必须是已知的(如C_1 = 500 μL · L^{-1})，当数据采集完成后，读出数据(设为C_2)，那么由仪器读数在光合作用前后的变化值就是植物光合作用所吸收的CO_2量，根据叶片面积、同化室体积，计算光合速率或呼吸速率。其工作原理如图3-23所示。

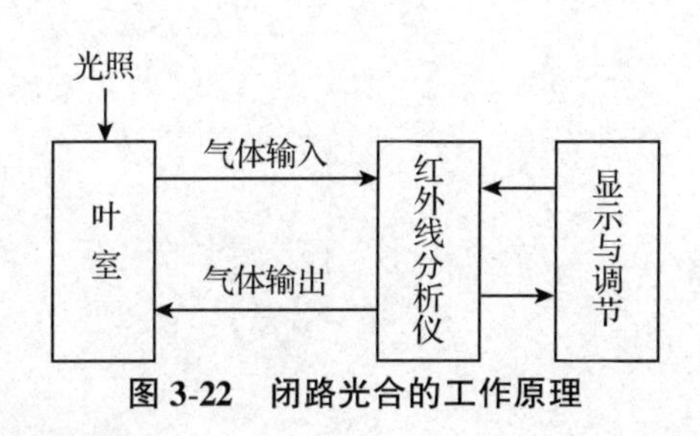

图 3-22　闭路光合的工作原理

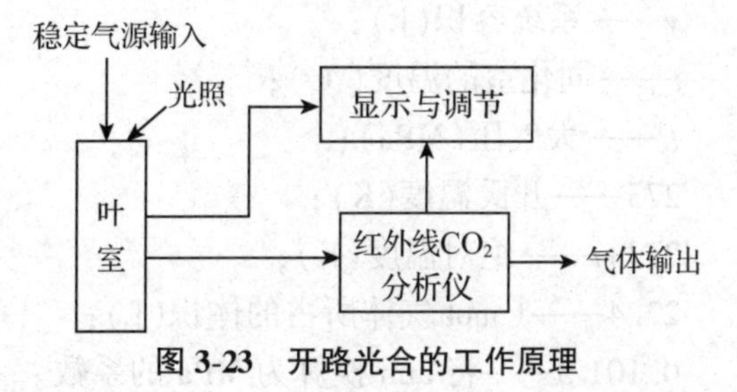

图 3-23　开路光合的工作原理

【实验条件】

1. 材料

甜菜、丁香、玉米、马铃薯等植物活体叶片。

2. 试剂

无水氯化钙(或无水硫酸钙)，烧碱石棉或碱石灰。

3. 仪器用具

GXH-3051 红外线 CO_2 气体分析仪等。

【实验步骤】

(1)按仪器使用说明书要求将气路系统的各部分连接起来，打开气室。

(2)接通电源，打开红外仪电源预热 15 min，表头显示的数据为残留在样品室中的 CO_2 的气体浓度。预热过程中气泵开关应处在关闭的位置上。

(3)将仪器后面板的切换阀旋到左侧的调零位置上，打开气泵电源，约 1 min 后，数显表头的显示值趋向“零点”，调节红外仪前面板调零旋钮，显示在“零点”位置。

(4)跨度校准：关闭气泵开关，将仪器后面板的切换阀旋到右侧的测量位置，将标准气以 $1.2\ L \cdot min^{-1}$ 的流速与仪器的进气口相连，使标准气通入仪器内，约 1 min，待显示值稳定以后，旋下跨度电位器上的保护盖，调节跨度旋钮使显示 CO_2 浓度与标准气浓度一致。

(5)将待测叶片放入同化室(气室)，密闭后当 CO_2 浓度稳定下降时，开始测定，读取开始的 CO_2 浓度值 C_1，开始计时，CO_2 下降至 C_2(约下降 $20 \sim 30\ \mu L \cdot L^{-1}$)，终止计时，记录 C_1、C_2、Δt(或确定从测定开始到结束所需时间)，测定结束后测量叶片的面积(如果叶片充满叶室即为气室面积)。光合作用的 $C_1-C_2>0$。

(6)呼吸速率测定：叶室用遮光布(由红、白、黑布叠缝而成)遮光。CO_2 浓度测定方法同步骤(5)。呼吸速率的 $C_1-C_2<0$，计算公式同光合作用测定公式。

【结果分析】

计算净光合速率(Pn)：

$$Pn = \frac{\Delta C \times V}{\Delta t \times S \times 22.4} \times \frac{273}{273+t} \times \frac{P}{0.1013} \tag{3-20}$$

式中 Pn ——净光合速率($\mu mol \cdot m^{-2} \cdot s^{-1}$)；

ΔC——CO_2 浓度差 C_1-C_2($\mu L \cdot L^{-1}$)；

Δt——测定时间(s)；

S——叶片面积(m^2)；

V——系统容积(L);

t——同化室的温度(℃);

P——大气压(MPa);

273——开氏温度(K);

273+t——绝对温度(K);

22.4——1 mol 气体所占的体积(L);

0.101 3——将 atm 换算为 MPa 的系数。

系统容积是闭路光合中很重要的一项参数。它的值包括了叶室体积、气路管容积和红外线分析仪里气室容积的总合,即

$$V_{系统容积}=V_{叶室体积}+V_{气路管容积}+V_{分析仪气室容积} \quad (3\text{-}21)$$

该仪器的系统容积为0.07 L。

呼吸速率一般用 Rp 表示,计算公式同式(3-20)。

【注意事项】

1. 密闭系统的最基本要求是严格密闭,不能漏气,否则无法测定。

2. 红外仪的滤光效果并不十分理想,水蒸气是干扰测定的主要因素,因此,取样器干燥管内的无水氯化钙要经常更换,更要避免无水氯化钙吸水溶解进入分析气室。分析气室是红外仪的要害部件,一旦被具有腐蚀性的无水氯化钙饱和溶液污染便无法正确测量,应特别注意保护。

3. 实验期间,仪器使用后应立即充电,以确保后续实验正常进行。

【思考题】

比较开路和闭路系统测定植物光合速率和呼吸速率的优缺点。

Ⅱ. 氧电极法

【实验原理】

氧电极法测定水中溶解氧属于极谱分析的一种类型。当两极间外加的极化电压超过氧分子的分解电压时,透过薄膜进入 KCl 溶液的溶解氧便在铂极上还原。

$$O_2+2H_2O+4e^- = 4OH^-$$

银极上则发生银的氧化反应:

$$4Ag+4Cl^- = 4AgCl+4e^-$$

此时电极间产生电解电流。由于电极反应的速率极快,阴极表面的氧浓度很快降低,溶液主体中的氧便向阳极扩散补充,使还原过程继续进行,但氧在水中的扩散速率则相对较慢,所以电极电流的大小受氧的扩散速率的限制,这种电极电流又称扩散电流。在溶液静止、温度恒定的情况下,扩散电流受溶液主体与电极表面氧的浓度差控制。随着外加电压的加大,电极表面氧的浓度必然减小,溶液主体与电极表面氧的浓度差加大,扩散电流也随之加大。但当外加的极化电压达到一定值时,阴极表面氧的浓度趋近于零,于是扩散电流的大小完全取决于溶液氧的浓度。此时再增加极化电压,扩散电流基本不再增加,使极谱波(即电流—电压曲线)产生一个平顶。将极化电压选定在平顶的中部,可以使扩散电

流的大小基本不受电压微小波动的影响。因此，在极化电压及温度恒定的条件下，扩散电流的大小即可作为定量测定溶解氧的基础。电极间产生的扩散电流信号可通过电极控制器的电路转换成电压输出，用自动记录仪进行记录。

【实验条件】

1. 材料

甜菜、丁香、玉米、马铃薯等植物的活体叶片。

2. 试剂

碳酸氢钠，0.5 mol·L^{-1}(37.28 g·L^{-1}) 氯化钾溶液，0.1 mol·L^{-1} 的磷酸缓冲液(pH值7.0)，亚硫酸钠饱和液(现用现配)。

3. 仪器用具

Clark 氧电极，超级恒温水浴槽，照度计等。

【实验步骤】

1. 仪器安装

本实验以 CY-Ⅱ型测氧仪为主机，配以反应杯、电磁搅拌器、超级恒温水浴槽(恒温水浴泵)、自动记录仪、光源等，按图3-24所示组装成测定溶解氧的成套设备。

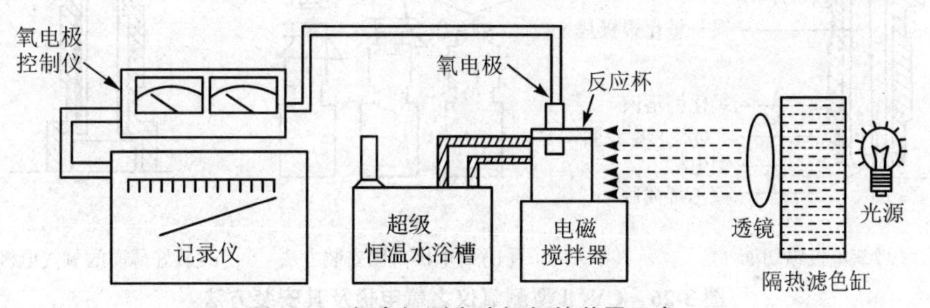

图3-24　氧电极测定溶解氧的装置示意

2. 测氧仪的检查

(1)开启电源：将波段开关拨至电池电压挡(图3-25)，检查电池电压是否正常(满量程为10 V)，如果电压低于7 V，则须更换电池，安装时须注意正负极。

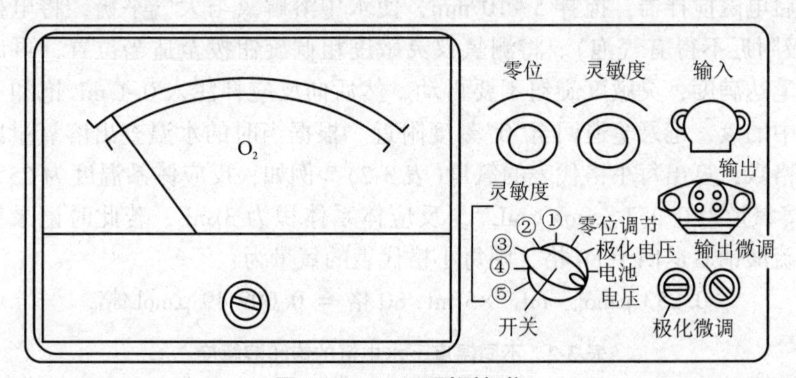

图3-25　CY-Ⅱ型测氧仪

(2)将波段开关拨至极化电压挡，检查加于电极两端的电压是否为0.7 V，偏高或偏低时，可调节“极化微调”使电位器恰好为0.7 V。

(3)将波段开关拨至零位调节挡，电表指针应在“0”点，否则，可调节“零位”电位器。

3. 电极的安装

电极包括下列部件：铂电极、银—氯化银极片、电极套、电极套螺塞、聚乙烯薄膜、“O”形橡皮圈，另外还有氯化钾溶液和薄膜安装器[图 3-26(a)]。

从电极套取出电极，将薄膜小圆片放在极套的顶端。把薄膜安装器的凹端压在电极套的顶端，再将“O”形圆推入套端的凹槽内[图 3-26(b)]；轻拉膜，使薄膜与电极套贴合，但不能拉得太紧而使薄膜变形。将 0.5 mol · L^{-1} 氯化钾溶液滴入电极套内，慢慢向下推，直到电极头与薄膜接触。将电极套螺塞拧紧，使电极凸出电极套 0.5 mm 左右[图 3-26(c)]。擦去电极套外的氯化钾液滴。

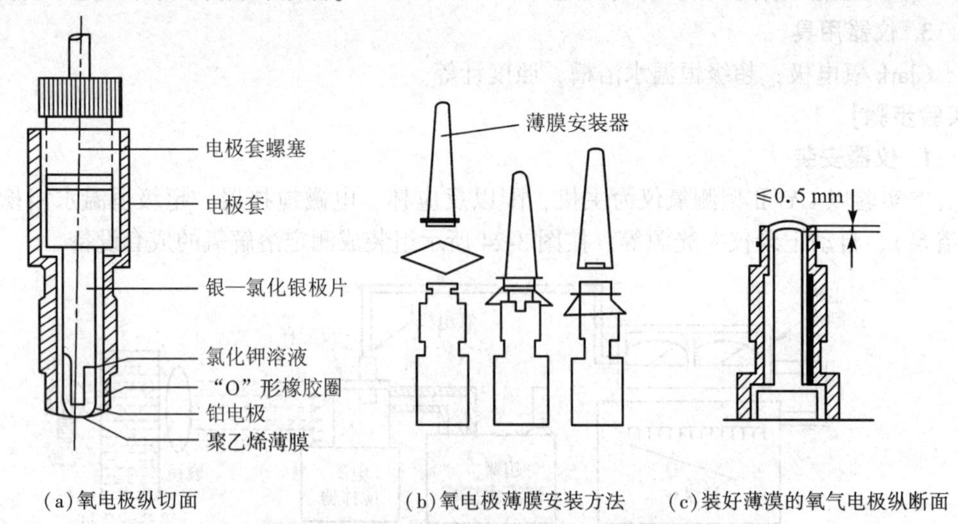

(a)氧电极纵切面　(b)氧电极薄膜安装方法　(c)装好薄漠的氧气电极纵断面

图 3-26　CY-Ⅱ型测氧仪之氧电极及其安装方法

4. 灵敏度的标定及结果计算

用在一定温度和大气压下被空气饱和的水中氧含量进行标定。在反应杯中加满蒸馏水，杯内放一细玻管封住的小铁棒，向反应杯的双层壁间通入 30℃(或实验要求的温度)的温水，开启电磁搅拌器，搅拌 5～10 min，使水中溶解氧与大气平衡，将电极插入反应杯(注意电极附近不得有气泡)。将测氧仪灵敏度粗调旋钮拨至适当位置，再调灵敏度旋钮，使记录笔达满度，灵敏度旋钮不要再动。然后向反应杯注入 0.1 mL 饱和亚硫酸钠溶液，除尽水中的氧，记录笔退回至“0”刻度附近。根据当时的水温查出溶氧量以及记录笔横向移动的格数，算出每小格代表的氧量(表 3-2)。例如，反应体系温度为 25℃，由表 3-2 查得饱和溶氧量为 0.253 μmol · mL^{-1}，反应体系体积为 3 mL，若此时记录笔在 100 格处，注入亚硫酸钠后退回了 80 格，则每小格代表的氧量为：

$$0.253\ \mu mol \cdot mL^{-1} \times 3\ mL/80\ 格 = 0.009\,49\ \mu mol/格$$

表 3-2　不同温度下水中氧的饱和溶解度

温度(℃)	0	5	10	15	20	25	30	35
氧含量(μmol · mL^{-1})	0.442	0.386	0.341	0.305	0.276	0.253	0.230	0.219

在正式测定时，若加入 3 mL 反应液，经温度平衡后，记录仪记录笔在第 92 格处，经 5 min 反应后记录笔移到第 66 格，则溶液中含氧量的降低值为：

$$(92-66)\times 0.00949 = 0.247\ \mu mol$$

该值为 5 min 内的实际耗氧量。

5. 光合及呼吸速率的测定

(1)材料准备：取甜菜、玉米或马铃薯等植物的功能叶片，切取 1 cm^2(100 个 1 mm^2 的小块)大小的叶片数块，放在 20 mL 的注射器中加水抽气，使叶肉细胞间隙的空气排出。然后取出一块再切成 1 mm^2 的小块。

(2)呼吸速率测定：用蒸馏水洗净反应杯，加入 3 mL 水，将总面积为 1 cm^2的叶小块移入反应杯，电极插入反应杯，注意电极下面不得有气泡，开启电磁搅拌器和恒温水浴水泵，经 3~4 min，温度达到平衡，用黑布遮住反应杯，开启记录仪，调好笔速(XWC 型记录仪可调至最大笔速，即 2 $mm \cdot min^{-1}$)，记下记录笔的起始位置。由于叶片(或其他组织)呼吸耗氧，记录笔逐渐向左移动。3~5 min 后，记下记录笔所移动的格数(移动 30~40 小格即可)。

(3)光合速率测定：测定呼吸速率后，去掉反应杯上的黑布罩，打开光源灯，灯光应通过盛满冷水的玻璃缸射到反应杯上，以降低温度。照光 3~5 min 后，由于叶片进行光合作用，溶液中溶氧增加，记录笔逐渐向右移动，记下记录笔的起始位置，待记录笔移动约 30~40 小格时，关闭光源灯，记下记录笔所走的小格数。可按照呼吸—光合—呼吸—光合的顺序重复 3 次。无须更换样品，但测定时间不能太长。

【结果分析】

计算光合速率和呼吸速率。

$$\text{呼吸速率}(\mu mol\ O_2 \cdot m^{-2} \cdot s^{-1}) = \frac{a \times n_1 \times 10\,000}{A \times t \times 60} \qquad (3\text{-}22)$$

$$\text{光合速率}(\mu mol\ O_2 \cdot m^{-2} \cdot s^{-1}) = \frac{a \times n_2 \times 10\,000}{A \times t \times 60} \qquad (3\text{-}23)$$

式中　a——记录纸上每小格代表的氧量(μmol)，根据灵敏度标定求得；

A——叶面积(cm^2)；

60——将分钟(min)换算为秒(s)的倍数；

10 000——将平方厘米(cm^2)换算为平方米(m^2)的倍数；

t——测定时间(min)，即走纸的距离(mm)/笔速($mm \cdot min^{-1}$)；

n_1——测呼吸时，记录笔向左走的小格数；

n_2——测光合时，记录笔向右走的小格数。

【注意事项】

1. 氧电极对温度变化非常敏感，测定时需要维持温度恒定。

2. 由黑暗转入光照后，光合作用常有一段滞后期，需延迟数分钟才开始放氧。

3. 电极使用一段时间后，会发生污染，灵敏度下降，可用专用清洗剂清洗，然后用蒸馏水冲洗干净。

4. 所用膜必须无破损及皱褶，且不能用手接触。为防止膜内水分蒸发引起氯化钾沉淀，避免经常灌充氯化钾溶液，不用时可把电极头浸泡在蒸馏水中。

5. 注意洗净样品管以消除污染。

【思考题】

1. 氧电极法测定光合速率和其他方法相比有何优缺点？

2. 用氧电极法测定光合速率时，为何必须不断搅拌溶液？如果停止搅拌将会出现怎样的现象？如果搅拌速度不均匀将出现什么情况？

（刘坤）

实验 3-5 改良半叶法测定植物光合速率

【实验目的】

掌握用改良半叶法测定植物光合速率的原理和方法。

【实验原理】

在对称的叶片上，主脉两侧因所处条件相同，则光合速率相同，光合产量也相等。因此，可先测半叶单位面积的干重，剩下的半叶进行一定时间的光合作用后，在隔断其光合产物向外运输的情况下，再测此半叶的单位面积干重。两者之差，可求得被测叶片在此测定时间内的光合速率。

【实验条件】

1. 材料

正常生长的植物(野生的或试验栽培的)叶片。

2. 试剂

5%的三氯乙酸溶液。

3. 仪器用具

烘箱，干燥器，电子天平，打孔器，硬木板，标签，脱脂棉签，剪刀，镊子，纱布，棉球，刀片，带盖搪瓷盘，铝盒，胶塞，水浴锅等。

【实验步骤】

1. 选样

在晴天或少云天气的上午 8：00~9：00 进行。选择生长健壮、充分照光的代表性植株，在各株的相同部位选无损伤且对称性良好的叶片 20~30 片，挂好有顺序号的标签。

2. 处理叶柄(或叶鞘)

按标签上顺序对选定的叶柄(或叶鞘)进行处理，破坏韧皮部，阻断有机物向茎部的运输。处理方法有环割法、烫伤法和化学抑制法。

(1)环割法：用刀片将叶柄的外层(韧皮部)环割 0.5 cm 左右。为防止叶片折断或改变方向，可用锡纸或塑料套管包起来保持叶柄原来的状态。

(2)烫伤法：用棉球或纱布条在 90℃以上的水中浸一浸，然后在叶柄基部烫 0.5 min

左右，当出现明显的水浸状时表示烫伤完全。若无水浸状出现可重复一次。对于韧皮部较厚的果树叶柄，可用热蜡烫伤一圈。

(3)抑制法：用棉球蘸取 5%三氯乙酸涂抹叶柄 1 周。注意勿使抑制液流到植株上。

选用何种方法处理叶柄，视植物材料而定。一般双子叶植物韧皮部和木质部容易分开宜采用环割法；单子叶植物如小麦和水稻韧皮部和木质部难以分开，宜使用烫伤法；而叶柄木质化程度低，易被折断叶片采用抑制法可得到较好的效果。

3. 取样

叶柄处理完毕后，再依次沿主脉剪下半叶(不要把主脉剪下来)，将剪下的半叶用湿纱布包好，放搪瓷盘内，盖好盘盖，带回室内。从处理叶柄阻断光合产物外运时起开始计时。4~5 h 后，将植株上的半叶依次采下，用同样方法带回室内。

第一次采回的半叶用打孔器沿主脉每半叶钻取 3~5 个(根据叶片或打孔器直径的大小确定)圆片，放入干净的铝盒内并记录铝盒编号，进行烘干；第二次采回的半叶做同样处理。

4. 烘干称重

装有新鲜样品的铝盒(打开状态)放入 105℃烘箱 30 min，再降至 70~80℃烘 4~5 h 至恒重，盖好盒盖，放干燥器内降至室温，称重。

5. 计算

净光合速率(Pn)计算公式如下：

$$Pn(\text{mg DW} \cdot \text{m}^{-2} \cdot \text{s}^{-1}) = (W_2 - W_1)/(S \times t) \qquad (3\text{-}24)$$

式中　W_2-W_1——光合时间内 2 次样品干重的差值(mg)；

S——主脉一侧圆片的总面积(m^2)；

t——光合时间(s)。

该方法也可用来测定田间条件下的呼吸速率：将留在植株上的半叶用厚纸遮光，4~5 h 后，取样烘干称重，求出干重减少量，即可计算出呼吸速率。

$$\text{真正光合速率} = \text{净光合速率} + \text{呼吸速率} \qquad (3\text{-}25)$$

【结果分析】

植物的光合速率受植物种类、品种、生长发育时期、叶龄等内部因素的影响，同时也受光照、温度、水肥等环境条件的限制。即使是同一作物品种或同一植株，其叶片的光合速率也因不同植株或同株的不同部位以及不同的生态条件而不同，甚至有较大差异。因此，在测定时要选择一定数量有代表性的植株、叶片和适宜的环境条件，保证测得结果如实反映光合作用的强弱，客观地比较不同品种、不同处理方法等对光合作用的影响。

测定结果除了与选样有关外，还与测定过程中所使用的仪器工具、处理的时间和方法有密切关系。因此，要选用精确度高的电子天平，每半叶采样时尽量多钻取圆片，操作方法和过程要规范。

【注意事项】

1. 确定代表性的植株后，选择叶龄、长相和受光条件等一致的叶片。

2. 按标签上序号处理叶柄，并保证处理后叶柄的韧皮部受阻且叶片不下垂而保持挺立姿态。

3. 2次按标签依次剪取半叶时，节奏保持一致，使每叶有相同的光合作用时间；带回室内的半叶及时钻取圆片，用相同的打孔器，每片叶主脉两侧钻取圆片的位置和数量应该相同。

4. 烘干前，检查铝盒内的样品不应混有木屑等杂质，圆片不要堆叠；在2次烘干过程中，温度和时间要一致。

【思考题】

1. 为什么选样时要确定代表性植株并选用叶龄、长相和受光条件一致的叶片？

2. 为了准确测定植物的光合速率，应该把握哪些主要环节？

3. 若比较同种作物品种在不同栽培条件下的光合速率，请设计出相应的测定方案。

（顾玉红　路文静）

实验 3-6　植物光合速率测定(改良比色法)

【实验目的】

1. 了解植物的营养状况和代谢水平。

2. 掌握应用改良比色法(pH 比色法)测定光合速率的方法。

【实验原理】

碳酸氢钠溶液在一定温度下放出和吸收一定量的 CO_2 而与空气平衡，所以溶液的酸碱性就会发生变化，既然 pH 值会随之变化，加入酸碱指示剂(甲酚红)后据其颜色变化可得出 pH 值的增减，依此算出 CO_2 的变化量。把绿色植物材料封闭于盛有碳酸氢钠溶液的反应瓶中，其光合作用吸收瓶内 CO_2，使得瓶内空气发生变化，则溶液就通过放出 CO_2 以保持液气之间的平衡，可根据光合前后 pH 值的变化算出 CO_2 的变化量，即可求得光合速率即表观光合速率(又称净光合速率)。

【实验条件】

1. 材料

法国冬青枝叶等植物材料。

2. 试剂

标准比色液，0.001 mol · L^{-1} 碳酸氢钠溶液，1%甲酚红溶液。

3. 仪器用具

光合反应瓶(比色管、温度计、木塞)，移液管和移液管架，洗耳球，电子天平，量筒，烧杯，滴管等。

【实验步骤】

(1)安装仪器：按照比色管、温度计、瓶塞的顺序安装。

(2)加试剂：移取5 mL 0.001 mol · L^{-1} 的碳酸氢钠溶液加入光合瓶中，再用滴管滴加2小滴甲酚红试剂，将光合瓶混匀数分钟至瓶内液体颜色稳定，将光合瓶倾斜使瓶内液体流入光合瓶的比色管，与标准比色液(pH 值为 7.5~8.4)进行比色，记录此时的温度和反应前的 pH 值。

(3)夹材料：找阳光直射处的带叶片的枝条，迅速将枝条夹入瓶塞，同时，盖住瓶口避免气体交换，然后，将带叶片的枝条迅速塞入光合瓶。

(4)照光 10~15 min(视光照强度而定)，使叶片在原来条件下进行光合作用，当瓶内溶液变红时，记录反应时间(精确至秒)，记录此时温度，将溶液倒入比色管进行比色，记录反应后的 pH 值。

(5)将叶片摘下，称重(去中脉、记录叶片质量)。

(6)根据光合作用前后的温度和 pH 值，从表 3-3 中查得 CO_2 的吸收量。

表 3-3　依照温度和 pH 值为转移的 Na_2CO_3 溶液所释放的 CO_2　mg

pH 值	温度(℃)										
	17	18	19	20	21	22	23	24	25	26	27
7.50	1.54	1.56	1.58	1.60	1.62	1.64	1.66	1.68	1.70	1.72	1.74
7.55	1.37	1.38	1.40	1.42	1.44	1.46	1.48	1.50	1.52	1.53	1.55
7.60	1.20	1.22	1.24	1.26	1.28	1.29	1.31	1.32	1.34	1.36	1.37
7.65	1.07	1.08	1.10	1.11	1.12	1.14	1.15	1.17	1.18	1.19	1.21
7.70	0.94	0.95	0.97	0.98	0.99	1.00	1.02	1.03	1.04	1.05	1.06
7.75	0.84	0.85	0.87	0.88	0.89	0.90	0.91	0.92	0.93	0.94	0.95
7.80	0.73	0.75	0.76	0.77	0.78	0.79	0.80	0.81	0.82	0.83	0.84
7.85	0.65	0.66	0.67	0.68	0.69	0.69	0.70	0.71	0.72	0.73	0.74
7.90	0.57	0.58	0.59	0.60	0.61	0.62	0.62	0.63	0.64	0.65	0.66
7.95	0.50	0.51	0.51	0.53	0.53	0.54	0.54	0.55	0.55	0.56	0.57
8.00	0.45	0.45	0.46	0.46	0.47	0.47	0.48	0.48	0.49	0.49	0.50
8.05	0.40	0.40	0.41	0.41	0.42	0.42	0.43	0.43	0.44	0.44	0.45
8.10	0.36	0.37	0.37	0.37	0.38	0.38	0.39	0.39	0.40	0.40	0.41
8.15	0.32	0.32	0.33	0.33	0.33	0.34	0.34	0.35	0.35	0.35	0.36
8.20	0.27	0.28	0.29	0.29	0.29	0.30	0.30	0.31	0.31	0.31	0.32
8.25	0.25	0.25	0.25	0.26	0.26	0.26	0.26	0.27	0.27	0.27	0.28
8.30	0.21	0.22	0.22	0.22	0.22	0.23	0.23	0.23	0.24	0.24	0.24
8.35	0.19	0.19	0.20	0.20	0.20	0.20	0.21	0.21	0.21	0.21	0.22
8.40	0.17	0.17	0.17	0.18	0.18	0.18	0.18	0.19	0.19	0.19	0.19

pH 值	温度(℃)										
	28	29	30	31	32	33	34	35	36	37	38
7.50	1.76	1.78	1.80	1.82	1.84	1.86	1.88	1.90	1.92	1.94	1.96
7.55	1.57	1.59	1.61	1.62	1.64	1.66	1.67	1.69	1.71	1.72	1.74
7.60	1.39	1.40	1.42	1.44	1.45	1.47	1.48	1.50	1.52	1.53	1.55
7.65	1.22	1.24	1.25	1.26	1.28	1.29	1.30	1.32	1.33	1.35	1.36
7.70	1.08	1.09	1.10	1.11	1.12	1.14	1.15	1.16	1.17	1.18	1.20
7.75	0.96	0.97	0.98	0.99	1.00	1.01	1.02	1.03	1.04	1.05	1.06
7.80	0.85	0.86	0.87	0.88	0.89	0.90	0.91	0.92	0.93	0.94	0.95

(续)

pH 值	温度(℃)										
	28	29	30	31	32	33	34	35	36	37	38
7.85	0.75	0.76	0.77	0.78	0.79	0.80	0.81	0.82	0.83	0.84	0.85
7.90	0.66	0.67	0.68	0.69	0.70	0.70	0.71	0.72	0.73	0.74	0.74
7.95	0.57	0.58	0.58	0.59	0.59	0.60	0.61	0.62	0.62	0.62	0.63
8.00	0.50	0.51	0.51	0.52	0.52	0.53	0.53	0.54	0.54	0.55	0.55
8.05	0.45	0.46	0.46	0.47	0.47	0.48	0.48	0.49	0.49	0.50	0.50
8.10	0.41	0.42	0.42	0.43	0.43	0.44	0.44	0.45	0.45	0.46	0.46
8.15	0.36	0.37	0.37	0.38	0.38	0.39	0.39	0.40	0.40	0.41	0.41
8.20	0.32	0.33	0.33	0.33	0.34	0.34	0.34	0.35	0.35	0.36	0.36
8.25	0.28	0.29	0.29	0.29	0.30	0.30	0.30	0.31	0.31	0.32	0.32
8.30	0.24	0.25	0.25	0.25	0.26	0.26	0.26	0.27	0.27	0.27	0.27
8.35	0.22	0.22	0.22	0.23	0.23	0.23	0.23	0.24	0.24	0.24	0.24
8.40	0.20	0.20	0.20	0.20	0.21	0.21	0.21	0.21	0.21	0.21	0.22

【结果分析】

按照式(3-26)计算样品的表观光合速率。

$$\text{表观光合速率}(\text{mg } CO_2 \cdot 100\ g^{-1} \cdot h^{-1}) = \frac{\Delta CO_2 \times 60}{W \times t} \times 100 \tag{3-26}$$

式中　ΔCO_2——光合作用前的 CO_2 量减去光合作用后的 CO_2 量(mg);

W——光合作用器官的质量(g);

t——光合作用时间(min);

60——将分钟(min)换算成小时(h)的倍数。

【注意事项】

1. $NaHCO_3$ 加入甲酚红后要充分混匀数分钟，确保颜色稳定再进行比色。
2. 测定时光合瓶严格密封，尽量杜绝与外界的气体交换。

【思考题】

1. 植物真正的光合速率和实验测得的表观光合速率有何不同?
2. 除了测定 CO_2，其他还可以通过哪些物质的变化量来表征表观光合速率?

(廖杨文科)

实验 3-7　LCPro-SD 光合仪测定植物光合速率和蒸腾速率

【实验目的】

1. 掌握 LCPro-SD 光合仪测定植物光合速率、蒸腾速率的原理和方法。
2. 熟练使用 LCPro-SD 光合仪。

【实验原理】

1. 基本原理

LCPro-SD(包含叶室和手柄)是按照可携带性和野外使用进行设计的，它提供的内部电池可适合于10 h的连续操作。仪器的目的是要测量叶室内的叶环境，并且计算叶片的光合作用参数。仪器部件包括用于信号处理的主机、信号调节、空气供给、微处理器控制、个人计算机数据存储卡、5键键盘和一个连接叶室和手柄的信号传输带。主机以相对稳定的CO_2浓度和速率向叶室输送气体。测量CO_2和H_2O浓度的同时，空气直接充斥叶片的2个表面，这时分析流出叶室的空气，其中的CO_2(通常减少)的量和H_2O(增加)的含量就确定了。利用气体浓度和气流速率的差异，可以在大约每20 s计算出同化速率(净光合速率)和蒸腾速率。叶室的一个小的风扇能够保证叶片周围的空气充分混合。CO_2的测量是由一个红外线气体分析器完成的(IRGA)。H_2O的测量是由1个湿度传感器完成的。系统还可以测量叶片温度，叶室空气温度，PAR (光合有效辐射)和大气压。叶片的PAR水平和叶片的辐射能量平衡可以计算出来。

测量和计算的数据可显示在主机面板前面的大液晶显示器上(LCD)。前两页的数据可以用翻页键(即最右边的键)选择，并可记录在PCMCIA-1型内存卡上。主机背面有一内存卡插槽，可以按弹出按钮将内存卡弹出。储存的数据(文件)可在显示器上显示出来，传送到个人计算机或者打印机，或者在装有PC卡插槽的PC上直接制成电子数据表。

测量可以在“开路系统”配置中进行，在该系统中新鲜的气体(空气)连续通过PLC(植物叶室)。测量是在引入气体的状态下(“参考”水平)和通过了叶片待试样本(“分析”水平)之后进行的，然后气体排出。这种安排允许所用材料在气体通道里有一些气体的外漏和吸收。比较起来，“闭路系统”中，气体样本在一段时间内是不断地循环和规则的，在参数的测量中建立转变的速率，因此不允许气体的泄漏和原料吸收。

2. 内部计算

许多的内部计算在运行过程中重复地使用测量参数和各种不同的修正因数。这些有关各种光合参数的中间结果和数据得自于已经建立的公式。这些计算过的值可显示在屏幕上，其主要目的在于为测量过的数据进行一个有效性的检查。对于一般的应用来说，CO_2流量为$-10\sim+100$ mol · m^{-2} · s^{-1}，水分H_2O流量为$0\sim15$ mmol · m^{-2} · s^{-1}。分析器会对数据的大小进行检查，对一些特殊指定的参数则要指定其极限大小(例如最小的气流速度)。然而，使用者在预置参数时尽量准确(举例来说叶面积)，因为这对光测量的有效性是有重要影响的。

【实验条件】

1. 材料

马铃薯或玉米等植物的叶片(活体)。

2. 仪器用具

LCPro-SD光合作用测定仪(图3-27)等。

【实验步骤】

(1)按下面板最右侧的带有红竖杠标记的开关键，显示器显示版本的型号和序列号。接着系统开始预热(此过程大概要5 min，如果不需要预热，这时直接按最左键)，并显示

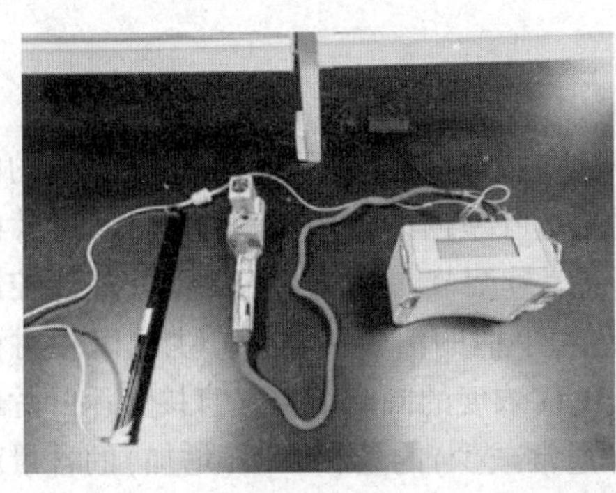
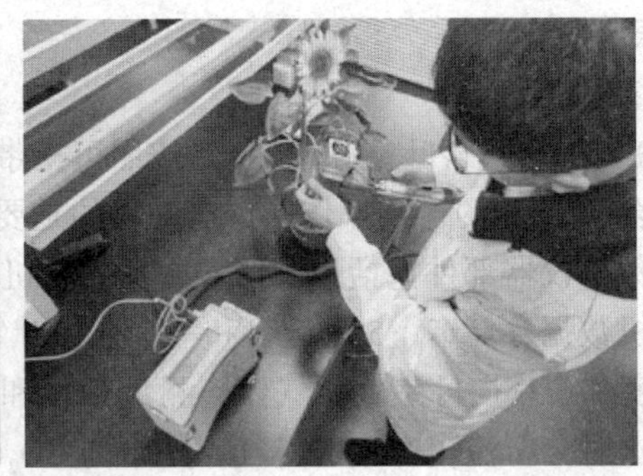

图 3-27　LCPro-SD 光合作用测定仪

一些环境参数的数值，例如 CO_2 和水的参考值、大气压、辐射水平等。再按一下翻页键，显示的是一些计算值，例如蒸发速率等，还有电池的状态。再一次按下翻页键，进入设定页。

(2)按下 CONFIG(配置)上对应的键，进入配置页。选择 SELECT 键切换到需要设定的参数：cfg 选择叶室的类型，narrow(窄室)、conifer(松果室)、broad(宽室)、use1(用户自定义)、use2、use3，然后，选择使用的类型。

(3)日期时间设定：选择 config/diagnose/time/data，select 选择参数，"+""-"更改数字。按翻页键退出。

(4)将叶片放入叶室，放开弹簧夹子。系统开始调节内部环境，并开始测量。

(5)观察 Ci 的数值，等到其数值稳定时，便可以记录数据了。按 Record 上的键，或者按手柄上弹簧附近的小按钮，开始记录数据，听到嘀的两声响，记录便存入存储卡。

(6)记录存储在文件下，如果此次测量还没有建立文件，当按 Record 键时系统便会建立一个文件，点击 OK，系统会默认一个文件名。Select 和"+""-"键来更改文件名。按翻页键退出。点击 Record 键或者按手柄上的按钮，记录便会存入存储卡。

(7)新建一个文件：按翻页键，选择 output，再按 logging，选择 file menu，再选择 logging 即可，在这里也可以看到存储卡的余量。用 Select 和"+""-"键来更改文件名。

(8)查看和编辑记录：按翻页键，选择 output，再按 logging，选择 file menu，用上下箭头来选择需要查看的记录所在的文件。按 option 上的按钮，在出现的页面里，可以更改和删除，发送文件，选择 review 来查看文件。在接下来的页面中，可以查看记录，Ist-last 查看首记录和末记录，prev 上一条记录，next 下一条记录，more 查看其他的数值。

(9)记录的存储：数据被记录到 SD 卡里，可以直接取出 SD 卡插入 PC 卡槽上直接读取数据。

【结果分析】

(1)将植物摆放在室内与室外分别进行光合速率和蒸腾速率的测定，比较两种条件测定结果并分析产生差异的原因。

(2)测量同一株植物幼嫩叶片与成熟叶片的光合速率和蒸腾速率，比较两者差异并分析原因。

(3)仪器输出参数的中英文名称见表 3-4。

表 3-4　输出参数名称对照表

参数英文名称	参数中文名称	参数英文名称	参数中文名称	参数英文名称	参数中文名称
Record number	记录序列号	Dekta e	水汽增量	T chamber	叶室内温度
Date	日期	C ref	环境 CO_2 值	T leaf	叶表面温度
Time	时间	Delta c	CO_2 增量	Flow mol	空气流量
E ref	环境水汽值	PAR leaf	叶面辐射值	P mbar	大气压
Gs	气孔导度	A	光合速率	Ci	胞间 CO_2 浓度
Area cm	叶室面积	Rb	水汽边界层阻力	E	蒸腾速率

【注意事项】

1. 如果在开关打开之后屏幕一片空白，请检查电池是否需要充电。

2. 许多参数显示在荧屏上，包括 CO_2 和 H_2O 的数值，如果叶室内没有叶片，那么内部的 CO_2 和 H_2O 浓度应该等于周围环境的参考值。Tch（叶室温度）和 PAR(光量子强度)应该也会反映周围的环境条件。

3. 如果内嵌的电池耗尽关闭，屏幕上会显示出“电池不足”的警告，此时，应该及时给仪器充电。

4. 电池电量以棒状图形模式显示在第三屏幕的底部，也会用数显的形式出现在诊断栏，在使用了一段时间后或当电池电量小于 12 V 时，请及时给电池充电。

5. LCPro-SD 在操作的过程中，不同的信息可能出现在屏幕上。3 种信息分别是错误、警告和状态(error，warning or status)。如果软件问题发生导致 LCPro-SD 操作不起作用时，会提示“致命的错误不能继续”(fatal error！-cannot continue)出现在屏幕上，发生任何错误都可以给出错误类型的进一步指示。首先，按动翻页键(page)能清除错误，如果这动作不能清除错误，或一会错误又发生了，需要切断 LCPro-SD 的开关，隔一段时间再打开机器。如果设备打开但是没有回应，同时按下翻页键(page)(右上面)和 2 个最左边的键进行重新设定。

6. 状态信息(status messages)是指 LCPro-SD 的功能状态，通常是因为某些操作大量占用处理器的资源，这时其他的正常功能都暂停了。因为这些消息通常和功能相关，并涉及设备，所以这时信息出现时，不要进行操作。例如“正在打印”(printing record)的状态信息出现在屏幕上时，不要干扰打印机的工作。

7. 警告信息(warning message)是指不能完成操作者的要求。信息的正文会描述为什么是不可能满足要求的，并提供解决方案，警告消息通常会出现 OK 标签，提示可以进行正常操作。

【思考题】

1. LCPro-SD 光合仪和其他方法相比有何优缺点？

2. 对于大田作物来讲，通常情况下一天当中什么时间比较适合使用 LCPro-SD 光合仪测定植物叶片的光合速率和蒸腾速率？

（刘坤）

实验3-8 CIRAS-3便携式光合作用仪测定植物光合速率和蒸腾速率

实验视频

【实验目的】

1. 了解开放式气路系统和红外线气体分析仪的结构和工作原理。

2. 初步掌握CIRAS-3光合作用测定系统操作方法。

【实验原理】

1. 红外线气体分析仪的结构和工作原理

红外线经过CO_2气体(或水蒸气)时被气体分子吸收，透过的红外线能量减少，被吸收的红外线能量的多少与该气体的吸光系数(K)、气体浓度(C)和气层的厚度(L)有关(图3-28)，并服从朗伯—比尔定律，可用式(3-27)表示。

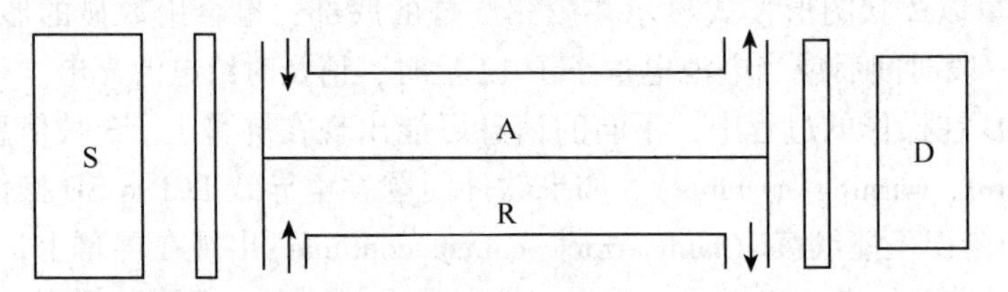

R. 参比气体；*A*. 分析气体；*S*. 红外光源；*D*. 检测器。

图3-28 红外线CO_2气体和水分分析仪结构示意图

$$E=E_0e^{-KCL} \tag{3-27}$$

式中 E_0——入射红外线的辐射能量；

E——透过红外线的辐射能量。

根据式(3-27)可以测定出被测气体中CO_2或者水蒸气的浓度，CO_2吸收红外光的特定波长为4.26 μm，H_2O的吸收峰为2.59 μm。

红外线气体分析仪只能进行CO_2浓度和水蒸气浓度的测定，要测定净光合速率必须与气路系统相结合。

2. 开放气路系统(图3-29)

参数计算公式：

$$Pn=F\times\Delta CO_2/S \tag{3-28}$$

$$E= F\times\Delta H_2O/S \tag{3-29}$$

把红外仪与同化室连接成开放式气路系统，供给同化室一稳定的CO_2气源(AIR)，将叶片夹入同化室(C)，给以适当的光照(PAR)，待仪器测定的参比与分析气室CO_2差值(ΔCO_2)和水蒸气差值(ΔH_2O)稳定后，记录这两个差值，精确测量同化室的流量(F)，再根据叶片面积(S)求出净光合速率(Pn)和蒸腾速率(E)。

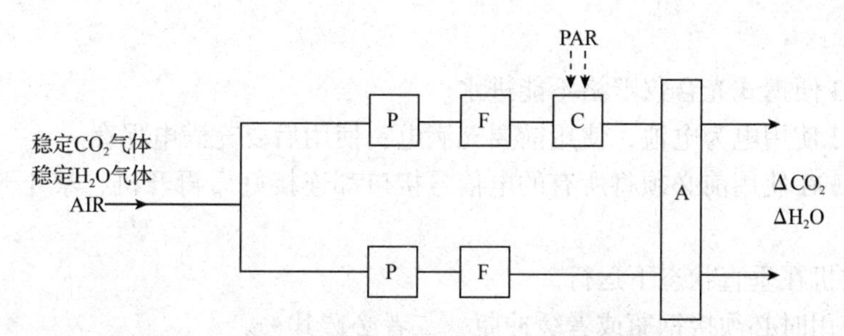

AIR. 供给叶室稳定的 CO_2 气源(air); P. 泵(pump); F. 叶室的流量(flow); C. 叶室(chamber);

A. 分析器(analyzer); PAR. 光合有效辐射(photosynthetically active radiation)。

图 3-29 开放气路系统示意

【实验条件】

1. 材料

活体植物叶片。

2. 仪器用具

CIRAS-3 光合作用测定系统等。

【实验步骤】

(1)开机前，接好所有电信号插口、光源，开机预热，仪器预热结束后，进行自动调零和差分平衡，然后，进入测定界面。

(2)进行参数设定。如果已经设定好参数按 F1 进入测定界面，需要设定参数时按 F2 进入设定界面。进入设定界面后，按键盘的“Tab”键，将光标移动到所要设定的参数的复选框，按 F4“Expand List”展开“所要设定的参数的下拉菜单。按“↑ ↓”箭头选择所需选项，选中后按“OK”接受设定。

探头类型选择：根据叶室窗口的形状，选择合适的的探头类型。

参比 CO_2 控制选择：应用 CO_2 钢瓶供气，选择“Fixed 或者 exact reference air”控制浓度建议设置 390 $\mu L \cdot L^{-1}$；应用缓冲瓶供气，选择“Ambient”。

参比 H_2O 控制选择：选择“Fixed % reference”，控制湿度建议北方地区设置 80%(控湿 80%代表吸收空气中 20%的水分)，南方地区设置 50%。

光源类型选择：不用光源测定时，选择“Ambient”；用光源时，选择“LED”。

测温类型选择：推荐选择“Energy Balance”能量平衡测温法。

控温类型选择：推荐选择“Leaf Temperature”，具体可根据实验目的更改，根据实验需要输入合适的温度。

仪器设定结束后，按 F2“Accept”键，保存设定的信息，仪器回到主界面。

(3)设定结束后，用叶室夹上在光下适应好的叶片，等屏幕上的数值稳定后，将净光合速率(*Pn*)、气孔导度(*Gs*)、蒸腾速率(*E*)、细胞间隙 CO_2 浓度(*Ci*)的值记录在本子上。

(4)记入完毕后，更换另一片在光下适应好的叶片重复步骤(3)的过程。

(5)实验结束后，关机，拔掉所有连接线路。

【结果分析】

将所得的 *Pn*、*Gs*、*E*、*Ci* 数据整理后，进行比较分析，解释数据之间的联系。

【注意事项】

1. CIRAS-3 便携式光合仪严格不能进水。

2. CIRAS-3 使用电为电池，使用前要充满电，使用后要充满电保存。

3. CIRAS-3 在使用前必须将所有的电信号接口都连接好后再开机，禁止开机状态下带电拔插。

4. 保持主机在垂直状态下运行。

5. 仪器使用时必须接钢瓶或者缓冲瓶，二者必选其一。

【思考题】

1. 同化室内不提供光源会得到什么结果？

2. 不连接缓冲瓶对实验结果有什么影响？

（杨明峰）

实验 3-9　小篮子法测定植物呼吸速率

【实验目的】

掌握小篮子法测定植物呼吸速率的原理与方法。

【实验原理】

利用氢氧化钡溶液吸收植物呼吸作用产生的 CO_2，实验结束后用草酸溶液滴定残留的氢氧化钡，从空白和样品两者消耗的草酸之差，即可计算出呼吸作用释放的 CO_2 的量。

【实验条件】

1. 材料

萌发的小麦种子。

2. 试剂

(1) 0.05 $mol \cdot L^{-1}$ 氢氧化钡溶液：准确称取氢氧化钡 28.567 g，溶于蒸馏水，定容至 1 000 mL。

(2) 0.1%麝香草酚酞乙醇溶液：准确称取 0.1 g 麝香草酚酞溶于 95%乙醇中，定容至 100 mL。

(3) 1/44 $mol \cdot L^{-1}$ 草酸溶液：准确称取重结晶的草酸($H_2C_2O_4 \cdot 2H_2O$) 2.865 2 g，溶于蒸馏水，定容至 1 000 mL。

3. 仪器用具

广口瓶，温度计，酸式滴定管，干燥棒，尼龙小篮子，电子天平，水浴锅，烧杯，计时器，三孔橡皮塞，移液器和枪头，胶头滴管等。

【实验步骤】

(1) 取 500 mL 广口瓶一个，装配一只三孔橡皮塞，一孔插入盛有碱石灰的干燥棒，以吸收空气中的 CO_2，保证进入广口瓶中的空气无 CO_2，另一孔插入温度计，还有一孔用橡皮塞塞住以备滴定(图 3-30)。

(2)称取萌发的小麦种子 15 g，装于小篮子内，将小篮子挂在广口瓶的塞子下，同时在瓶内加入 25 mL 0.05 mol · L^{-1} 氢氧化钡溶液，立即塞紧瓶塞并计时，每 10 min 轻轻摇动广口瓶，注意不要让溶液沾到小篮子上。

(3)1 h 后，小心取下瓶塞，迅速取下小篮子，往广口瓶中加入 2 滴指示剂(0.1%麝香草酚酞乙醇溶液)，重新塞紧瓶塞，拔出小橡皮塞，开始滴定。溶液由蓝绿色变为无色的临界点即为滴定终点，记录所用草酸体积 V_1。

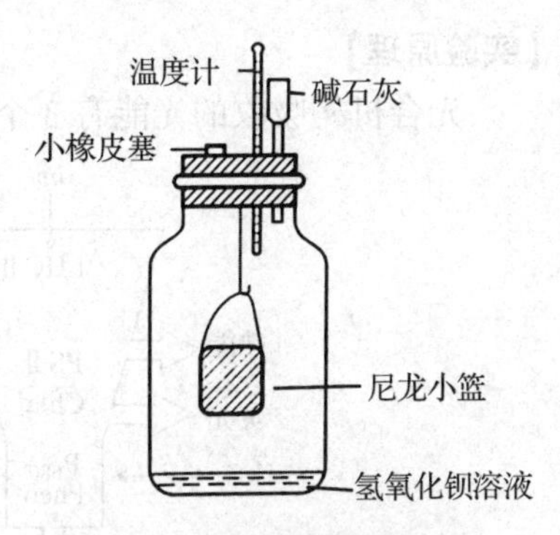

图 3-30　小篮子法测定呼吸速率的装置

(4)另取沸水杀死的小麦种子 15 g，重复上述实验步骤(空白实验)，记录所用草酸体积 V_0。

【结果分析】

根据 CO_2、$Ba(OH)_2$、$H_2C_2O_4$ 之间的化学反应关系式计算，1 mL 1/44 mol · L^{-1} 的草酸溶液相当于 1 mg CO_2，将数据代入式(3-30)，计算小麦种子萌发后的呼吸速率。

$$\text{呼吸速率}(CO_2\ mg \cdot g^{-1}FW \cdot h^{-1}) = (V_0 - V_1)/(W \times t) \tag{3-30}$$

式中　V_0——滴定死样品所用草酸体积(mL)；

V_1——滴定活样品所用草酸体积(mL)；

W——样品鲜重(g)；

t——反应时间(h)。

【注意事项】

1. 测定用的装置不能漏气。

2. 将小篮子挂在广口瓶的塞子下的时候，要轻轻摇动广口瓶，不要让氢氧化钡溶液沾到小篮子上。

【思考题】

1. 比较不同类型种子的呼吸速率，分析差异产生的原因。

2. 为何在实验操作过程中动作要迅速？要不时地晃动广口瓶？

（贾晓梅）

实验 3-10　叶绿素荧光仪法测定植物叶片中叶绿素荧光参数

【实验目的】

1. 了解叶绿素荧光和光合作用能量转换的关系。

2. 初步掌握荧光仪的操作模式。

【实验原理】

光合机构吸收的光能有3个可能的去向：一是用于推动光化学反应，引起反应中心的

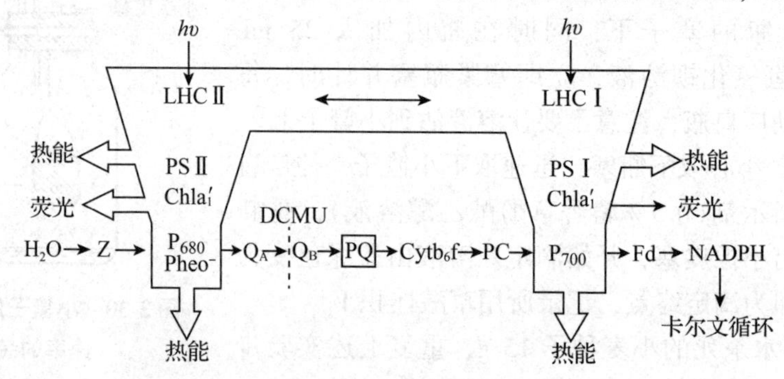

图 3-31　光合作用过程中能量转换与电子传递

电荷分离及后来的电子传递和光合磷酸化；二是转变成热能后散失到环境中(热耗散)；三是以荧光的形式发射出来(图 3-31)。由于这三者之间存在着此消彼长的相互竞争关系，所以可以通过荧光的变化探测光合作用的变化。

Kautsky et al. (1931)最先认识到光合原初反应和叶绿素荧光存在着密切关系。他们首次报告了经过暗适应的植物叶片照光后，叶绿素荧光先迅速上升到一个最大值，然后逐渐下降，最后达到一个稳定值。此后，随着研究的深入，人们逐步认识到荧光诱导动力学曲线中蕴藏着丰富的信息。例如，光能的吸收和转化，能量的传递与分配，反应中心的状态，过剩能量的耗散，以及能反映光合作用的光抑制和光破坏。应用叶绿素荧光可以对植物材料进行原位、无损伤的检测，且操作步骤简单。所以叶绿素荧光越来越受到人们的青睐，在光合生理和逆境生理等研究领域有着广泛的应用。

植物体内的叶绿素荧光诱导动力学曲线的测定可采用脉冲调制式荧光仪和连续激发式(非调制式)荧光仪2种不同的方法，它们各有不同的特点。

1. 脉冲调制式荧光仪

由于调制式荧光仪用来测量荧光的光源是调制脉冲光(高频率的闪光)，植物发出的荧光信号与仪器光源发出的光可以区分开，所以用它可以在有背景光的情况下测定。调制式荧光仪的测量步骤是：先打开测量光[measuring light，高等植物一般用红光，藻类一般用蓝光，光合光量子通量密度(PPFD)小于10 μmol · m^{-2} · s^{-1}]，测暗适应叶片的最小荧光(F_0)；然后打开饱和脉冲光(saturating flash light，通常用白光，光合PPFD大于3 000 μmol · m^{-2} · s^{-1}，确保Q_A全部还原)用于测最大荧光(F_m)；然后再开启作用光(actinic light，通常用白光，用于推动光合作用的光化学反应)，使所测材料受光而进行光合作用。当所测材料光适应后，开启测量光测光适应叶片的稳态荧光(F_s)，然后打开饱和脉冲光测光适应后的最大荧光(F'_m)，关掉作用光，打开远红光(far-red light)，优先激发PS Ⅰ，使PS Ⅱ电子传递体处于氧化状态，测定光适应叶片的最小荧光(F'_0)(图 3-32)。F_v是指可变荧光(variable fluorescence)，是最大荧光F_m与F_0的差值，根据这些参数可以计算暗适应下PS Ⅱ的最大量子产额[$F_v/F_m=(F_m-F_0)/F_m$]、光适应下PS Ⅱ的最大量子产额[$F'_v/F'_m=(F'_m-F'_0)/F'_m$]、光适应下的PS Ⅱ反应中心开放的比例[$q_P=(F'_m-F_s)/(F'_m-F'_0)$]、

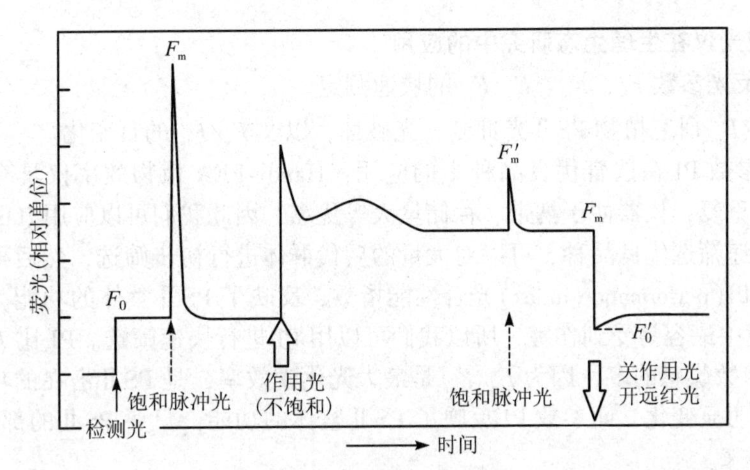

图 3-32 用脉冲调制式荧光仪测定荧光参数的叶绿素荧光动力学曲线

(许大全, 2002)

光适应下 PSⅡ的实际光化学效率[$\Phi_{PSII}=(F'_m-F_s)/F'_m$](Genty et al., 1989)、光适应下的非光化学猝灭($NPQ=F_m/F'_m-1$)等。这些参数除了 F_v/F_m 反映了荧光诱导动力学曲线上升过程的 *O—P* 段外，其他都是反映 *P* 点之后的下降过程。由于光合作用的碳同化反应能反馈影响光合原初反应，调制式荧光仪主要通过测量光合作用的原初光化学反应的情况来反映光合作用启动后的光能捕获、转化及利用情况。而对于碳同化反应活化前 PSⅡ的光化学变化，连续激发式荧光仪获得的信息则更多。

2. 连续激发式荧光仪

连续激发式荧光仪也称植物效率仪(plant efficiency analyser, PEA 或 Handy-PEA)主要是通过短时间照光后荧光信号的瞬时变化反映暗反应活化前 PSⅡ的光化学变化，它具有相当高的分辨率(初始记录速度为每秒 10 万次，即 100 kHz)，所以能够从 *O—P* 上升过程中捕捉到更多的荧光变化信息[图 3-33(a)]，如 *O—P* 变化过程中的另外 2 个拐点(*J* 点和 *I* 点)。从 10 μs 最长到 300 s (Handy-PEA)内不同时间的荧光信号都能被及时记录。在对快速叶绿素荧光诱导动力学曲线作图时，为了更好地观察 *J* 点和 *I* 点，一般把代表时间的横坐标改为用对数坐标，使呈现出 *O—J—I—P* 诱导曲线[图 3-33(b)]。

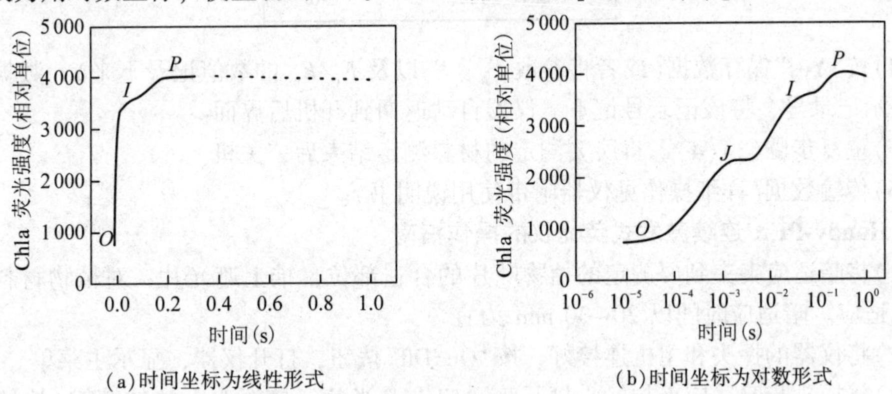

图 3-33 用连续激发式荧光仪测定的快速叶绿素荧光诱导动力学曲线

3. 植物荧光仪在生理生态研究中的应用

(1)常用荧光参数 F_0、F_m、F_v/F_m 的快速测定。

(2)用 F_v/F_m 研究植物 PSⅡ光抑制、光破坏，以及 F_v/F_m 的日变化。

(3)荧光参数 PI 在选育优良品种中的应用：Handy-PEA 植物效率仪具有测定简便快捷、易于多次重复；仪器便于携带、存储量大等优点，因此我们可以应用 Handy PEA 来从后代品系中快速筛选优良品种，可以对大量的后代群体进行初步筛选，然后再进行进一步的常规筛选。PI(performance index)光合性能指数，反映了 PSⅡ整体的功能，而光系统Ⅱ(PSⅡ)在逆境中最容易受到伤害，所以我们可以用 PI 进行快速筛选。PI 比 F_v/F_m 等反映 PS Ⅱ活性的参数敏感的多，因为 F_v/F_m 是最大光化学效率，是 PSⅡ潜在的功能，在许多胁迫下并不会明显变化，而参数 PI 反映了 PSⅡ整体的功能，只要 PSⅡ的部分受到伤害，PI 就能反映出来。

【实验条件】

1. 材料

活体植物叶片。

2. 仪器用具

FMS-2 便携式调制荧光仪，Handy-PEA 连续激发式荧光仪，暗适应夹等。

【实验步骤】

1. FMS-2 便携式调制荧光仪的简单操作指南

(1)将暗适应夹夹到要测定的植物叶片的合适部位(如叶片中部，避开主叶脉)，推上遮光片，对植物材料进行充分的暗适应。暗适应时间以 20~30 min 为宜。

(2)安装仪器电池，将暗适配器(密闭式适配器)连接到光纤头上，旋转固定按钮，将暗适配器和光纤固定，开机。

(3)将暗适配器与暗适应夹扣好，打开遮光片，按“Run”键，仪器进行数据测定，测定结束后显示。

#1 Fv/Fm Fo：30 Fm：53 Fv/Fm：0. 433 Save Data?	Yes No

(4)按“Yes”保存数据(或者将参数 F_0、F_m 以及 F_v/F_m 的数值记录下来)，数据保存后仪器显示记录号，将该记录号记下。仪器自动返回到开机后界面。

(5)重复步骤(3)(4)，将所要测定的材料测定结束后，关机。

(6)传输数据(详细操作见仪器附带使用说明书)。

2. Handy-PEA 连续激发式荧光仪的操作指南

(1)将暗适应夹夹到要测定的植物叶片的合适部位，推上遮光片，对植物材料进行充分的暗适应。暗适应时间以 20~30 min 为宜。

(2)将仪器的探头和主机连接好，按“On/Off”按钮，打开仪器，显示主菜单。

(3)将探头与暗适应夹扣好，打开暗适应夹遮光片，按探头上的快捷键(快捷键为探头上的按钮)，测定开始，等仪器界面显示数据后，记录 F_v/F_m 和 PI 值。继续按快捷键，记录下文件号对应的植物材料，按快捷键，直至回到主菜单，测定结束。

(4)重复步骤(3)，将所有的实验样品测定结束，关机。

(5)传输数据(详细操作见仪器附带使用说明书)。

【结果分析】

将“处理”与“对照”的数据整理后，进行比较分析，给出合理的解释。

【注意事项】

1. 测定温度：在20℃以下测定时，由于光导纤维和叶片之间的温差引起探头表面结水，造成低估 q_P。

2. 叶片表面特性：叶片上下表面特性不同，导致不同的 F_v/F_m。

3. 荧光数值的测定比较简单，但分析解释这些数据却较复杂。因此，在根据荧光测定资料做出结论之前，做另一些指标的平行测定是很有必要的。也就是说，最好将荧光分析与其他方法相结合，特别是与气体交换测定相结合，以便看清植物对环境变化响应的全景。

【思考题】

1. 叶绿素荧光与热耗散以及光化学反应三者之间的关系。

2. 仪器中饱和脉冲光的使用对理解上述三者之间关系的作用。

(杨明峰)

实验3-11　分光光度计法检测植物体内RuBP羧化酶活性

【实验目的】

1. 了解RuBP羧化酶在光合作用中的作用。

2. 熟悉RuBP羧化酶活性测定的原理和方法。

【实验原理】

RuBP羧化酶(ribulose-1,5-bisphosphate carboxylase，RuBPCase)是光合作用碳代谢中重要的调节酶，是植物中最丰富的蛋白质，总量约占叶绿体可溶性蛋白的50%~60%。在RuBPCase的催化下，1分子的核酮糖-1,5-二磷酸(RuBP)与1分子的 CO_2 结合，产生2分子的3-磷酸甘油酸(PGA)，PGA可通过外加的3-磷酸甘油酸激酶和甘油醛-3-磷酸脱氢酶的作用，产生甘油醛-3-磷酸，并使还原型辅酶Ⅰ(NADH)氧化，反应如下：

$$\text{RuBP}+\text{CO}_2 \xrightarrow{\text{RuBPCase, Mg}^{2+}} 2\text{PGA}$$

$$\text{PGA} + \text{ATP} \xleftrightarrow{\text{3-磷酸甘油酸激酶}} \text{甘油酸-1,3-二磷酸} + \text{ADP}$$

$$\text{甘油酸-1,3-二磷酸} + \text{NADH} + \text{H}^+ \xleftrightarrow{\text{甘油醛-3-磷酸脱氢酶}} \text{甘油醛-3-磷酸} + \text{NAD}^+ + \text{Pi}$$

通过上述反应，固定1分子 CO_2 就有2分子NADH被氧化。由波长340 nm处的吸光度值变化可计算NADH的量，由此可计算RuBPCase的活性。

为使NADH的氧化与 CO_2 的固定同步，需加入磷酸肌酸(CrP)和磷酸肌酸激酶的ATP

再生系统。

$$ADP + CrP \xrightleftharpoons{\text{磷酸肌酸激酶}} ATP + Cr$$

【实验条件】

1. 材料

新鲜菠菜、水稻或小麦等植物叶片。

2. 试剂

(1)50 mmol · L^{-1} ATP 溶液，0.2 mmol · L^{-1} $NaHCO_3$ 溶液，50 mmol · L^{-1}磷酸肌酸溶液，25 mmol · L^{-1} RuBP 溶液，160 U · mL^{-1}磷酸肌酸激酶溶液，160 U · mL^{-1}3-磷酸甘油醛脱氢酶溶液，160 U · mL^{-1} 3-磷酸甘油酸激酶溶液，5 mmol · L^{-1} NADH 溶液。

(2)RuBPCase 提取介质：40 mmol · L^{-1}Tris-HCl 缓冲液(pH 值 7.6)，内含 10 mmol · L^{-1} $MgCl_2$、0.25 mmol · L^{-1} EDTA 和 5 mmol · L^{-1} 谷胱甘肽。

(3)反应介质：100 mmol · L^{-1} Tris-HCl 缓冲液(pH 值 7.8)，内含 12 mmol · L^{-1} $MgCl_2$ 和 0.4 mmol · L^{-1} EDTA。

3. 仪器用具

紫外分光光度计，高速冷冻离心机，匀浆器或研钵，移液管和移液管架，洗耳球，电子天平，纱布，漏斗和漏斗架，离心管和离心管架，记号笔，冰箱等。

【实验步骤】

(1)酶粗提液的制备：取新鲜植物叶片洗净擦干，称取 10 g，转入匀浆器中，加入 10 mL 预冷的提取介质，高速匀浆 30 s，停 30 s，再匀浆 30 s，反复 3 次；匀浆液经 4 层纱布过滤，滤液于 4℃下 2 000 ×*g* 离心 15 min，弃沉淀，上清液为酶粗提液(样品提取液)。

(2)RuBPCase 活性测定：按照表 3-5 配制反应体系。

表 3-5 RuBPCase 的反应体系

试 剂	加入体积(mL)	试 剂	加入体积(mL)
5 mmol · L^{-1} NADH	0.2	反应介质	1.4
50 mmol · L^{-1} ATP	0.2	160 U · mL^{-1}磷酸肌酸激酶	0.1
酶粗提液	0.1	160 U · mL^{-1} 3-磷酸甘油酸激酶	0.1
50 mmol · L^{-1}磷酸肌酸	0.2	160 U · mL^{-1} 3-磷酸甘油醛脱氢酶	0.1
0.2 mmol · L^{-1} $NaHCO_3$	0.2	蒸馏水	0.4

将配制好的反应体系摇匀后倒入比色杯，以蒸馏水为空白对照，在紫外分光光度计上测定波长 340 nm 处的吸光度值，作为零点值。将 0.1 mL RuBP 羧化酶粗提液加于比色杯内，立刻计时，每隔 30 s 测定 1 次吸光度值，共测 3 min。以不加 RuBP 羧化酶粗提液的作为对照(反应体系见表 3-5，酶粗提液最后加)。

【结果分析】

RuBPCase 活性依据式(3-31)计算。

$$\text{RuBPCase 活性}(\mu\text{mol}CO_2 \cdot g^{-1}FW \cdot min^{-1}) = \frac{\Delta A \times V_T}{6.22 \times 2 \times V_S \times W \times \Delta t} \tag{3-31}$$

式中　ΔA ——样品反应液在 Δt 内吸光度变化值减去对照液在 Δt 内吸光度变化值；

V_S——反应时所用样品提取液体积(mL)；

V_T——样品提取液总体积(mL)；

6.22——每摩尔 NADH 在波长 340 nm 处的吸光系数；

2——每固定 1 分子 CO_2 有 2 分子 NADH 被氧化；

W——样品鲜重(g)；

Δt——酶促反应时间(min)。

【注意事项】

RuBP 不稳定，在 pH 值 5.0~6.5、−20℃条件下可保存 2~4 周，最好现用现配。

【思考题】

1. RuBP 羧化酶在植物光合作用中的生物学意义是什么？
2. 为什么加入 ATP 再生系统可以使 NADH 的氧化与 CO_2 的固定同步？

（王文斌）

实验 3-12　可溶性糖含量的测定

【实验目的】

掌握测定植物材料可溶性糖含量的原理和方法。

Ⅰ. 蒽酮比色法

【实验原理】

糖在浓硫酸作用下，可以经脱水反应生成糠醛或羟甲基糠醛，生成物可与蒽酮反应生成蓝绿色糠醛衍生物。一定范围内，反应物颜色的深浅与糖的含量成正比。在可见光范围内，其吸收峰为 620 nm，可在此波长下进行比色检测，故可用于糖的定量测定。蒽酮比色法可以测定所有的糖类，包括淀粉、纤维素等(浓硫酸可将多糖分解后发生反应)，注意去除未溶解残渣，防止纤维素、半纤维素等与蒽酮试剂反应增加测定误差。另外，不同糖分显色深浅不同。果糖显色最深，葡萄糖次之，半乳糖、甘露糖较浅，五碳糖显色更浅，测定混合物时，糖分比例不同会造成测定结果的差异，但测定单一糖类时，可以避免此种误差。

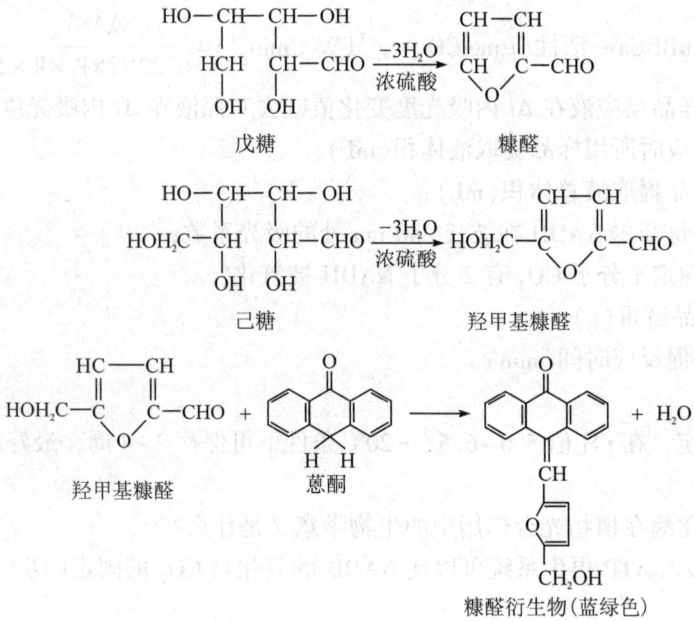

$$\text{戊糖} \xrightarrow[\text{浓硫酸}]{-3H_2O} \text{糠醛}$$

$$\text{己糖} \xrightarrow[\text{浓硫酸}]{-3H_2O} \text{羟甲基糠醛}$$

$$\text{羟甲基糠醛} + \text{蒽酮} \longrightarrow \text{糠醛衍生物(蓝绿色)} + H_2O$$

【实验条件】

1. 材料

新鲜或烘干的植物叶片等材料。

2. 试剂

(1)100 μg · mL^{-1} 的蔗糖标准液：将分析纯蔗糖在 80℃ 烘烤至恒重，称取 0.01 g。用少量水溶解，转入 100 mL 容量瓶中，加入 5 μL 浓硫酸，用蒸馏水定容至刻度。

(2)蒽酮乙酸乙酯试剂：分析纯蒽酮 1 g，溶于 50 mL 乙酸乙酯中，贮存在棕色瓶，黑暗保存数周，如有结晶析出，可微热溶解。

(3)浓硫酸：相对密度 1.84。

(4)蒸馏水。

3. 仪器用具

电子天平，分光光度计，恒温水浴锅，烘箱，高速冷冻离心机，刻度试管和试管架，剪刀，镊子，研钵，培养皿，移液器和枪头，封口膜，离心管和离心管架，计时器，记号笔，吸水纸，废液缸等。

【实验步骤】

(1)标准曲线的制作：取 25 mL 刻度试管 11 支，从 0～10 编号，按表 3-6 加入 100 μg · mL^{-1} 的蔗糖溶液和蒸馏水。然后，按顺序向试管中加入 0.5 mL 蒽酮乙酸乙酯试剂和 5 mL 浓硫酸，用封口膜封口后，充分振荡，立即将试管放入沸水浴中，逐管准确保温 3 min，水浴结束后，从水浴锅中取出试管，自然冷却至室温，以空白(0 号刻度试管)作参比，在波长 620 nm 处测定吸光度，以糖含量为横坐标、吸光度值为纵坐标，绘制标准曲线，并求出标准线性方程。

(2)可溶性糖的提取：取新鲜或干的植物叶片等材料，擦净表面污物，称取 0.20～0.40 g，剪碎混匀，置于研钵中，加入 3 mL 蒸馏水，研磨成匀浆，转移到刻度试管中，用

表 3-6　蔗糖标准溶液配制

试　剂	试管号										
	0	1	2	3	4	5	6	7	8	9	10
100 μg · mL^{-1} 蔗糖标准液(mL)	0	0.2	0.2	0.4	0.4	0.6	0.6	0.8	0.8	1.0	1.0
蒸馏水(mL)	2.0	1.8	1.8	1.6	1.6	1.4	1.4	1.2	1.2	1.0	1.0
蔗糖含量(μg)	0	20	20	40	40	60	60	80	80	100	100

3 mL 蒸馏水冲洗研钵，一并转入到刻度试管中，再用 3 mL 蒸馏水淋洗研钵，同样转移至刻度试管，立即用封口膜封口，重复 3 次，将 3 次重复的刻度试管放入沸水水浴 10 min，水浴结束后，从水浴锅中取出试管，冷却至室温，把刻度试管中的液体转移到离心管，配平，10 000 r · min^{-1} 离心 10 min，离心结束后，将上清液(即样品提取液)转移至刻度试管，读取样品提取液的体积并记录，然后将刻度试管中的样品提取液转移至新的离心管，备用。

(3)显色测定：吸取样品提取液 0.05 mL 于刻度试管中(以蒸馏水代替提取液，作为空白对照)，加蒸馏水 1.95 mL，然后，按顺序向试管中加入 0.5 mL 蒽酮乙酸乙酯试剂和 5 mL 浓硫酸，用封口膜封口，重复 3 次，充分振荡，立即将试管放入沸水浴中，逐管准确保温 3 min，水浴结束后，从水浴锅中取出试管，冷却至室温。以空白作参比，在波长 620 nm 处测定吸光度值，代入标准曲线计算其可溶性糖的含量，再代入公式计算样品中可溶性糖含量。

【结果分析】

由标准线性方程求出糖的量(μg)，按式(3-32)计算测试样品的糖含量。

$$\text{可溶性糖含量} = \frac{m \times V_T}{W \times V_S \times 10^6} \times 100\% \tag{3-32}$$

式中　m——从标准曲线查得的蔗糖含量(μg)；

V_T——样品提取液总体积(mL)；

V_S——测定时所用样品提取液体积(mL)；

W——样品质量(g)；

10^6——将微克(μg)换算为克(g)的倍数。

【注意事项】

1. 配制蔗糖标准液用的分析纯蔗糖必须在 80℃条件下烘烤至恒重。
2. 乙酸乙酯有强挥发性，使用过程中要及时盖盖。
3. 往试管中加入浓硫酸时一定要缓慢，以防飞溅。

Ⅱ. 苯酚比色法

【实验原理】

糖在浓硫酸的作用下，脱水形成糠醛或羟甲基糠醛，能与苯酚缩合成一种橙红色化合物，在 10~100 mg 范围内其颜色深浅与糖的含量成正比，且在 485 nm 波长下有最大光吸收，故可用比色法在此波长下测定。苯酚法可以用于甲基化的糖、戊糖和多聚糖的测定，简单经济，灵敏度高，实验时基本不受蛋白质影响，并且产生的颜色可稳定 160 min 以上。

【实验条件】

1. 材料

新鲜或干的植物叶片等材料。

2. 试剂

(1) 10 μg · mL^{-1} 的蔗糖标准液(配制方法同实验 3-12：Ⅰ)。

(2) 9%的苯酚溶液：称取 9.0 g 苯酚(AR)，加蒸馏水 10 mL 溶解，定容至 100 mL，现用现配。

(3) 浓硫酸：相对密度 1.84。

(4) 蒸馏水。

3. 仪器用具

分光光度计，水浴锅，刻度试管和试管架，电子天平，培养皿，剪刀，研钵，移液管和移液管架，洗耳球，封口膜，离心管和离心管架，离心机，记号笔等。

【实验步骤】

(1) 标准曲线的制作：取 20 mL 刻度试管 11 支，从 0~10 分别编号，按表 3-6 加入蔗糖溶液和水。然后，按顺序向试管内加入 1 mL 9%苯酚溶液，摇匀，再从管液正面在 5~20 s 内加入 5 mL 浓硫酸，摇匀。比色液总体积为 8 mL，在室温下放置 30 min，比色。以空白为参比，在波长 485 nm 处测定吸光度值，以糖含量为横坐标、吸光度值为纵坐标，绘制标准曲线，并求出标准曲线方程。

(2) 可溶性糖的提取(详见实验 3-12：Ⅰ的提取方法)。

(3) 显色测定：吸取样品提取液 0.5 mL 于 20 mL 刻度试管中(重复 3 次)，加蒸馏水 1.5 mL，然后按照标准曲线的测定步骤进行，按顺序分别加入苯酚、浓硫酸溶液，显色后测定样品吸光度值，从标准曲线查出糖含量。

【结果分析】

将吸光度值代入标准曲线查得糖含量，再按式(3-32)计算测试样品的糖含量。

【注意事项】

1. 浓硫酸具有强腐蚀性，使用时要戴手套且务必格外小心。
2. 分光光度计提前预热 20 min 以上。
3. 比色前溶液一定要摇匀。

Ⅲ. 3, 5-二硝基水杨酸法

【实验原理】

3, 5-二硝基水杨酸溶液与还原糖即各种单糖和麦芽糖溶液共热后被还原成棕红色的氨基化合物，在一定范围内，还原糖的量与棕红色物的物质颜色深浅程度成一定比例关系。在波长 540 nm 处测定棕红色物质的吸光度值，通过查标准曲线便可以求出样品中还原糖的含量。

【实验条件】

1. 材料

食用面粉或其他植物材料。

2. 试剂

(1) 1 mg · mL^{-1} 葡萄糖标准液：准确称取 100 mg 分析纯葡萄糖(预先 80℃ 烘至恒重)，置于小烧杯中，用少量蒸馏水溶解后，转移至 100 mL 容量瓶中，蒸馏水定容至刻度，摇匀，4℃ 冰箱中保存备用。

(2) 3, 5-二硝基水杨酸试剂：6. 3 g 3, 5-二硝基水杨酸和 262 mL 2 mol · mL^{-1} NaOH 溶液，加至 500 mL 含有 185 g 酒石酸钾钠的热水溶液中，再加 5 g 结晶酚和 5 g 亚硫酸钠，搅拌溶解。冷却后再加入蒸馏水定容至 1 000 mL，贮于棕色瓶中备用。

3. 仪器用具

具塞刻度试管和试管架，大离心管或玻璃漏斗，三角瓶，容量瓶，烧杯，离心机，水浴锅，电子天平，分光光度计，移液管和移液管架，洗耳球，塑料滴管，记号笔等。

【实验步骤】

1. 制作葡萄糖标准曲线

取 7 支具有 25 mL 刻度的刻度试管，编号，按表 3-7 所列的量，加入浓度 1 mg · mL^{-1} 的葡萄糖标准液。

表 3-7　配制葡萄糖标准曲线的试剂量

试　剂	试管号						
	0	1	2	3	4	5	6
1 mg · mL^{-1} 葡萄糖标准液(mL)	0	0. 2	0. 4	0. 6	0. 8	1. 0	1. 2
蒸馏水(mL)	2. 0	1. 8	1. 6	1. 4	1. 2	1. 0	0. 8
相当于葡萄糖量(mg)	0	0. 2	0. 4	0. 6	0. 8	1. 0	1. 2

各管均加入 3,5-二硝基水杨酸试剂 1. 5 mL，将各管摇匀，沸水浴 5 min，取出后立即放入盛有冷水的烧杯中冷却至室温，再以蒸馏水定容至 25 mL，用橡皮塞塞住管口，混匀(如用大试管，则向每管加入 21. 5 mL 蒸馏水，混匀)。在波长 540 nm 处，用 0 号管调零，分别测定 1~6 号管的吸光度值。以吸光度值为纵坐标、葡萄糖毫克数为横坐标，绘制标准曲线，求得回归方程。

2. 样品中还原糖的测定

(1) 样品中还原糖的提取：准确称取 3 g 食用面粉或其他植物材料，放在 100 mL 的烧杯中，先用少量蒸馏水调成糊状，然后加入 50 mL 蒸馏水，搅匀，置于 50℃ 水浴锅保温 20 min，使还原糖浸出。离心或过滤，用 20 mL 蒸馏水洗残渣，再离心或过滤，将 2 次离心的上清液或滤液全部收集在 100 mL 的容量瓶，用蒸馏水定容至刻度，混匀，作为还原糖待测液。

(2) 显色和比色：取 3 支 25 mL 刻度试管，编号，分别加入还原糖待测液 2 mL，3,5-二硝基水杨酸试剂 1. 5 mL，其余操作同标准曲线，测定各管的吸光度值。

【结果分析】

将吸光度值代入标准曲线查出相应的还原糖微克数，按式(3-32)计算还原糖的百分含量。

【注意事项】

1. 葡萄糖标准液需要在4℃冰箱中保存。

2. 显色反应的沸水浴时间可以根据实验的具体情况而调整。

3. 提取样品中糖时，恒温水浴的时间可以根据样品的具体情况而调整。

【思考题】

1. 测定植物体内糖含量有什么意义？

2. 蒽酮比色法、苯酚法和3,5-二硝基水杨酸法在测定糖含量方面各有何优点？

(顾玉红　时翠平)

实验3-13　植物组织游离氨基酸总量的测定

【实验目的】

掌握测定植物组织中不同时期、不同部位游离氨基酸含量的原理和方法。

【实验原理】

氨基酸与茚三酮共热时，能定量地生成二酮茚胺。该产物显示蓝紫色，称为Ruhemans紫。其吸收峰在波长570 nm处，而且在一定范围内吸光度值与氨基酸浓度成正比。氨基酸与茚三酮的反应分2步进行，第一步：氨基酸被氧化形成CO_2、NH_3和醛，茚三酮被还原成还原型茚三酮；第二步：所形成的还原型茚三酮与另一个茚三酮分子和一分子氨脱水缩合生成二酮茚—二酮茚胺(Ruhemans紫)，反应式如下：

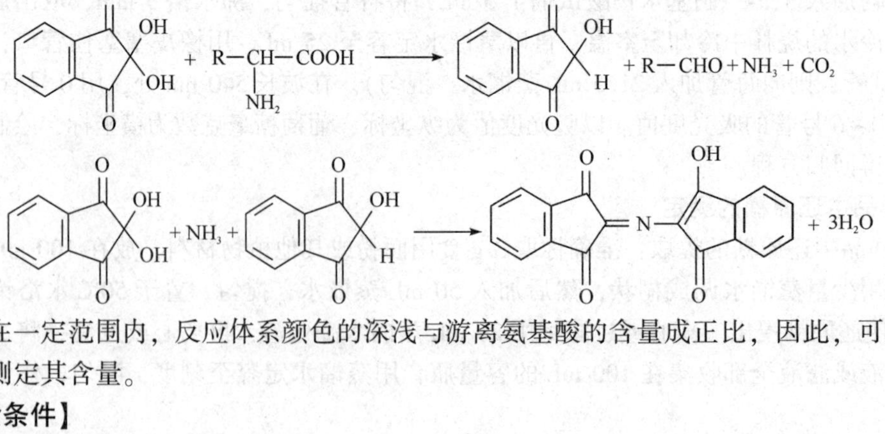

$$\text{茚三酮(OH, OH)} + R-\underset{NH_2}{\underset{|}{CH}}-COOH \longrightarrow \text{还原型茚三酮(OH, H)} + R-CHO + NH_3 + CO_2$$

$$\text{茚三酮(OH, OH)} + NH_3 + \text{还原型茚三酮(OH, H)} \longrightarrow \text{二酮茚}=N-\text{二酮茚(OH)} + 3H_2O$$

在一定范围内，反应体系颜色的深浅与游离氨基酸的含量成正比，因此，可用分光光度法测定其含量。

【实验条件】

1. 材料

各种植物组织。

2. 试剂

(1)水合茚三酮溶液：称取0.6 g重结晶的茚三酮置烧杯中，加入15 mL正丙醇，搅拌使其溶解，再加入30 mL正丁醇及60 mL乙二醇，最后加入9 mL pH值5.4的乙酸—乙酸钠缓冲液，混匀，贮于棕色瓶，置4℃保存备用，10 d内有效。

(2)乙酸—乙酸钠缓冲液(pH值5.4)：称取乙酸钠54.4 g加入100 mL蒸馏水，在电炉上加热至沸，使体积蒸发至60 mL左右。冷却后转入100 mL容量瓶中，加30 mL冰醋酸，再用蒸馏水稀释至100 mL。

(3)标准氨基酸溶液：称取80℃下烘干的亮氨酸5.0 mg，溶于少量10%异丙醇中，用10%异丙醇定容至100 mL。取该溶液5 mL，用蒸馏水稀释至50 mL，即为含氨基氮5 μg·mL^{-1}的标准氨基酸溶液。

(4)0.1%抗坏血酸溶液：称取50 mg抗坏血酸，溶于50 mL蒸馏水中，随配随用。

(5)10%乙酸溶液。

(6)60%乙醇。

3. 仪器用具

分光光度计，电子天平，研钵，容量瓶，刻度试管和试管架，移液管和移液管架，水浴锅，三角瓶，漏斗和漏斗架，洗耳球，滤纸，电炉，烘箱，刀片或剪刀等。

【实验步骤】

(1)样品制备：取新鲜植物样品，洗净，擦干并剪碎，混匀，迅速称取0.5~1.0 g，于研钵中加入5 mL 10%乙酸溶液，研磨成匀浆，用蒸馏水稀释至100 mL。混匀，并用干滤纸过滤到三角瓶中备用。

(2)制作标准曲线：取6支20 mL刻度试管，按表3-8配制游离氨基酸标准溶液。

表3-8 不同浓度游离氨基酸标准溶液配制

试剂	试管号					
	1	2	3	4	5	6
标准氨基酸(mL)	0	0.2	0.4	0.6	0.8	1.0
蒸馏水(mL)	2.0	1.8	1.6	1.4	1.2	1.0
每管含氮量(μg)	0	1.0	2.0	3.0	4.0	5.0

然后，每支试管依次加入水合茚三酮溶液3.0 mL、0.1%的抗血酸溶液0.1 mL，加完试剂后混匀，用封口膜封口，沸水浴15 min，取出后用冷水迅速冷却并不时摇动，使加热时形成的红色被空气逐渐氧化而褪去，当呈现蓝紫色时，用60%乙醇定容至20 mL。混匀后用1 cm光径比色杯在波长570 nm处测定吸光度值，以1号管为参比调零，以吸光度值为纵坐标、含氮量为横坐标，绘制标准曲线。

(3)样品测定：吸取样品滤液1.0 mL，放入20 mL干燥试管中，加蒸馏水1.0 mL，其他步骤与制作标准曲线相同。根据样品吸光度值在标准曲线上查得含氮量。

【结果分析】

将吸光度值代入标准曲线方程计算氨基态氮含量，再把值代入式(3-33)计算样品中氨基态氮的含量。

$$100\text{ g样品中氨基态氮含量}(\mu g \cdot 100\ g^{-1}) = \frac{m \times V_T}{W \times V_S} \times 100 \tag{3-33}$$

式中　m——从标准曲线上查得的氨基态氮含量(μg);

V_T——样品滤液总体积(mL);

V_S——测定时所用样品滤液体积(mL);

W——样品鲜重(g)。

【注意事项】

1. 合格的茚三酮应该是微黄色结晶，若保管不当，颜色加深或变成微红色，必须重新结晶后方可使用。方法：5 g茚三酮溶于15 mL热蒸馏水中，加入0.25 g活性炭，轻轻摇动，溶液太稠时，可适量加水，30 min后用滤纸过滤，滤液置冰箱中过夜后即可见微黄色结晶析出，用干滤纸过滤，再用1 mL蒸馏水洗结晶一次，置于干燥器中干燥后贮于棕色瓶中。

2. 茚三酮与氨基酸反应所生成的Ruhemans紫在1 h内保持稳定，故稀释后应尽快比色。

3. 空气中的氧干扰显色反应的第一步。以抗坏血酸为还原剂，可提高反应的灵敏度并使颜色稳定。但由于抗坏血酸也可与茚三酮反应，使溶液颜色过深，故应严格掌握加入抗坏血酸的量。

4. 反应温度影响显色稳定性，超过80℃溶液易褪色；可在80℃水浴中加热，并适当延长反应时间，效果良好。

【思考题】

1. 茚三酮与所有氨基酸的反应产物颜色都相同吗？为什么？

2. 抗坏血酸在测定中的作用是什么？

(刘坤)

实验3-14　植物体内可溶性蛋白质含量的测定

【实验目的】

学习并掌握蛋白质含量测定的原理和方法。

Ⅰ. 考马斯亮蓝G-250染色法

【实验原理】

实验视频

考马斯亮蓝G-250(Coomassie brilliant blue G-250)测定蛋白质含量属于染料结合法的一种。该染料在游离状态呈红色，在稀酸溶液中，当它与蛋白质的疏水区结合后变为青色，前者最大光吸收在波长465 nm处，后者在595 nm。在一定蛋白质含量范围内(1~1 000 μg)，蛋白质与色素结合物在波长595 nm处的吸光度值与蛋白质含量成正比，故可用于蛋白质的定量测定。且该反应十分迅速，2 min左右即达到平衡。其结合物在室温下1 h内保持稳定。

【实验条件】

1. 材料

小麦、马铃薯等植物叶片。

2. 试剂

(1)石英砂。

(2)0.1 mol · L^{-1} 磷酸缓冲液(pH 值 7.0)。

(3)100 μg · mL^{-1} 牛血清蛋白标准溶液：称取 25 mg 牛血清蛋白，加蒸馏水溶解并定容至 100 mL，将此溶液稀释 2.5 倍即为 100 μg · mL^{-1} 牛血清蛋白标准溶液。4℃保存备用。

(4)100 mg · L^{-1} 考马斯亮蓝 G-250 试剂：称取 100 mg 考马斯亮蓝 G-250 溶于 50 mL 90%乙醇中，加入 85%(*W/V*)磷酸 100 mL，最后用蒸馏水定容至 1 000 mL，贮存在棕色瓶中。此溶液在常温下可放置 1 个月。

3. 仪器用具

分光光度计，高速冷冻离心机，研钵，离心管和离心管架，容量瓶，具塞刻度试管和试管架，移液管和移液管架，电子天平，洗耳球，剪刀等。

【实验步骤】

(1)牛血清蛋白标准曲线的制作：取 6 支 15 mL 具塞刻度试管，编号，按表 3-9 依次加入 100 μg · mL^{-1} 牛血清蛋白溶液和蒸馏水，最后依次向各管中加入考马斯亮蓝 G-250 溶液 5 mL，加完试剂后盖上玻璃塞，将溶液混合均匀，放置 2~3 min 后，以 1 号管为参比调零，在波长 595 nm 处测定吸光度值。以牛血清蛋白含量为横坐标、吸光度值为纵坐标，绘制标准曲线并求回归方程。

表 3-9　配制牛血清蛋白标准液

试　剂	试管号					
	1	2	3	4	5	6
100 μg · mL^{-1} 牛血清蛋白(mL)	0.00	0.20	0.40	0.60	0.80	1.00
蒸馏水(mL)	1.00	0.80	0.60	0.40	0.20	0.00
蛋白质含量(μg)	0.00	20.00	40.00	60.00	80.00	100.00

(2)可溶性蛋白质的提取：称取 0.1~0.2 g 小麦(或其他植物)叶片，剪碎，置于预冷的研钵中，加入 5 mL 预冷的 0.1 mol · L^{-1}(pH 值 7.0)磷酸缓冲液(分几次加入)，石英砂少许，在冰浴下研磨成匀浆，倒入离心管中，4 000 r · min^{-1} 离心 10 min(2~4℃)，所得上清液即为样品提取液。

(3)样品的测定：移取样品液 0.1 mL，加入 0.9 mL 蒸馏水和 5 mL 考马斯亮蓝 G-250 试剂，充分混合，放置 2~3 min 后在波长 595 nm 处比色，测得溶液在波长 595 nm 处的吸光度值，代入标准曲线，查吸光度值对应的蛋白质含量，再代入式(3-34)计算样品的蛋白质含量。

【结果分析】

蛋白质含量计算公式如下：

$$样品的蛋白质含量(mg \cdot g^{-1}FW)=\frac{m\times V_T}{W\times V_S\times 1\ 000} \tag{3-34}$$

式中　m——吸光度值对应的标准曲线中的蛋白质含量(μg)；

V_T——提取液总体积(mL)；

V_S——测定时所用提取液体积(mL)；

W——样品鲜重(g)；

1 000——将微克(μg)换算为毫克(mg)的倍数。

【注意事项】

1. 比色应在出现蓝色 2 min 至 1 h 内完成。

2. 研磨时要保持低温。

【思考题】

在考马斯亮蓝 G-250 染色法测定蛋白质含量的方法中，标准曲线的制作方法与其他类似实验有何不同?

Ⅱ. 紫外吸收法

【实验原理】

大多数蛋白质由于有酪氨酸和色氨酸的存在，在紫外光波长 280 nm 处有吸收高峰，据此可以进行蛋白质含量的测定。但是在分离提纯蛋白质时，往往混杂有核酸，核酸在波长 280 nm 处也有吸收，干扰测定，不过核酸的最大吸收峰波长为 260 nm。通过计算消除核酸存在的影响，可以求得有核酸存在时蛋白质的浓度。

紫外法测定蛋白质含量，样品不需要经过预先处理，即可直接进行测定。该方法简单而快速，又不损害样品中的蛋白质，测定之后的样品仍可另作他用。样品中有硫酸铵或其他盐类存在也不影响测定。紫外法在柱层析分离酶或蛋白质时，常为人们所采用。

【实验条件】

1. 材料

菠菜叶片、小麦叶片等植物材料。

2. 试剂

石英砂，0.1 mol · L^{-1} 磷酸缓冲液(pH 值 7.0)。

3. 仪器用具

紫外分光光度计，高速冷冻离心机，研钵，离心管和离心管架，容量瓶，移液管和移液管架，电子天平等。

【实验步骤】

(1)可溶性蛋白质的提取：可溶性蛋白质的提取与考马斯亮蓝 G-250 染色法相同。

(2)样品的测定：取适量的样品提取原液，根据蛋白质浓度，用 0.1 mol · L^{-1} 磷酸缓冲液(pH 值 7.0)适当稀释后，用紫外分光光度计分别在波长 280 nm 和 260 nm 处测定吸光度值，以 0.1 mol · L^{-1} 磷酸缓冲液(pH 值 7.0)为空白对照。

【结果分析】

蛋白质含量计算公式如下：

$$蛋白质浓度(mg \cdot mL^{-1}) = 1.45 \times A_{280} - 0.74 \times A_{260} \quad (3\text{-}35)$$

$$蛋白质含量(mg \cdot g^{-1}) = \frac{(1.45 \times A_{280} - 0.74 \times A_{260}) \times n \times V_T}{W} \quad (3\text{-}36)$$

式中　1.45 和 0.74——校正值；

A_{280}——样品提取液在波长 280 nm 处的吸光度值；

A_{260}——样品提取液在波长 260 nm 处的吸光度值；

n——稀释倍数；

V_T——样品提取液体积(mL)；

W——样品质量(g)。

【注意事项】

1. 不同蛋白质的氨基酸组成不同，因而光密度也不尽相同，这就会带来测定误差。

2. 蛋白溶液中存在核酸或核苷酸时会影响紫外吸收法测定蛋白质含量的准确性，尽管利用上述公式进行了校正，但由于不同样品中干扰成分差异较大，致使波长 280 nm 处紫外吸光度值的准确性稍差。

【思考题】

1. 试比较紫外吸收法与考马斯亮蓝 G-250 染色法测定可溶性蛋白质含量的优缺点?

2. 测定植物体内可溶性蛋白质含量有什么意义?

（郭红彦）

第 4 章

植物生长物质与细胞信号转导

实验 4-1 高效液相色谱法测定植物体内细胞分裂素(CTKs)含量

【实验目的】

实验视频

掌握高效液相色谱法测定植物材料细胞分裂素(CTKs)含量的原理和方法。

【实验原理】

细胞分裂素(CTKs)是一类促进细胞分裂、诱导芽的形成并促进其生长的植物激素，属于腺嘌呤的衍生物，常见的 CTKs 有 6-苄氨基嘌呤、激动素、玉米素等，其化学结构如图 4-1 所示。

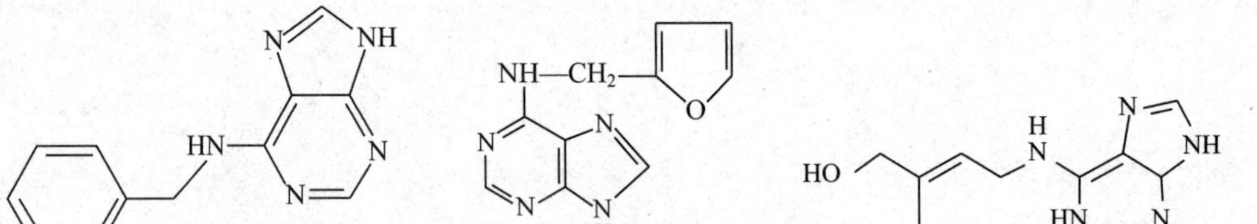

(a)6-苄氨基嘌呤　　(b)激动素　　(c)玉米素

图 4-1　常见细胞分裂素的化学结构

细胞分裂素(CTKs)的提取一般采用甲醇、丙酮和乙醇等有机溶剂直接从植物材料中提取。在提取过程中，组织中的其他成分如糖、氨基酸、蛋白质、酚类和色素物质等会被同时提取出来，且由于植物激素含量甚微，杂质会干扰内源激素的检测。因此，要在检测前通过溶剂萃取、固相萃取柱等一系列分离和纯化步骤去除上述杂质。

溶剂萃取是利用混合物各组分在 2 种不相溶的溶剂中溶解度或分配系数不同的特点，把混合物中的某一组分从一种溶剂转移到另一种溶剂中以达到分离的目的。由于相似相溶原理，一些极性较小的有机溶剂如石油醚、正己烷、三氯甲烷等常被用作萃取极性较小色素的萃取剂，而乙酸乙酯、正丁醇、碳酸氢钠和缓冲液等也常被用作激素分离的萃取剂。

固相萃取柱是利用选择性吸附与选择性洗脱的液相色谱法分离原理。较常用的方法是使液体样品溶液通过吸附剂，保留其中被测物质，再选用适当强度溶剂冲去杂质，然后用少量溶剂迅速洗脱被测物质，从而达到快速分离净化与浓缩的目的。也可选择性吸附干扰杂质，而让被测物质流出；或同时吸附杂质和被测物质，再使用合适的溶剂选择性洗脱被测物质。

高效液相色谱(HPLC)是色谱法的一个重要分支，以液体为流动相，采用高压输液系统，将具有不同极性的单一溶剂或不同比例的混合溶剂、缓冲液等流动相泵入装有固定相的色谱柱，其原理为分配色谱，即样品被固定相(柱子填料)吸附后，在流动相的洗脱过程中，由于样品的极性不同，在流动相中溶解的浓度也不同，从而溶解度大的化合物会被先洗脱出来，在柱内各成分被分离后，进入检测器进行检测，从而实现对试样的分析。

【实验条件】

1. 材料

植物叶片等。

2. 试剂

液氮或干冰，pH 值 1.5 的盐酸—氯化钾缓冲液(取 0.1 mol · L^{-1} HCl 37.64 mL 和 0.02 mol · L^{-1} KCl 31.02 mL，混合后定容至 100 mL)，C_{18} 固相萃取柱，石油醚(沸程 30~60℃)，3 mol · L^{-1} 的 $NH_3 \cdot H_2O$，超纯水，细胞分裂素(CTKs)标准品，甲醇(色谱纯)。

3. 仪器用具

高效液相色谱仪，电子天平，广口保温瓶，分液漏斗，C_{18} 色谱柱，旋转蒸发仪，剪刀，研钵，镊子，锡箔纸，药匙，离心管和离心管架，移液器和枪头，冰箱等。

【实验步骤】

1. 提取

称量植物材料 0.1~0.5 g，剪碎，在液氮中速冻后取出，用液氮预冷的研钵将样品研磨成粉末状，将粉末转移到液氮预冷的离心管中，将 5~10 mL 预冷的 80%甲醇加入离心管中，4℃下浸提，反复浸提 3 次，样品组织脱色至无色即提取充分。在提取率高的前提下，尽可能控制提取时间不超过 24 h 为宜，以防止可能发生的分解作用。

2. 分离和纯化

(1)溶剂萃取：将甲醇提取液加入分液漏斗，并加入等体积石油醚(沸程 30~60℃)充分振荡至混匀，待液体静置分层后，收集下层的甲醇相，将上层的石油醚作为废液弃掉，按此方法萃取 2~5 次。将萃取后的甲醇提取液用旋转蒸发仪浓缩到 3~5 mL。

(2)样品纯化：采用 C_{18} 固相萃取柱对样品进行净化处理，先用 pH 值为 1.5 的盐酸—氯化钾缓冲液充分润柱。将浓缩的提取液加到固相萃取柱中，液体流出后，用 3 mol · L^{-1} 的 $NH_3 \cdot H_2O$ 为洗脱液进行洗脱，收集的洗脱液可以再浓缩，用甲醇溶解后 4℃下保存。

(3)高效液相色谱测定：首先打开高效液相色谱控制软件，根据待测样品的特点建立检测方法(设定流速、流动相的比例、采样时间、柱温箱温度和进样体积等)。例如，以甲醇+水为流动相，起始时为甲醇 35%+水 65%，此后甲醇浓度每分钟增加 1%，最终至甲醇

100%+水 0%，流速 0.4 mL · min^{-1}，采样时间 20 min，柱温箱的温度 35℃，进样体积为 20 μL，紫外检测波长为 254 nm，开始测定(如果是首次测定细胞分裂素含量，首先做标准曲线。将细胞分裂素标准品用甲醇配制成 1 mg · mL^{-1} 的贮备液，贮存于 4℃冰箱。取贮备液，逐步稀释到 2.000 μg · mL^{-1}、1.000 μg · mL^{-1}、0.500 μg · mL^{-1}、0.250 μg · mL^{-1}、0.125 μg · mL^{-1}，作为制作标准曲线用溶液测定方法同上)。

【结果分析】

以细胞分裂素(CTKs)标准品各色谱峰面积对应标准物浓度作图，通过查标准曲线可知样品中细胞分裂素的含量。

$$样品中细胞分裂素含量(\mu g \cdot g^{-1}FW)=\frac{C_{CTK}\times V_T}{W} \tag{4-1}$$

式中　C_{CTK}——把样品峰面积代入标准曲线计算得到的细胞分裂素浓度(μg · mL^{-1})；

V_T——样品溶液总体积(mL)；

W——植物样品质量(g)。

【注意事项】

1. 样品应尽可能快速采集和固定，以减少激素损失。

2. 萃取时，应防止渗漏造成的损失。低沸点的石油醚在萃取振荡时，容器内气体膨压增大引起的外冲现象尤应注意。

3. 调节溶液 pH 值时应注意滴加速度不能过快，且须不断摇动，以免局部酸化引起某些激素破坏，因而用缓冲液调节和维持 pH 值较为安全。

4. 采用高效液相色谱法检测时，待测样品浓度应位于标准曲线内。

【思考题】

1. 为什么激素提取过程应在低温条件下快速进行?

2. 为什么在溶剂萃取时，pH 值要调节至酸性条件?

(杨明峰)

实验 4-2　植物激素(IAA、ABA、CTKs)的间接酶联免疫吸附测定

【实验目的】

学习掌握 IAA、ABA、ZR+Z、iPA+iP、DHZR+DHZ(后 3 种属于 CTKs)的间接酶联免疫吸附测定的原理和方法。

【实验原理】

酶联免疫吸附(ELISA)是建立在 2 个重要的生物化学反应基础之上的，即抗原抗体反应的高度专一性和敏感性和酶的高效催化特性。ELISA 把这两者有机地结合在一起，即被分析物首先与其相应的抗体或抗原反应，然后再检测抗体或抗原上酶标记物的活性，从而

达到定性或定量测定的目的。

ELISA 可分为两大类，即固相抗体型(直接法)和固相抗原型(间接法)。直接法是利用游离抗原和酶标抗原与吸附抗体的竞争性结合反应；间接法是利用游离抗原和吸附抗原(又称包被抗原)与游离抗体的竞争性结合反应。本实验采用间接法进行测定，实验原理如图 4-2 所示。

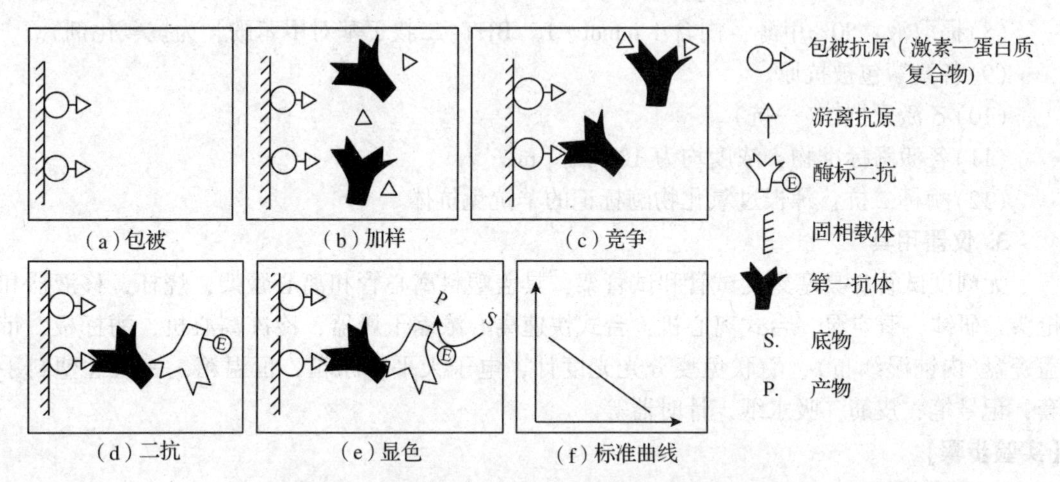

图 4-2　固相抗原型(间接法)ELISA 原理示意图

$$Ab+H+HP \rightleftharpoons Ab \cdot H+Ab \cdot HP$$

反应式中，Ab 表示抗体，H 表示游离激素，HP 表示吸附在板上的激素—蛋白质复合物。

将激素抗原(HP)与固相载体连接，形成固相抗原。然后向 HP 中分别加入受检激素样品(H)和激素抗体(Ab)，HP 和 H 竞争结合 Ab，形成抗原抗体复合物 Ab · HP 和 Ab · H。经洗涤后，固相载体上只留下 Ab · HP。然后再加入 Ab 的酶标抗体(酶标二抗)，Ab · HP 与酶标抗体结合，从而使 Ab · HP 间接地标记上酶，洗涤后，加入酶的底物，发生显色反应，显色越深则吸光度值越大，说明孔中的酶活性越大、Ab · HP 的量越多，根据质量作用定律，当该反应体系中 Ab 及 HP 的量确定时，结合物 Ab · HP 越多，说明孔中结合物 Ab · H 就越少、孔中游离 H 的量(游离 ABA)越少，激素浓度与显色深度、吸光度值均呈反比。

【实验条件】

1. 材料

各种新鲜植物材料。

2. 试剂

(1)包被缓冲液：称取 1.5 g Na_2CO_3，2.9 g $NaHCO_3$，0.2 g NaN_3，溶解定容至 1 000 mL，pH 值为 9.6。

(2)磷酸盐缓冲液(PBS)：称取 8.0 g NaCl，0.2 g KH_2PO_4，2.9 g $Na_2HPO_4 \cdot 12H_2O$，溶解定容至 1 000 mL，pH 值为 7.5。

(3)样品稀释液：100 mL PBS 中加 0.1 mL Tween-20，0.1 g 白明胶及 4 g PEG-6000。

(4)酶稀释缓冲液：100 mL PBS 中加 0.1 mL Tween-20，0.1 g 白明胶及 4 g PEG-6000。

(5)底物缓冲液：称取 5.10 g $C_6H_8O_7 \cdot H_2O$(柠檬酸)，18.43 g $Na_2HPO_4 \cdot 12H_2O$ 溶解定容至 1 000 mL，再加 1 mL Tween-20。

(6)洗涤液：1 000 mL 蒸馏水里溶解 20~30 g NaCl，再加 1 mL Tween-20。

(7)终止液：3 $mol \cdot L^{-1}$ H_2SO_4。

(8)提取液：80%甲醇，内含 1 $mmol \cdot L^{-1}$ BHT(二叔丁基对甲苯酚，为抗氧化剂)。

(9)各激素包被抗原。

(10)各激素抗体(一抗)。

(11)各激素标准物：浓度均为 100 $\mu g \cdot mL^{-1}$。

(12)酶标二抗：辣根过氧化物酶标记的羊抗兔抗体。

3. 仪器用具

无刻度试管、具塞刻度试管和试管架，具盖塑料离心管和离心管架，烧杯，移液器和枪头，研钵，真空泵，台式离心机，台式快速离心浓缩干燥器，冷冻离心机，酶标板，带盖瓷盘(内铺湿纱布)，酶联免疫分光光度计，电子天平，冰箱，恒温箱，一次性塑料手套，记号笔，皮筋，吸水纸，计时器等。

【实验步骤】

1. 样品提取

(1)称取 0.5~1.0 g 新鲜植物材料(如果取样后不能马上测定，用液氮速冻后保存在 -20℃的低温冰箱中)，加 2 mL 提取液，在冰浴下研磨成匀浆，转入 10 mL 试管，再用 2 mL 提取液分次将研钵冲洗干净，一并转入试管中，摇匀后放置在 4℃下。

(2)在 4℃下提取 4 h，4 000 $r \cdot min^{-1}$ 离心 15 min，取上清液；沉淀中加 1 mL 提取液，搅匀，置于 4℃再提取 1 h，离心，合并上清液并记录体积，弃去残渣。

(3)将一定体积上清液转入 5 mL 塑料离心管(或烧杯)中，真空浓缩干燥或用氮气吹干，除去提取液中的甲醇，用样品稀释液定容，10 000 $r \cdot min^{-1}$ 冷冻离心 10 min，除去沉淀，用于 ELISA 测定。

(4)如样品中存在酚类物质，干扰激素测定，可用 PVP(聚乙烯吡咯烷酮)除去。可溶性与不溶性 PVP 均可达到此目的，可溶性 PVP 可在研磨时加入。一般情况下，材料在加入 10~100 mg $PVP \cdot g^{-1}FW$ 后，都可以比较有效地排除干扰。如果仍有干扰存在，可在真空浓缩基本上将提取液完全干燥后，加适量 50%甲醇溶解残留物，然后过 C_{18} 预处理小柱，滤出液蒸去甲醇，样品稀释液定容后，用于 ELISA 测定，一般可以得到较好的结果。

2. 样品测定

(1)包被：在 10 mL(用量根据各孔加样量乘以孔数计算确定，其他缓冲液和稀释液用量筒)包被缓冲液中加入一定量的包被抗原(激素蛋白质复合物)，混匀(最适稀释倍数预先测定)，在酶标板的每小孔中加 100 μL(酶标板可以先用蒸馏水冲洗数次)，将酶标板放入铺有湿纱布的带盖搪瓷盘中，置于 4℃下过夜或 37℃下 2 h。

(2)洗板：将包被好的酶标板取出，放在室温下平衡。然后甩掉包被液，每小孔加入 200 μL 洗涤液，放置约 1 min，再甩掉洗涤液。重复 3 次后，将板内残留洗涤液在吸水纸上磕干。

(3)竞争：即加激素标准物、待测样和抗体。

①试剂配制及加样：标样及待测样，取样品稀释液 0.98 mL，加入 20 μL 激素的标准试剂(100 $\mu L \cdot mL^{-1}$)即为 2 000 $ng \cdot mL^{-1}$ 标准液，然后再依次稀释为 1 000 $ng \cdot mL^{-1}$，500 $ng \cdot mL^{-1}$，250 $ng \cdot mL^{-1}$，125 $ng \cdot mL^{-1}$，62.5 $ng \cdot mL^{-1}$，31.25 $ng \cdot mL^{-1}$，15.63 $ng \cdot mL^{-1}$，7.81 $ng \cdot mL^{-1}$，0 $ng \cdot mL^{-1}$。不同的激素可预先选择各自的最佳标准曲线范围(注：一般包括 0 $ng \cdot mL^{-1}$ 在内有 10 个浓度)。将系列溶液加入 96 孔酶标板的前 3 行(A~C 行)的 2~11 孔内，每个浓度加 3 孔，每孔 50 μL，其余各孔加待测样，每个样品重复 3 次，每孔 50 μL。

抗体：在 5 mL 样品稀释液中加入定量的抗体(预先测定稀释倍数)，混匀后，在酶标板的每孔加入抗体 50 μL，然后将酶标板放入瓷盘开始竞争反应。

②竞争条件：IAA 置于 4℃下 4 h 或过夜；ABA，ZR+Z，iPA+iP，DHZR+DHZ 置于 28℃左右 3 h 或 37℃下温育 0.5 h。

(4)洗板：方法同包被之后的洗板，但是要注意两点：加洗涤液时一定要从标准曲线的低浓度一边向高浓度一边加；第一次加入洗涤液后要立即甩掉，然后再加第二次。这两点操作是为了防止各孔的交叉反应。

(5)加二抗：将一定量的酶标抗体加入 10 mL 酶稀释缓冲液中(稀释倍数预先测定)，混匀后，在酶标板每孔加 100 μL，放入瓷盘，37℃下温育 0.5 h。

(6)洗板：方法同竞争后洗板[步骤(4)]，洗 3 次。

(7)加底物显色：称取 10~20 mg 邻苯二胺(OPD)溶于 10 mL 底物缓冲液中(小心勿用手接触 OPD，有毒)，完全溶解后加入 2~4 μL 30% H_2O_2，混匀。每孔加 100 μL(弱光处操作)，然后放入瓷盘，在恒温箱内 37℃下显色 10~15 min，当显色适当后(终止后 0 $ng \cdot mL^{-1}$ 孔波长 490 nm 处吸光度值为 1.2~1.5，而本底即完全抑制孔不超过 0.1~0.2)，每孔加入 50 μL 3 $mol \cdot L^{-1}$ H_2SO_4 终止反应。

(8)比色：用完全抑制孔(即标准曲线最高浓度孔)调零，在酶联免疫分光光度计上依次测定标准物各浓度和各样品波长 490 nm 处的吸光度值。

【结果分析】

用于 ELISA 结果计算最方便的是 Logit 曲线。可以根据 Logit 曲线求得样品中激素的浓度($ng \cdot mL^{-1}$)，然后再计算激素的含量($ng \cdot g^{-1}$FW)。

曲线的横坐标用激素标样各浓度($ng \cdot mL^{-1}$)的自然对数表示，纵坐标用各浓度显色值的 Logit 值表示。Logit 的值计算方法如下：

$$\mathrm{Logit}(B/B_0)=\ln\left(\frac{B/B_0}{1-B/B_0}\right)=\ln[B/(B_0-B)] \tag{4-2}$$

式中　B_0——10 号孔显色值(激素浓度为 0)；

B——不同浓度下的显色值。

作出的 Logit 曲线在检测范围内应该是直线。待测样品根据其显色值，计算 Logit 值后从图上查出其所含激素浓度的自然对数，经过反对数即可计算出植物的激素浓度($ng \cdot mL^{-1}$)。

求得样品中激素的浓度后，样品中激素的含量($ng \cdot g^{-1}$FW)可计算如下：

$$A = \frac{N \times V_2 \times V_3 \times n}{V_1 \times W} \tag{4-3}$$

式中　A——激素的含量($ng \cdot g^{-1}FW$)；

N——样品中激素的浓度($ng \cdot mL^{-1}$)；

n——稀释倍数(样品稀释液定容后的稀释倍数)；

V_2——提取样品后，上清液的总体积(mL)；

V_1——进行真空浓缩干燥的上清液的体积(mL)；

V_3——真空浓缩后用样品稀释液定容的体积(mL)；

W——样品鲜重(g)。

【注意事项】

1. 在整个ELISA操作中，每次加样都一定要快。

2. 若同时做两块以上的板，应将洗好的板放在4℃条件下，依次拿出加样。

3. 加样的环境温度不宜过高。

4. 在正式样品测定之前，先通过预备试验找出包被抗原、抗体、二抗的最适稀释倍数及激素标准物的最佳范围。

5. 抗原、抗体、二抗及激素标准物保存在-20℃条件下，随用随拿，并尽量缩短时间。

【思考题】

1. 为什么要预先测定包被抗原、抗体、二抗的最适稀释倍数及激素标准物的最佳范围？

2. 实验操作中，为什么要快速加样？

(顾玉红　时翠平)

实验4-3　芽鞘伸长法测定生长素类物质含量

【实验目的】

实验视频

1. 进一步了解生长素的生物学意义。

2. 掌握生长素含量的生物测定方法。

【实验原理】

生长素能促进禾本科植物胚芽鞘的伸长。切去顶端的胚芽鞘切段，断绝了内源生长素的来源，其伸长在一定范围内与外加生长素浓度的对数呈线性关系。因此，可以用一系列已知浓度的生长素溶液培养芽鞘切段，绘制成生长素浓度与芽鞘伸长的关系曲线，以测定未知样品的生长素含量。

【实验条件】

1. 材料

成熟、饱满、大小一致的纯种小麦籽粒。

2. 试剂

(1)1%次氯酸钠(NaClO)溶液。

(2)含 2%蔗糖的磷酸—柠檬酸缓冲液(pH 值 5.0)：称取 K_2HPO_4 1.794 g、柠檬酸 1.019 g 和蔗糖 20 g，溶于蒸馏水并定容至 1 000 mL。

(3)10^{-3}mol · L^{-1} 吲哚乙酸(IAA)溶液：精确称取 IAA 17.5 mg，用上述含 2%蔗糖的磷酸—柠檬酸缓冲液溶解并定容至 100 mL。

3. 仪器用具

恒温箱，带盖瓷盘，贴有毫米方格纸的玻璃板，培养皿，细玻璃丝或昆虫针，移液管和移液管架，镊子，简易切割刀(用有机玻璃和两片双面刀片制成，两刀片间距约 1 mm)，解剖镜，刀片，暗室，滤纸，吸水纸等。

【实验步骤】

(1)精选小麦种子 100 粒，洗净并于 1%次氯酸钠溶液浸泡 20 min，取出后用自来水和蒸馏水冲洗，腹沟朝下横排摆放于铺有滤纸的带盖瓷盘中。为了使胚芽鞘基部无弯曲，需将瓷盘斜放呈 40°~45°，使胚倾斜向下，盘中加水并加盖置于 25℃暗室中培养 72 h，暗室以绿色灯泡照明。

(2)待胚芽鞘长度约 25~35 mm 时，精选长度一致的幼苗 50 株，用镊子从基部取下芽鞘，再用简易切割刀在贴有毫米方格纸的玻璃板上切去芽鞘顶端 3 mm，再向下切取 1 cm 的切段 50 个，立即放入含 2%蔗糖的磷酸—柠檬酸缓冲液(pH 值 5.0)的培养皿中浸泡 1~2 h，去除内源生长素。

(3)取洗净烘干的培养皿 5 套并编号。在各皿内加入含 2%蔗糖的磷酸—柠檬酸缓冲液(pH 值 5.0)9 mL，然后在 1 号皿中加 10^{-3} mol · L^{-1} IAA 1mL，摇匀，即成 10^{-4}mol · L^{-1} IAA 溶液；再从 1 号皿中吸取 1mL 溶液加入 2 号皿，摇匀，即成 10^{-5}mol · L^{-1} IAA 溶液；依次操作到 4 号皿，配成 10^{-7}mol · L^{-1} IAA 溶液，并从 4 号皿中吸出 1 mL 弃去。5 号皿不加 IAA 作为对照。

(4)从缓冲液中取出胚芽鞘切段，用滤纸轻轻吸去表面水分，然后将切段套在玻璃丝(或昆虫针)上(勿损伤芽鞘)。同一根玻璃丝可穿 1~3 段芽鞘，切段间应留下生长的空隙。套好后置培养皿中，每一皿中放入 5~10 段芽鞘，加盖，置 25℃暗室中培养。同样，暗室以绿色灯泡照明。

(5)培养 24 h 后，取出芽鞘，吸去表面水分，在毫米方格纸上或借助于解剖镜测量其长度，并求出每种处理的平均长度。

【结果分析】

(1)以不同处理中芽鞘切段的平均长度(L)与对照芽鞘长度(L_0)之比(L/L_0)为纵坐标、IAA 浓度的负对数为横坐标制作标准曲线。

(2)对于未知浓度的生长素提取液或其他类似物溶液，均可按上述方法求 L/L_0，查标准曲线即可求得其浓度。

【注意事项】

若有摇床设备，可不必用玻璃丝(或昆虫针)，而将芽鞘直接放入培养皿或三角瓶中置摇床上缓慢摇动使芽鞘经常滚动，可避免弯曲。

【思考题】

1. 为什么要用缓冲液来配制 IAA 系列溶液？
2. 取芽鞘切段时，为什么要切去顶端 3 mm，而用其下的 1 cm 作为实验材料？
3. 整个实验操作过程中，为什么要在暗室绿光下进行？
4. 将芽鞘切段套在玻璃丝上目的是什么？

(王文斌)

实验 4-4　赤霉素对 *α*-淀粉酶的诱导作用

【实验目的】

1. 深入了解赤霉素在种子萌发过程中的调控作用。
2. 掌握测定 α-淀粉酶活性的一种简单方法。

【实验原理】

种子萌发过程中贮藏物质的降解，需要在一系列酶的催化作用下才能进行。这些酶有的已经存在于干燥种子中，有的需要在种子吸水后重新合成。种子萌发过程中淀粉的分解主要是在淀粉酶的催化下完成的。淀粉酶在植物中存在多种形式，包括 *α*-淀粉酶、*β*-淀粉酶等。*β*-淀粉酶是已经存在于干燥种子中的束缚酶，而 *α*-淀粉酶不存在或很少存在于干燥种子中，是需要在种子吸水后重新合成的诱导酶。实验证明，启动 α-淀粉酶合成的化学信号是赤霉素。萌发的禾本科植物种子的胚产生赤霉素扩散到胚乳的糊粉层中，刺激糊粉层细胞内 *α*-淀粉酶的合成。合成的 *α*-淀粉酶进入胚乳，将胚乳内贮藏的淀粉水解成还原糖。因此，自然条件下如果没有胚所释放的赤霉素进入胚乳，α-淀粉酶就不能合成。外加赤霉素可以代替胚的释放作用，从而诱导 *α*-淀粉酶的合成。这个极其专一的反应被用来作为赤霉素的生物鉴定法。在一定范围内，去掉胚且吸胀的大麦粒所产生的还原糖来源于外加赤霉素诱导合成的 *α*-淀粉酶催化的淀粉水解反应，还原糖的产量与外加赤霉素浓度的对数成正比。根据淀粉遇 I_2-KI 反应呈蓝色，而淀粉分解的产物还原糖不能与 I_2-KI 显色的原理，可以定性和定量地分析 *α*-淀粉酶的活性。

【实验条件】

1. 材料

大麦或小麦等禾本科植物种子。

2. 试剂

(1)1%次氯酸钠溶液：称取 1 g 次氯酸钠粉末溶解于 100 mL 水中。

(2)0.1%淀粉磷酸盐溶液：取可溶性淀粉 1 g 加蒸馏水 50 mL，沸水浴至淀粉完全溶解后，再加入 8.16 g KH_2PO_4，待其溶解后用蒸馏水定容至 1 000 mL。

(3) 2×10^{-5} mol·L^{-1}赤霉素溶液：称取 6.8 mg 的赤霉素溶于少量 95%乙醇中，使其溶解，移入 1 000 mL 容量瓶中，加水定容至 1 000 mL。

(4) 1×10^{-3} mol·L^{-1}醋酸缓冲液：10^{-3} mol·L^{-1} NaAc 溶液 590 mL 与 10^{-3} mol·L^{-1} 醋酸溶液 410 mL 混合后，加入 1 g 链霉素，摇匀。

(5) I_2-KI 溶液：取 0.6 g KI 和 0.06 g I_2 分别用少量 0.05 mol·L^{-1} HCl 溶解后混合，用 0.05 mol·L^{-1} HCl 定容至 1 000 mL。

3. 仪器用具

分光光度计，恒温振荡器，水浴锅，刀片，移液管和移液管架，烧杯，离心管和离心管架，镊子，试管和试管架，电子天平，洗耳球，载玻片，玻璃瓶，培养皿等。

【实验步骤】

(1) 取样：选取成熟、饱满、大小一致的大麦或小麦种子 100 粒，用刀片将每粒种子横切成有胚和无胚的半粒，分装于 2 个烧杯中备用。

(2) 表面消毒：向 2 个烧杯中加入 1% 次氯酸钠溶液，以浸没种子为度。消毒 15 min 后，用无菌水冲洗 3 次。在无菌条件下，吸胀 48 h 备用。

(3) 配制不同浓度的赤霉素溶液：用蒸馏水将 2×10^{-5} mol·L^{-1} 赤霉素溶液稀释成 2×10^{-6} mol·L^{-1}、2×10^{-7} mol·L^{-1}、2×10^{-8} mol·L^{-1}；再用 1×10^{-3} mol·L^{-1} 的醋酸缓冲液将这些赤霉素溶液稀释 1 倍，配制成 1×10^{-5} mol·L^{-1}、1×10^{-6} mol·L^{-1}、1×10^{-7} mol·L^{-1}、1×10^{-8} mol·L^{-1} 的赤霉素溶液。

(4) 提取 α-淀粉酶：取 6 支离心管编号，按表 4-1 加入试剂和材料，然后，将离心管置于恒温振荡器中于 25℃振荡培养 24 h。

表 4-1　赤霉素处理浓度及方法

离心管编号	赤霉素溶液浓度(mol·L^{-1})	赤霉素溶液体积(mL)	实验材料
1	0	1	20 个无胚半粒
2	0	1	20 个有胚半粒
3	1×10^{-8}	1	20 个无胚半粒
4	1×10^{-7}	1	20 个无胚半粒
5	1×10^{-6}	1	20 个无胚半粒
6	1×10^{-5}	1	20 个无胚半粒

(5) 淀粉酶活力分析。

①取 6 支试管编号，向各试管中加入 1 mL 0.1%淀粉磷酸盐溶液，再从振荡培养后的离心管中吸取 0.2 mL 培养上清液加入对应编号的试管中，摇匀。

②将试管置于 30℃恒温水浴锅保温 10 min(保温时间最好经预备试验确定，以吸光度值达 0.4~0.6 的反应时间为宜)。

③向各试管加 2 mL 的 I_2-KI 溶液，用蒸馏水稀释至 5 mL，充分摇匀。以蒸馏水做空白调零，于波长 580 nm 处测定吸光度值。

(6)结果：以淀粉浓度(0.025 g·mL^{-1}、0.05 g·mL^{-1}、0.1 g·mL^{-1}、0.2 g·mL^{-1}、0.25 g·mL^{-1}、0.5 g·mL^{-1})为横坐标、吸光度值为纵坐标绘制标准曲线。

【结果分析】

根据1~6号管在580 nm处吸光度值，从标准曲线上查得各处理管中剩余淀粉含量。1号管为对照管，其淀粉剩余量为各处理反应前淀粉原始总量(X)；2号管为带胚半粒种子(未知样品)反应后淀粉剩余量(Y_2)，相比1号管，其淀粉水解量($X-Y_2$)可衡量植物胚产生的内源赤霉素诱导α-淀粉酶水解淀粉的量；3~6号管为无胚半粒种子加入不同浓度赤霉素溶液反应后淀粉的剩余量($Y_{3\sim6}$)，相比1号管，其淀粉水解量($X-Y_{3\sim6}$)可衡量不同浓度外源赤霉素诱导无胚种子中的α-淀粉酶水解淀粉的量。

$$被水解淀粉的含量=[(X-Y_n)/X]\times100\% \tag{4-4}$$

n为离心管编号；以被水解淀粉的量(百分数)衡量α-淀粉酶活性。绘制以10为底数、3~6号管内赤霉素浓度的对数与被水解淀粉量关系的曲线，并将2号管的实验结果代入曲线，解释赤霉素、α-淀粉酶在种子萌发过程中的调控作用。

【注意事项】

滴定前，必须往试管中加入I_2-KI溶液。

【思考题】

1. 实验中为何要用1%次氯酸钠溶液处理小麦种子？为何要在醋酸缓冲液中加入链霉素？
2. 本实验为何要将小麦种子分成有胚和无胚的半粒？
3. 除了本实验中的方法外，是否还有其他方法可以用来测定α-淀粉酶活性？
4. 为何1号和2号管中都没有加入赤霉素溶液，但反应完后两者溶液的吸光度值却不同？
5. 试比较各号管内被分解的淀粉量，分析不同浓度的赤霉素对α-淀粉酶形成的诱导作用？

(廖杨文科)

实验4-5 萘乙酸对植物根、茎生长的影响

【实验目的】

1. 观察不同浓度的萘乙酸在种子萌发过程中对植物不同器官生长的影响。
2. 了解萘乙酸对根茎生长影响的最适浓度范围。

实验视频

【实验原理】

生长素及人工合成的类似物质如萘乙酸(NAA)等对植物生长有很大影响，但浓度不同时作用不同。一般来说，低浓度时表现促进效应，高浓度时起抑制作用；根对生长素较芽敏感，促进根生长的最适浓度比芽要低些。本实验就是根据这一原理来观测不同浓度的萘乙酸对植物不同部位生长的促进和抑制作用。种子发芽过程中，地上部主要为下胚轴部分，因此，萘乙酸对下胚轴生长的影响即可视为对茎的影响。

【实验条件】

1. 材料

萌动的绿豆或小麦种子等。

2. 试剂

(1)10 mg·L^{-1} 萘乙酸溶液：准确称取萘乙酸 10 mg，置小烧杯中，先加少量 95%乙醇溶解，再用蒸馏水稀释，定容至 1 000 mL，即成 10 mg·L^{-1} 萘乙酸溶液。

(2)1%次氯酸钠溶液：称取 1 g 次氯酸钠粉末溶于 100 mL 蒸馏水中。

3. 仪器用具

恒温箱，培养皿，移液管和移液管架，滤纸，尖头镊子，记号笔，直尺，电子天平，纱布，洗耳球，烧杯等。

【实验步骤】

(1)取绿豆或小麦种子放入烧杯中，用 1%次氯酸钠溶液浸没种子，消毒 15 min 后用无菌水冲洗 3 次。50℃浸种，水温降至室温后继续浸泡 2 h 使种子吸涨，然后将种子放入培养皿中，盖上湿纱布，25℃恒温箱中萌发。24 h 后挑选萌发一致的绿豆或小麦，用于以下处理。

(2)取 7 个培养皿，洗净烘干，用记号笔编号，在 1 号培养皿中加入已配好的 10 mg·L^{-1} 萘乙酸溶液 10 mL，在 2~7 号培养皿中各加入 9 mL 蒸馏水。然后从 1 号培养皿中用移液管吸出 1 mL 10 mg·L^{-1} 萘乙酸溶液注入 2 号皿中，充分混匀后，即成 1 mg·L^{-1} 萘乙酸溶液。再从 2 号皿中吸出 1 mL 注入 3 号皿，混匀即成 0.1 mg·L^{-1} 萘乙酸溶液。如此继续稀释至 6 号皿，即成 10 mg·L^{-1}、1 mg·L^{-1}、0.1 mg·L^{-1}、0.01 mg·L^{-1}、0.001 mg·L^{-1}、0.000 1 mg·L^{-1} 6 种浓度的萘乙酸溶液，最后从 6 号皿中吸出 1 mL 弃去。7 号皿中不加萘乙酸作对照。

(3)在上述装有不同浓度萘乙酸溶液的每一培养皿中放一张滤纸，在滤纸上沿培养皿周围整齐地播入已经萌动的 10 粒种子，使种子胚一律朝向培养皿的中心。加盖后将培养皿放入 20~25℃恒温箱中，36~48 h 后，观察绿豆的生长情况，分别测定不同处理中各绿豆苗的根数，平均每条根长、下胚轴长。确定 NAA 对根、茎生长具有促进作用或抑制作用的浓度。

【结果分析】

将结果记录于表 4-2 中，并对其加以分析。

表 4-2　萘乙酸处理结果

项　目	蒸馏水对照	萘乙酸浓度(mg·L^{-1})					
		10	1	0.1	0.01	0.001	0.000 1
下胚轴长(cm)							
主根长(cm)							
侧根数(条)							

【注意事项】

1. 第 6 号皿中吸出 1 mL 弃去，保持培养皿内溶液体积相等，均为 9 mL。

2. 用于各种处理时，尽量选取萌动状况一致的种子。

【思考题】

1. 指出哪一个浓度最适宜下胚轴的生长？哪一个浓度最适合根的生长？说明各种浓度对根、茎生长的不同影响？

2. 为什么高浓度的生长素会抑制植物的生长？在生产应用中应如何避免生长素的这种不利效应？

(廖杨文科)

实验 4-6 吲哚乙酸氧化酶活性的测定

【实验目的】

1. 掌握吲哚乙酸氧化酶的测定分析方法。

2. 了解和掌握植物体内 IAA 生理功能具有重要意义。

【实验原理】

吲哚乙酸氧化酶活性的大小可以用其破坏吲哚乙酸的速度表示。反应体系中加入定量的吲哚乙酸，吲哚乙酸以锰离子作为辅助因子，在吲哚乙酸氧化酶作用下形成吲哚醛，使体系中吲哚乙酸含量减少，剩余的吲哚乙酸在无机酸存在下与 $FeCl_3$ 作用生成红色螯合物，在 530 nm 处有吸收峰可用比色法测定，根据空白与酶液中吲哚乙酸含量的差值，即可计算出吲哚乙酸氧化酶活性的大小。

【实验条件】

1. 材料

大豆或绿豆幼苗的下胚轴。

2. 试剂

(1)20 $mmol \cdot L^{-1}$pH 值 6.0 的磷酸缓冲液：取 pH 值 6.0 的 0.2 $mol \cdot L^{-1}$ 的磷酸氢二钠—磷酸二氢钠缓冲液(配制方法详见附录 5)10 mL，加蒸馏水定容至 100 mL。

(2)1 $mmol \cdot L^{-1}$ 2, 4-二氯酚溶液：称取 16.3 mg 2, 4-二氯酚用蒸馏水溶解并定容至 100 mL。

(3)1 $mmol \cdot L^{-1}$ 氯化锰溶液：称取 19.8 mg $MnCl_2 \cdot 4H_2O$ 用蒸馏水溶解并定容至 100 mL。

(4)200 $\mu g \cdot mL^{-1}$ IAA 标准溶液：准确称取 50 mg 吲哚乙酸，先用少量乙醇溶解，然后用蒸馏水定容至 100 mL，再取该液 40 mL 稀释至 100 mL，即得 200 $\mu g \cdot mL^{-1}$ IAA 标准溶液。

(5)40 $\mu g \cdot mL^{-1}$ IAA 标准溶液：取 200 $\mu g \cdot mL^{-1}$ IAA 标准溶液 20 mL，稀释至 100 mL，即得 40 $\mu g \cdot mL^{-1}$ IAA 标准溶液。

(6)$FeCl_3$—浓硫酸试剂或 $FeCl_3$—过氯酸试剂(任备其中之一)：

$FeCl_3$—浓硫酸试剂：15 mL 0.5 mol·L^{-1} $FeCl_3$溶液、300 mL 浓硫酸(相对密度为1.84)，500 mL 蒸馏水，使用前混合即成，避光保存。

$FeCl_3$—过氯酸试剂：10 mL 0.5 mol·L^{-1} $FeCl_3$溶液、500 mL 35%过氯酸溶液，使用前混合即成，避光保存。

3. 仪器用具

分光光度计，离心机，恒温水浴锅，电子天平，研钵，试管和试管架，移液管和移液管架，烧杯，温箱，洗耳球，记号笔，离心管和离心管架等。

【实验步骤】

1. 吲哚乙酸氧化酶的制备

(1)将大豆或绿豆种子放在烧杯中，于30℃温箱中暗中萌发3~4 d，选取生长一致的幼苗，除去子叶和根，留下胚轴作材料。

(2)取1~2根下胚轴，称重，置研钵中，加入预冷的磷酸缓冲液(pH值6.0)3 mL，在冰浴下研磨成匀浆，将匀浆转移到10 mL离心管中，再用1 mL预冷的磷酸缓冲液(pH值6.0)淋洗研钵，并把液体转移到离心管中，然后，再用1 mL预冷的磷酸缓冲液(pH值6.0)淋洗研钵，并把液体转移到离心管中。4 000 r·min^{-1}离心20 min，所得上清液即为粗酶液。

2. 吲哚乙酸氧化酶的活性测定

(1)取2支试管并编号，于1号试管中加1 mL $MnCl_2$溶液、1 mL 2,4-二氯酚溶液、2 mL 200 μg·mL^{-1} IAA溶液、1 mL酶液和5 mL磷酸缓冲液，混合均匀；2号试管中，除酶液用1 mL磷酸缓冲液代替外，其余成分相同，形成反应混合液。

(2)30 min后，另取2支试管并分别编号1′和2′，先于每支试管中加入4 mL $FeCl_3$—过氯酸试剂，然后分别取(1)中反应混合液各2 mL加入到有$FeCl_3$-过氯酸试剂的相应标记的试管中，小心地混匀，于30℃恒温水浴锅中保温30 min，使反应混合液呈红色，于波长530 nm处测定吸光度值。

3. 标准曲线的制作

(1)取9支试管，按表4-3编号并加入各试剂，加入1 mL $MnCl_2$溶液，加入1 mL 2,4-二氯酚溶液，加入6 mL磷酸缓冲液，摇匀，每个试管中形成10 mL的混合液，从不同IAA浓度的混合液中各吸取2 mL分别加入有4 mL $FeCl_3$—过氯酸试剂的试管中，充分混匀后，在30℃温水浴锅中保温30 min，测定波长530 nm处的吸光度值。

(2)以IAA浓度为横坐标，吸光度值为纵坐标，绘出标准曲线或直接计算直线回归方程。

【结果分析】

以每克鲜重样品在1 h内氧化的吲哚乙酸量(μg)表示酶活性大小。

表 4-3　制作 IAA 标准曲线需加的试剂

试剂	试管号								
	空白	1	2	3	4	5	6	7	8
IAA 浓度($\mu g \cdot mL^{-1}$)	0	5	10	15	20	25	30	35	40
40 $\mu g \cdot mL^{-1}$ IAA 标准液(mL)	0	0.25	0.5	0.75	1	1.25	1.5	1.75	2
蒸馏水(mL)	2	1.75	1.5	1.25	1	0.75	0.5	0.25	0
吸光度值									

$$\text{吲哚乙酸氧化酶活性}(\mu g\ IAA \cdot g^{-1}\ FW \cdot h^{-1}) = \frac{(C_1 - C_2) \times V_{\text{混合液总}} \times V_T}{W \times t \times V_S} \quad (4\text{-}5)$$

式中　C_1——对照管在标准曲线上查得 IAA 的浓度($\mu g \cdot mL^{-1}$)；

C_2——测定管在标准曲线上查得 IAA 的浓度($\mu g \cdot mL^{-1}$)；

$V_{\text{混合液总}}$——反应混合溶液的总体积(mL)；

V_T——样品提取酶液总体积(mL)；

V_S——酶促反应所用酶液体积(mL)；

W——样品鲜重(g)；

t——酶促反应时间(h)。

【注意事项】

吲哚乙酸见光易分解，故实验过程应尽量避光。

【思考题】

1. 本实验为何取材时去除子叶与胚根，留取下胚轴？

2. 本实验设一对照组，用意何在？

3. IAA 氧化酶在植物的生长发育过程中起着什么作用？为何在生产实践中一般不用 IAA，而用 NAA 或 2，4-D 等植物生长调节剂？

(刘坤)

实验 4-7　鲜切花的保鲜

【实验目的】

1. 了解鲜切花保鲜的原理。

2. 学习并掌握延缓鲜切花衰老的方法。

【实验原理】

切花指切离植株母体的花、花序或带花的枝条。由于营养源被切断和机械损伤等原因，促进了乙烯的合成，使衰老过程加速，导致切花比在植株上生长的花衰老得更快，影响其观赏价值。银离子是乙烯效应的抑制剂，可延缓切花的衰老。

【实验条件】

1. 材料

香石竹等植物材料。

2. 试剂

(1) 1 mmol · L^{-1} 的硫代硫酸银(STS)溶液：2 mmol · L^{-1} 硝酸银与 8 mmol · L^{-1} 的硫代硫酸钠等体积混合即得。

(2) 300 mg · L^{-1} 的 8-羟基喹啉柠檬酸盐—蔗糖溶液：称取 75 mg 8-羟基喹啉柠檬酸盐，溶于 250 mL 2%的蔗糖溶液中。

3. 仪器用具

刻度试管和试管架，剪刀，直尺，吸管，标签纸，罐头瓶等。

【实验步骤】

(1) 挑选开花一致的香石竹切花 18 支，花枝保留 30 cm 长，下端切口成 45°。剪切工作在水中进行。

(2) 将材料分成 2 组，一组插入蒸馏水中，另一组插入到 STS 溶液中，分别浸泡 30 min。

(3) 30 min 后，将材料取出，用自来水冲洗掉表面的保鲜剂，并分别插入装有 20 mL 8-羟基喹啉柠檬酸盐的蔗糖溶液的试管中。

(4) 每日观察切花的颜色，测定花朵的平均直径，并同时记录每日切花的耗水量。每日观察结束后，更换试管中的 8-羟基喹啉—柠檬酸盐的蔗糖溶液。观察到 50%的切花开始萎蔫为止。

【结果分析】

(1) 将各处理的切花直径大小、耗水量大小与观测时间作图。

(2) 比较处理过的切花与未处理的切花直径大小和吸水量的变化。

(3) 分析各处理的衰老速率。

(4) 分析花瓣颜色变化与衰老的关系。

【注意事项】

1. 材料选取要一致，剪切时要在水中进行，以防空气进入花茎的输导组织。
2. 观察时间要一致。
3. STS 处理后要回收溶液并做无害化处理，以免污染环境。

【思考题】

1. 吸水量的变化趋势与哪些环境因素有关？
2. 切花摆放时为什么花瓣会变色？

（胡小龙）

实验4-8 植物细胞 Ca^{2+} 分析

【实验目的】

1. 掌握 Ca^{2+} 浓度测定及细胞定位的原理和方法。

2. 学会使用荧光分光光度计、倒置荧光显微镜、激光共聚焦扫描显微镜、透射电子显微镜等相关仪器。

Ⅰ. 植物细胞 Ca^{2+} 浓度测定

从理论上讲，测定细胞内 Ca^{2+} 浓度的方法应符合如下要求：①所使用的 Ca^{2+} 指示剂必须对 Ca^{2+} 有很强的专一性；②灵敏度高，能够测定低浓度的 Ca^{2+}；③对 Ca^{2+} 水平改变的反应必须比细胞内 Ca^{2+} 信号引起的相关生理反应快；④不会破坏细胞内的正常生理生化过程。Ca^{2+} 测定方法有金属铬指示剂法、偶氮胂指示剂法、微电极法、荧光蛋白指示剂法以及钙荧光指示剂法等。下面主要介绍2种常用的方法：荧光蛋白指示剂法和钙荧光指示剂法。

Ⅰ-Ⅰ. 荧光蛋白指示剂法

【实验原理】

在20世纪60年代初，Shimomura 等从多管水母属中分离出一种钙水母荧光蛋白，该蛋白与 Ca^{2+} 结合后，辅基被氧化并发出蓝光。这种蛋白对生物体内 Ca^{2+} 的微量变化很灵敏，在 0.1~10.0 $\mu mol \cdot L^{-1}$ 范围内，荧光强度与 Ca^{2+} 浓度成正比。这种蛋白的优点：①发光不需要外加任何底物或辅助因子，仅以蓝色或紫外光照射就能激发其荧光；②检测方便，钙水母荧光蛋白发射的荧光很强，且很稳定，用肉眼或荧光显微镜就可以检测到；③无毒性，不会影响细胞的正常生长发育；④它是一种高负电性蛋白，没有区域化现象，也不会渗出细胞。缺点：相对分子质量大，必须采用微注射法进入细胞，只能用于大型细胞，而且发光高峰发生迟缓，比相应生理过程要慢。目前采用基因工程的方法改变钙水母荧光蛋白的光谱性质和灵敏度，将克隆的钙水母荧光蛋白基因导入烟草等植物细胞并在其中表达，不仅成功解决了人工注射的困难和对细胞的伤害问题，而且可进行植物整株各部分细胞 Ca^{2+} 测定，还可以更加准确地定性、定量测定细胞内 Ca^{2+} 浓度。

【实验条件】

1. 材料

拟南芥 Col-0 生态型，水母发光蛋白载体 pMAQ2，农杆菌 GV3101。

2. 试剂

2.5 μmol · L^{-1} 腔肠素，1/2 MS 培养基，2 mol · L^{-1}的 $CaCl_2$ 溶液，水母发光蛋白引物：5′-ATGACCAGCGAACAATACTCAGT-3′和 5′-TTAGGGGACAGCTCCACCGTAGA-3′，20%乙醇溶液，液氮，卡那霉素。

3. 仪器用具

化学发光光度计，离心机，离心管和离心管架，培养皿，秒表，记号笔等。

【实验步骤】

(1)拟南芥的转化和筛选：利用液氮冻融法将水母发光蛋白载体 pMAQ2 转入农杆菌 GV3101 中，通过 Floraldip 方法转化生长 4 周左右的拟南芥。将 F_1 代种子于卡那霉素平板上筛选得到潜在转基因拟南芥，通过 PCR 方法对转基因植物进行鉴定。

(2)水母发光蛋白的重组：由于转入拟南芥中的水母发光蛋白是脱辅基水母发光蛋白，因此，要形成具备功能的水母发光蛋白还必须孵育该蛋白的辅基腔肠素。将生长 7~8 d 的拟南芥幼苗放入蒸馏水中，加入腔肠素母液，使其终浓度达到 2.5 μmol · L^{-1}，室温避光孵育 16~20 h。

(3) Ca^{2+}浓度的测定：将孵育过腔肠素的拟南芥幼苗放入盛有 100 μL 室温水的透明离心管中，室温静置 1~2 min 后将离心管放入化学发光光度计中，记录静息态发光数值(间隔 0.2 s 记录一次)。

(4)记录 20 s 后，迅速加入 0.6 mL 0℃的冷水，继续记录其发光值。

(5)记录 50 s 后加入 0.6 mL 2 mol · L^{-1} $CaCl_2$和 20%乙醇的混合物，记录剩余发光值。每个实验保证记录和处理条件一致。

(6)按照式(4-6)计算 Ca^{2+}浓度的变化。

$$p(\mathrm{Ca}) = 0.33\,(-\log k) + 5.56 \tag{4-6}$$

式中　k——速率常数，其值等于每秒记录的发光数值除以细胞内残存水母发光蛋白的发光总值。

【结果分析】

为检测冷胁迫条件下细胞内 Ca^{2+}浓度的变化，通过农杆菌介导的转化方法将编码水母发光蛋白的载体 pMAQ2 转入拟南芥中，从而获得表达水母发光蛋白的拟南芥。为验证水母发光蛋白基因是否转入植物体内，设计了水母发光蛋白特异的引物对转化筛选出的拟南芥进行 PCR 扩增。转化水母发光蛋白基因的拟南芥可以扩增出条带，而野生型拟南芥不能扩增出相应的条带，从而证明水母发光蛋白基因已被转入拟南芥中。利用筛选出的这些转基因植物就可以测定细胞中 Ca^{2+}浓度的变化，实现细胞内 Ca^{2+}浓度变化的实时监控。

水母发光蛋白一旦和 Ca^{2+}反应即丧失发光功能，因此，当一部分水母发光蛋白与 Ca^{2+}反应时，被消耗的水母发光蛋白的发光强度能反映出 Ca^{2+}浓度变化，而且被消耗的水母发光蛋白的发光强度与 Ca^{2+}浓度之间存在一种线性关系。因此，测量水母发光蛋白的发光总值后可以根据公式计算出 Ca^{2+}的浓度。

【注意事项】

1. 转入拟南芥中的水母发光蛋白是脱辅基水母发光蛋白，因此要形成具备功能的水母发光蛋白还必须孵育该蛋白的辅基腔肠素。

2. 转化水母发光蛋白基因的拟南芥可以扩增出条带，而野生型拟南芥不能扩增出相应的条带，从而证明水母发光蛋白基因已被转入拟南芥中。

【思考题】

1. 本实验中 Ca^{2+}浓度测定的原理是什么？

2. 如何证明水母发光蛋白基因已被转入拟南芥中？

3. 本实验应如何避免误差？

Ⅰ-Ⅱ. 钙荧光指示剂法

【实验原理】

钙荧光指示剂法是目前应用最广泛、也是较好的测定胞内 Ca^{2+}浓度的方法。这种荧光指示剂对 Ca^{2+}有高度选择性和高亲和力，能够检测低浓度的 Ca^{2+}，并且应答迅速。根据激发或发射光谱的特征，可将它们分成单波长荧光指示剂和双波长荧光指示剂。1982 年，加利福尼亚大学的 Tsien 等合成了第 1 代 Ca^{2+}荧光指示剂，包括 Quin21、Quin22、Quin23。其中 Quin22 的准确度较高，对钙的亲和力较高，适于静态细胞钙的测定，但具有对温度敏感、激发波长较短、光稳定性差及离子选择性差等缺点，并且所需的 Quin22 浓度较高，要达到 0.5 mmol · L^{-1} 才能高出背景荧光。1985 年，第 2 代钙荧光指示剂出现，包括 Fura21、Fura22、Fura23、Indo21，其中 Fura22 效果最好。Fura22 是典型的双激发荧光指示剂，与 Ca^{2+}结合后导致荧光光谱移动，当被 Ca^{2+}饱和后，340 nm 处激发荧光强度上升 3 倍，而 380 nm 处激发荧光强度下降 10 倍，340~380 nm 的荧光强度比值能够更好地反映 Ca^{2+}浓度，故准确度较高。与 Quin22 相比，Fura22 分子中的呋喃环和噁唑环提高了它的离子选择性和荧光强度。Indo21 也是典型的双发射荧光指示剂，具有 Fura22 的优点，不同的是 350 nm 激发后的发射峰由游离态时的 485 nm 移至饱和态时的 410 nm，410~480 nm 的荧光比值与 Ca^{2+}浓度呈正比。第 3 代钙荧光试剂 Fluo23，是典型的单波长指示剂，它的最大吸收波峰位于 506 nm，最大发射波长为 526 nm，可以在远离 340~380 nm 波长范围内测得荧光。Fluo23 结合 Ca^{2+}后的荧光强度比游离态的高出 35~40 倍，从而避免了透镜吸收和细胞自身的荧光干扰。Fluo23 是一种长波指示剂，可作为激光共聚焦成像研究以及与其他类型荧光指示剂结合做双标记研究。Fluo23 的激发波长位于可见光区，光源易找到，价格便宜，对 Ca^{2+}反应灵敏。在所有的钙离子指示剂中，Rhod 2 荧光信号的波长最长。Rhod 2 AM 的激发和发射波长分别为 557 nm 和 581 nm。

【实验条件】

1. 材料

各种植物样品。

2. 试剂

(1)1 mol · L^{-1}的 Indo-1/AM 溶液：用 DMSO 配制，分装后置于-70℃保存。

(2)0.2 mol · L^{-1}的 EGTA 溶液：用超纯水配制，用 3 mol · L^{-1} Tris 调整 pH 值至 8.5。

(3)1 g · L^{-1}的 PHA 溶液：用 Hank's 液配制，分装后置-70 ℃保存。

(4)无钙 HEPES 缓冲液，pH 值 7.5~8.0。

3. 仪器用具

荧光分光光度计，显微荧光光度计，激光共聚焦扫描显微镜等。设定为激发光波长 355 nm，光栅 5 nm；发射光波长分别为 398 nm 和 482 nm，光栅 10 nm。

【实验步骤】

使用荧光剂测定细胞内 Ca^{2+} 的过程一般包括荧光剂负载、荧光强度测定和离子浓度计算 3 个步骤。

1. 荧光剂负载

目前，常用以下方法将荧光指示剂导入植物细胞。

(1) 电击法：电击法是用高强度的电脉冲，引起细胞自修复性穿孔，将游离态的 Ca^{2+} 荧光指示剂导入细胞原生质体。此方法最适于细胞悬液，但会对细胞造成暂时性的伤害。

(2) 显微注射法：显微注射法包括离子微电泳注射和压力注射 2 种。离子微电泳注射适合于带电荷低相对分子质量指示剂的导入；压力注射适合于中性或在电场下不移动的荧光指示剂。

(3) 酸导入法：此法利用酸性条件下，指示剂处于不带电荷的非解离状态，有可能通过细胞膜进入细胞内，由于细胞质中 pH 值较高，指示剂发生解离，与细胞质中的 Ca^{2+} 结合。此法对细胞无害，适于植物细胞。

2. 荧光强度的测定

目前常用荧光分光光度计、显微荧光光度计、激光共聚焦扫描显微镜等测定荧光强度。测定过程中指示剂区域化、荧光衰减或光漂白、酯不完全水解、淬灭剂的干扰以及细胞荧光自身干扰等因素都会影响荧光指示剂测量结果。

【结果分析】

对于单波长激发或发射的荧光指示剂，可按式(4-7)计算。

$$[Ca^{2+}] = K_d(F - F_{min})/(F_{max} - F) \tag{4-7}$$

式中　K_d——荧光剂与 Ca^{2+} 形成配合物的解离常数；

F，F_{min}，F_{max}——分别为荧光强度、最小荧光强度和最大荧光强度。

测定时的校正方法：测量最大值时，用一种 Ca^{2+} 载体（如 A23187）使胞内 Ca^{2+} 饱和；测量最小值时，用荧光指示剂的淬灭剂 Mn^{2+} 淬灭荧光来求得最小值。

对于双波长的荧光指示剂，用比值信号来求胞内游离 Ca^{2+} 浓度，不必校正。用式(4-8)计算细胞内游离 Ca^{2+} 浓度。

$$[Ca^{2+}] = K_d(F_d/F_s)(R - R_{min})/(R_{max} - R) \tag{4-8}$$

式中　K_d——荧光剂与 Ca^{2+} 形成配合物的解离常数；

F_d，F_s——分别表示荧光剂没有结合 Ca^{2+} 和被 Ca^{2+} 饱和时在 340~380 nm（对于 Fura2）处的荧光强度；

R——实验观察到的荧光比值；

R_{min}——胞内荧光剂最小量结合 Ca^{2+} 时的荧光比值；

R_{max}——胞内荧光剂被 Ca^{2+} 饱和时的荧光比值。

R_{min}，R_{max} 可通过实验测定。

【注意事项】

1. 测定时应尽量减少对细胞的损伤。

2. 指示剂浓度及负载条件应严格控制。

3. 洗涤后细胞应在 30 min 内检测完毕，否则易造成指示剂泄漏使检测结果上移。

4. 在测定溶液中应尽量防止出现细胞团块及沉淀，以免荧光强度值不稳定，影响测定结果。

【思考题】

1. 本实验中，Ca^{2+}浓度测定的原理是什么？

2. 荧光剂负载有哪些方法？

3. 本实验应如何避免误差？

Ⅱ. 细胞内 Ca^{2+}的定位

【实验原理】

在进行常规的电镜切片前，在材料固定液中加焦锑酸钾处理进行制样，器官或组织细胞中的自由态 Ca^{2+}都能生成焦锑酸钙在原部位沉淀，经染色后在电子显微镜下呈现出黑色颗粒，而固定液中不加焦锑酸钾处理的则没有这种颗粒。再进一步用 Ca^{2+}的专一性螯合物 EGTA 进行处理，检查这些黑色颗粒是否消失，以证实黑色颗粒就是 Ca^{2+}，从而可对 Ca^{2+}进行定位标记。

【实验条件】

1. 材料

各种植物样品。

2. 试剂

(1)0. 2 mol · L^{-1} PBS 缓冲液：称取 27. 2 g KH_2PO_4和 45. 6 g K_2HPO_4分别溶于 1 L 蒸馏水中。量取 33 mL KH_2PO_4溶于 66 mL K_2HPO_4溶液，倒入烧杯，混匀，调节 pH 值 7. 1。

(2)2%焦锑酸钾溶液：称取 2 g 焦锑酸钾溶于 100 mL 0. 2 mol · L^{-1} PBS 中，调节 pH 值至 7. 6。用于细胞 Ca^{2+}化学定位。

(3)3%戊二醛溶液(前固定液)：量取 6 mL 50%的戊二醛溶液，以 2%焦锑酸钾为溶剂，定容到 100 mL。

(4)2%OsO_4(四氧化锇) 溶液(后固定液)：将 1g OsO_4 溶于 50 mL 蒸馏水，4℃溶解 24 h，密封避光保存。

(5)包埋剂：移取 8 mL Epon 812，磁力搅拌器搅匀；移取 2 mL DDSA(十二烯基丁二酸酐)，6 mL MNA(甲基丙烯酸甲酯)，0. 4 mL DMP(二甲氧基丙烷)-30 逐次加入 Epon 812 之中，搅拌至溶解。用于组织材料包埋。

(6)0. 4%柠檬酸铅染液：称取 0. 04 g 柠檬酸铅溶于 10 mL 蒸馏水。用于电镜切片染色。

(7)100 mmol · L^{-1} EGTA［乙二醇双(2-氨基乙基醚)四乙酸］溶液：称取 1. 092 g EGTA，溶解于 50 mL 去离子水中，pH 值 8. 0。用于中和焦锑酸钾标记的钙离子颗粒。

(8)丙酮。

(9)乙醇。

3. 仪器用具

透射电子显微镜，超薄切片机，恒温箱，真空泵，真空干燥器，冰箱，滴管，铜网(盒)，移液器和枪头，刀片等。

【实验步骤】

(1)取材：长势良好的植物材料，切成长0.5 cm切段。

(2)初固定：组织材料迅速放入3%戊二醛(含2%的锑酸钾)固定液，抽气后4℃固定过夜。

(3)洗涤：2%的锑酸钾洗涤3次，每次20 min。

(4)后固定：将洗涤后的材料移到1% OsO_4 溶液中，4℃固定过夜。

(5)洗涤：2%焦锑酸钾洗涤3次，每次20 min；双蒸水洗涤2次，每次20 min。

(6)脱水、渗透和包埋：30%、50%、70%、80%、90%、100%乙醇溶液分别脱水30 min，丙酮过渡3次，每次30 min，然后分别用丙酮：包埋剂(3∶1、1∶1、1∶3)的混合物渗透，时间分别为1 h、2 h、3 h，纯包埋剂中过夜。

(7)聚合：包埋好的材料，放入恒温箱聚合，分别37℃聚合12 h，45℃聚合12 h，60℃聚合24 h。

(8)切片：用LKB-800型切片机进行切片。

(9)染色：在封口膜滴几滴醋酸双氧铀染液，染色30 min；用双蒸水清洗铜网2次，每次5 min；柠檬酸铅染色5 min，水洗2次，每次5 min，放入铜网内。

(10)电镜观察：在JEM-100SX透射电镜下观察，焦锑酸钾与 Ca^{2+} 形成黑色焦锑酸钙沉淀，在电镜下呈黑色颗粒状。

(11) Ca^{2+} 真实性检验：将焦锑酸钾标记的切片置于100 $mmol \cdot L^{-1}$ EGTA(pH值8.0)溶液，60℃处理1 h，EGTA可螯合焦锑酸钙中的钙，使得原本在电镜下呈黑色颗粒状的焦锑酸钙沉淀表现为白色透明状。

【注意事项】

1. 样品固定要完全，保证焦锑酸钾渗透到组织的各部位。

2. 切片染色时要防止 CO_2 污染。

3. OsO_4、醋酸双氧铀和柠檬酸铅有剧毒，注意安全。

【思考题】

1. 本实验进行钙离子定位的原理是什么？

2. 在电镜下观察样品切片，有钙离子定位的地方呈什么颜色？

3. 在电镜下观察，细胞中的黑色颗粒定位区域均为钙离子的定位区域吗？

(王凤茹)

第 5 章

植物生长发育

实验 5-1　种子生活力的测定

【实验目的】

学习并掌握种子生活力测定的原理和相关方法。

Ⅰ. 氯化三苯基四氮唑(TTC)法

【实验原理】

实验视频

有生活力的种子胚部在呼吸作用过程中具有氧化还原反应，而无生活力的种胚则无此反应。胚在呼吸代谢途径中由脱氢酶催化产生氢，氢可以使无色的 TTC 还原，生成红色三苯基甲腙(TTF)。所以，当 TTC 溶液渗入种胚的活细胞内，胚便染成红色；当种胚活力下降时，呼吸作用明显减弱，脱氢酶的活性下降，胚的颜色变化不明显；当种胚无生活力时，则不能着色。故可由染色的程度推知种子的活力强弱。

【实验条件】

1. 材料

小麦、玉米、绿豆、水稻、油菜或其他植物种子。

2. 试剂

0. 1%TTC 溶液(pH 值 6. 5~7. 5)。

3. 仪器用具

培养皿，镊子，单面刀片，烧杯，搪瓷盘，恒温箱，玻璃棒，电炉，垫板等。

【实验步骤】

(1)将待测种子用温水(30℃左右)浸泡 2~6 h，使种子充分吸胀。

(2)随机取 100 粒吸胀种子，沿种胚中央准确切开，取每粒种子的一半备用。

(3)把切好的种子放在培养皿中，加 TTC 溶液，以浸没种子为度。

(4)放入 30~35℃的恒温箱内保温 30 min，也可在 20℃左右的室温下放置 40~60 min。

(5)保温后倾出药液，用自来水冲洗 2~3 次，立即观察种胚着色情况，判断种子有无生活力。

(6)将另一半种子在沸水中煮 5 min，杀死胚，做同样染色处理，作为对照观察，判断种子有无生活力。

(7)计算活种子的百分率。

【结果分析】

符合以下标准的种子可认定为无生活力：胚全部或大部分不染色；胚根不染色部分不限于根尖；子叶不染色或丧失机能的组织超过 1/2；胚染成很淡的紫红色或淡灰红色；子叶与胚中轴的连接处或在胚根上有坏死的部分；胚根受伤以及发育不良的未成熟的种子。

有生活力的种子应具备：胚发育良好、完整、整个胚染成鲜红色；子叶有小部分坏死，其部位不是胚中轴和子叶连接处；胚根尖虽有小部分坏死，但其他部位完好。

根据式(5-1)计算有生活力种子的百分率。

$$\text{有生活力种子的百分率}=\frac{\text{有生活力种子粒数}}{\text{供试总粒数}}\times 100\% \qquad (5\text{-}1)$$

【注意事项】

1. TTC 溶液最好现配现用，如需贮藏则应贮于棕色瓶中，放在阴凉黑暗处，如溶液变红则不可再用。

2. 染色温度一般以 25~35℃为宜。

3. 染色结束后要立即进行鉴定，放久会褪色。

4. 不同作物种子生活力的测定，所需试剂浓度、浸泡时间、染色时间不同。现将主要作物种子生活力测定所需条件列入表 5-1 供参考。

表 5-1　TTC 法测定主要作物种子生活力要点

作　物	种子准备	TTC 浓度(%)	在 35℃下染色时间(h)
水稻	去壳纵切	0.1	2~3
高粱、玉米及麦类作物	纵切	0.1	0.5~1
棉花、荞麦、蓖麻	剥去种皮	1.0	2~3
花生、甜菜、大麻、向日葵	剥去种皮	0.1	3~4
大豆、菜豆、亚麻、二叶草	无需准备	1.0	3~4

Ⅱ. 溴麝香草酚蓝(BTB)法

【实验原理】

具有生活力的种胚有呼吸作用，吸收空气中的 O_2 放出 CO_2，CO_2 溶于水生成 H_2CO_3，进而解离成 H^+ 和 HCO_3^-，使得种胚周围环境的酸度增加，可用溴麝香草酚蓝(BTB)来测定酸度的改变。BTB 的变色范围为 pH 值 6.0~7.6，酸性呈黄色，碱性呈蓝色，中间经过绿色(变色点为 pH 值 7.1)。根据 BTB 颜色差异即可判断种子的生活力。

【实验条件】

1. 材料

待测种子。

2. 试剂

(1)琼脂。

(2)0.1%BTB 溶液：称取 BTB 0.1 g，溶解于煮沸过的自来水中(配制指示剂的水应为微碱性，使溶液呈蓝色或蓝绿色，蒸馏水为微酸性不宜使用)，然后用滤纸滤去残渣。滤液若呈黄色，可加数滴稀氨水，使之变为蓝色或蓝绿色。此液贮于棕色瓶可长期保存。

3. 仪器用具

恒温箱，烧杯，镊子，培养皿，滤纸，漏斗和漏斗架，电子天平，玻璃棒等。

【实验步骤】

(1)浸种：同 TTC 法。

(2)制备 BTB 琼脂凝胶：取 100 mL 0.1%BTB 溶液置于烧杯中，加入 1 g 琼脂，用小火加热并不断搅拌。待琼脂完全溶解后，趁热倒在 4 个干燥洁净的培养皿中，使之成一均匀的薄层，冷却后备用。

(3)显色：取吸胀的种子 100 粒，种胚朝下，整齐地埋于准备好的琼脂凝胶中，间隔距离≥1 cm。然后置于 30~35℃下培养 1~2 h，在蓝色背景下观察，若种胚附近呈现较深黄色晕圈是活种子，否则是死种子。

【结果分析】

根据式(5-2)计算有生活力种子的百分率。

$$\text{有生活力种子的百分率}=\frac{\text{有生活力种子粒数}}{\text{供试总粒数}}\times 100\% \qquad (5\text{-}2)$$

【注意事项】

1. BTB 溶胶层厚度取决于种子大小，原则上保证种胚接触皿底后尚有部分露出胶层上方，胶层厚度应使种子稳定其中。

2. 要取完好种子，种胚向下插入 BTB 溶胶层。

Ⅲ. 荧光法

【实验原理】

植物种子中常含有一些能够在紫外线照射下产生荧光的物质，如某些黄酮类、香豆素类、酚类物质等，在种子衰老过程中，这些荧光物质的结构和成分往往发生变化，因而荧光的颜色也相应地改变。有些种子在衰老死亡时，内含荧光物质虽然没有改变，但由于生活力衰退或已经死亡的细胞原生质透性增加，当浸泡种子时，细胞内的荧光物质很容易外渗。因此，可以根据前一种情况观察种胚荧光的方法来鉴定种子的生活力，或根据后一种情况观察荧光物质渗出的多少来鉴定种子的生活力。

【实验条件】

1. 材料

禾谷类、松柏类、某些蔷薇科果树和十字花科植物种子。

2. 仪器用具

紫外光灯，白纸(不产生荧光的)，单面刀片，镊子，培养皿，烧杯，滤纸等。

【实验步骤】

(1)直接观察法：随机选取 20 粒待测种子，用刀片沿种子的中心线将种子切为两半，使其切面向上放在无荧光的白纸上，紫外光灯下观察。有生活力的种子产生蓝色，无生活力的种子多呈黄色、褐色以至暗淡无光并带有多种斑点。

按上述方法进行观察并记录有生活力及丧失生活力的种子的数目，然后计算有生活力种子所占百分率。

(2)纸上荧光法：随机选取 50 粒完整无损的种子，置烧杯内，加蒸馏水浸泡 10~15 min，使种子吸胀，然后将种子沥干，再按 0.5 cm 的距离摆放在湿滤纸上，以培养皿覆盖静置数小时后将滤纸(或连同上面摆放的种子)风干(或用电吹风吹干)。置紫外光灯下照射，可以观察到摆放过死种子的周围有一圈明亮的荧光团，而有生活力的种子周围则无此现象。根据滤纸上显现的荧光团的数目就可以测出丧失生活力的种子的数量，并由此计算出有生活力种子所占的百分率。

【结果分析】

根据式(5-3)计算有生活力种子的百分率。

$$\text{有生活力种子的百分率}=\frac{\text{有生活力种子数}}{\text{供试总粒数}}\times 100\% \tag{5-3}$$

【注意事项】

1. 直接观察法适用于禾谷类、松柏类及某些蔷薇科果树的种子生活力的鉴定，但种间的差异较大。

2. 纸上荧光法应用于白菜、萝卜等十字花科植物种子生活力的鉴定效果很好。

3. 湿滤纸上水分不宜过多，防止荧光物质流散。

Ⅳ. 萌发法

【实验原理】

种子结构完整且具有生活力，在适宜的条件下才可以萌发。如果种子结构不完整、或不具有生活力、或条件不适宜，则种子不能萌发。

【实验条件】

1. 材料

小麦、黄豆、绿豆等种子。

2. 试剂

0.1%的高锰酸钾溶液(准确称取高锰酸钾 0.1 g，溶于蒸馏水，配成 100 mL)，蒸馏水。

3. 仪器用具

恒温箱，烧杯，玻璃棒，托盘，标签，培养皿等。

【实验步骤】

(1)种子的准备：纯净种子随机取样，将种子粒选放在 100 mL 烧杯中，用 0.1%的高锰酸钾溶液消毒10 min，消毒后立即用蒸馏水冲洗3次，以除去药液备用。

(2)发芽床准备：在培养皿中铺放2~3层滤纸，滤纸浸湿，水量以培养皿倾斜而水不滴出为度。

(3)播放种子：将种子均匀排放于发芽床中，培养皿贴上标签，注明种子名称、日期等。然后，将种子放在适宜的温度和光照条件下在恒温箱或温室内进行发芽。一般情况下，喜凉种子置于温度20℃、喜温置于25℃恒温箱中催芽。

(4)种子管理：发芽期间，每天早晨或晚上检查温度并适当补充水分，发现霉烂种子随时拣出登记，有5%以上种子发霉时，应更换发芽床，种皮上生霉时可洗净后仍放在发芽床上。2 d后每天记录发芽粒数，直至发芽终止。

【结果分析】

根据式(5-4)，以胚根突破种皮为种子萌发的标志，计算供试种子的发芽率。

$$发芽率=\frac{发芽种子数}{供试总粒数}\times100\% \tag{5-4}$$

【注意事项】

培养期间注意补充适量水分，不可过多，以免种子发霉腐烂。

Ⅴ. 红墨水染色法

【实验原理】

凡是生活细胞的原生质膜均具有选择吸收物质的能力，而死的种胚细胞原生质膜丧失这种能力，于是染料可以进入死细胞而染色。

【实验条件】

1. 材料

大麦、小麦、玉米等待测种子。

2. 试剂

5%红墨水。

3. 仪器用具

恒温箱，单面刀片，烧杯，镊子，培养皿等。

【实验步骤】

(1)浸种，同TTC法。

(2)随机取100粒吸胀种子，沿种胚中央准确切开，取每粒种子的一半备用。

(3)把切好的种子放在培养皿中，加入红墨水，以浸没种子为度。

(4)放入30~35℃的恒温箱内保温30 min，也可在20℃左右的室温下放置40~60 min。

(5)保温后，倾出红墨水，用自来水冲洗种子多次后立即观察种胚着色情况，未着色的为有生活力种子。

(6)将另一半种子在沸水中煮5 min，杀死胚，做同样染色处理，作为对照观察，判断种子有无生活力。

(7)计算活种子的百分率。

【结果分析】

根据式(5-5)计算有生活力种子的百分率。

$$有生活力种子的百分率=\frac{有生活力种子粒数}{供试总粒数}\times 100\% \quad (5\text{-}5)$$

【注意事项】

1. 红墨水浸泡量以淹没种子为度。

2. 染色温度一般以 25～35℃为宜。

3. 染色结束后要用水冲洗多次，至冲洗液无色后立即进行鉴定。

【思考题】

1. TTC 法、BTB 法、荧光法、萌发法和红墨水法快速测定种子生活力的理论依据是什么？

2. 根据这几种方法的原理及种胚的生理特点，你还能设计出其他快速测定种子生活力的方法吗？

（贾晓梅　侯名语）

实验 5-2　植物春化现象的观察

【实验目的】

学习并掌握植物春化现象的观察方法。

【实验原理】

冬性作物(如冬小麦)在其生长发育过程中，必须经过一段时间的低温生长锥才开始分化，幼苗才能正常发育，因此可以用检查生长锥分化(以及对植株拔节、抽穗的观察)情况来确定是否已通过春化。

【实验条件】

1. 材料

冬小麦种子。

2. 仪器用具

冰箱，解剖镜，镊子，解剖针，载玻片，培养皿，花盆，刀片，游标卡尺，直尺等。

【实验步骤】

(1)冬季，选取一定数目的萌动的冬小麦种子，置培养皿内，放在 0～5℃的冰箱中进行春化处理。处理时间可分为播种前 50 d、40 d、30 d、20 d 和 10 d。

(2)春季，从冰箱中取出经不同天数处理的小麦种子和未经低温处理但使其萌动的种子，播种于花盆内。

(3)麦苗生长期间，各处理进行相同的肥水管理，观察植株生长情况(株高、茎粗、拔节期、开花期等)。当春化处理天数最多的麦苗开始拔节时，在各处理中分别取一株麦苗，用解剖针剥出生长锥，并将其切下放在载玻片上，加一滴水后在解剖镜下观察，并作简图。

(4)持续定期观察植株生长情况，直到处理天数最少的麦株开花为止。

【结果分析】

(1)比较不同处理的生长锥的形态区别。当营养生长锥变为生殖生长锥时，表面积增大、生长锥伸长。

(2)将观察情况记录于表5-2。

表5-2 春化天数及冬小麦植株生长发育情况记录表

材料名称： 品种： 春化温度： 播种时间：

观察日期 (年/月/日)	春化天数(d)					
	50	40	30	20	10	对照(未春化)

(3)根据观察结果，总结低温天数对冬小麦花期的影响。

【注意事项】

1. 取材要典型、一致。

2. 样本数量要大。

【思考题】

1. 春化处理天数多少对冬小麦抽穗时间有何影响？为什么？

2. 春化现象在农业生产中有何意义？

(顾玉红 路文静)

实验5-3 光周期对植物开花的影响

【实验目的】

1. 明确植物感受光周期的部位，了解光周期对植物开花的影响。

2. 掌握利用光周期诱导或延迟植物开花的原理，为农业生产中利用光周期理论调控花期打下基础。

【实验原理】

不同植物开花对光周期的要求不同，即光周期反应不同。根据植物对光周期的反应，可将植物分为三大类：短日植物(SDP)、长日植物(LDP)和日中性植物(DNP)。

短日植物在光照时数小于临界日长时，延长光照，就延迟开花，如果光照时数大于临界日长，就不进行花芽分化，不开花。短日植物有大豆、高粱、紫苏、晚稻、苍耳、菊花、烟草、一品红、黄麻、秋海棠、蜡梅、日本牵牛等。

如果日照长度短于临界日长，长日植物就不进行花芽分化，不开花。长日植物包括小麦、白菜、甘蓝、芹菜、菠菜、萝卜、胡萝卜、甜菜、豌豆、油菜、山茶、杜鹃花、桂花等。

日中性植物开花对日照长度没有特殊的要求，在任何日照长度下均能开花，因此可四季种植，这种植物开花主要受自身发育状态的控制。日中性植物包括番茄、四季豆、黄瓜、辣椒、月季、君子兰、向日葵等。

【实验条件】

1. 材料

菊花，二色金光菊。

2. 仪器用具

日光灯，纸箱，报纸等。

【实验步骤】

(1)不同光周期对植物开花的诱导：将若干菊花和二色金光菊分别按表5-3所给定的光照时间和黑暗时间诱导12~14 d(做好标记)，之后查看植株是否开花。若需黑暗时间较长，可用纸箱罩住植物；若需光照时间较长，可用日光灯来照射。

表5-3 不同光周期对植物开花的诱导

光照时间(h)	8	9	10	11	12	13	14	15	16
黑暗时间(h)	16	15	14	13	12	11	10	9	8
菊花									
二色金光菊									

注：开花记为+，不开花记为-。

(2)植物感受光周期的部位：将3株菊花在黑暗16 h，光照8 h的条件下诱导12~14 d。区别在于一株只诱导茎的顶端，一株只诱导叶片部分，还有一株整体诱导作为对照。具体方法是将所要诱导的部位用报纸包住，按照上述条件进行诱导，其余部分一直置于光照下。诱导结束后，观察诱导的结果。

(3)光周期的打断对植物光周期诱导的影响：将2株菊花在黑暗16 h，光照8 h的条件下诱导12~14 d。区别在于其中一株在诱导过程的黑暗时间中用闪光瞬时打断，另一株正常诱导作为对照。闪光瞬时打断黑暗的具体方法是在黑暗诱导过程中短时间照光(掀开纸箱或开灯)。观察诱导的结果。

【结果分析】

(1)不同光周期对植物开花的诱导：本实验所选用的菊花是短日照植物(临界日长15 h，诱导12 d开花)，选用的二色金光菊是长日照植物(临界日长10 h，诱导12 d开花)所以步骤(1)推测的实验效果见表5-4。

表5-4 不同光周期对植物开花诱导结果

光照时间(h)	8	9	10	11	12	13	14	15	16
黑暗时间(h)	16	15	14	13	12	11	10	9	8
菊花	+	+	+	+	+	+	+	+	-
二色金光菊	-	-	+	+	+	+	+	+	+

注：开花记为+，不开花记为-。

(2)植物感受光周期的部位是叶片。

(3)闪光瞬时打断黑暗不会诱导短日植物菊花开花。

【注意事项】

1. 在步骤(2)中，不诱导的部分一定要置于持续的光照下，因为菊花是短日照植物，持续的光照不会诱导开花，不影响实验结果(植物感受光周期的部位是叶，故只诱导茎的尖端不会使植物开花)。

2. 在步骤(3)中，被闪光打断黑暗不会诱导短日植物菊花开花，因为对短日植物成花诱导起决定作用的是连续的黑暗时间。

3. 为增加实验的可行性，可以分不同的组来完成不同光周期的诱导工作，全班一起来分析结果；也可以通过减少光周期的梯度数量减少工作量。

【思考题】

1. 植物感受光周期的部位是什么？

2. 不同光周期对长日植物和短日植物开花有什么影响？

3. 暗期中断对植物开花有什么影响？什么波长的光中断暗期最有效？

(王凤茹)

实验5-4　花粉生活力的测定

【实验目的】

1. 了解花粉的可育性。

2. 掌握不育花粉的形态和生理特征。

3. 掌握花粉生活力的快速测定方法。

Ⅰ. 碘—碘化钾(I_2-KI)染色法

【实验原理】

多数植物正常花粉呈规则形状，如圆球形或椭球形、多面体等。禾谷类种子花粉成熟时积累淀粉较多，通常I_2-KI可将其染成蓝色。发育不良的花粉常呈畸形，往往不含淀粉或积累淀粉较少，用I_2-KI染色，往往呈黄褐色。

【实验条件】

1. 材料

各种植物含苞待放的花蕾。

2. 试剂

I_2-KI溶液配制：取2 g KI溶于5~10 mL蒸馏水中，然后加入1 g I_2，待全部溶解后，再加蒸馏水定容至200 mL。贮于棕色瓶中备用。

3. 仪器用具

光学显微镜，恒温箱，镊子，载玻片，盖玻片，棕色试剂瓶，电子天平，滴管，移液管和移液管架，容量瓶，洗耳球，记号笔等。

【实验步骤】

(1) 花粉采集：取将要开放的花蕾，剥除花被片等，取出花药。

(2) 镜检：室温下，取一花药置于载玻片上，加 1 滴蒸馏水，用镊子将花药充分捣碎，使花粉粒释放，再加 1~2 滴 I_2-KI 溶液，盖上盖玻片，于低倍显微镜下观察。凡被染成蓝色的为有生活力的花粉粒，被染成黄褐色的为无生活力的花粉粒。

(3) 观察 2~3 张制片，每片取 5 个视野，观察花粉的染色情况。

【结果分析】

统计 100 粒花粉，根据式(5-6)计算有生活力花粉的百分率。

$$有生活力花粉的百分率=\frac{被染成蓝色的花粉粒数}{镜检统计的花粉粒总数}\times 100\% \quad (5\text{-}6)$$

【注意事项】

1. 此法不能准确表示花粉的生活力，不适用于研究某一处理对花粉生活力的影响。因为核期退化的花粉已有淀粉积累，遇 I_2-KI 呈蓝色反应。另外，含有淀粉而被杀死的花粉粒遇 I_2-KI 也呈蓝色。

2. 此法不适宜花粉中淀粉含量低的植物。

Ⅱ. 氯化三苯基四氮唑(TTC)法

【实验原理】

TTC(2,3,5-三苯基氯化四氮唑)的氧化态是无色的，可被氢还原成不溶性的红色三苯基甲腙(TTF)。用 TTC 的水溶液浸泡花粉，使之渗入花粉内，如果花粉具有生活力，其中的脱氢酶就可以将 TTC 作为受氢体使之还原成为红色的 TTF；如果花粉死亡便不能染色。

【实验条件】

1. 材料

各种植物含苞待放的花蕾。

2. 试剂

0. 5 %TTC 溶液：称取 0. 5 g TTC 放在烧杯中，加入少许 95%乙醇溶液使其溶解，然后用蒸馏水定容至 100 mL。

3. 仪器用具

光学显微镜，恒温箱，镊子，载玻片，盖玻片，烧杯，电子天平，培养皿，滤纸，滴管，容量瓶，移液管和移液管架，洗耳球，记号笔等。

【实验步骤】

(1) 取将要开放的花蕾，剥除花被片等，取出花药。

(2) 取少数花粉于载玻片上，加 1~2 滴 TTC 溶液，盖上盖玻片。

(3)将制片置于有湿滤纸的培养皿中，于35℃恒温箱中放置15 min，然后置于低倍显微镜下观察。凡被染为红色、淡红色的花粉粒都是有生活力的，无色者为没有生活力的花粉。

(4)每一植物观察2~3朵花，每朵花制一个制片，每片取5个视野，观察花粉染色情况。

【结果分析】

每片取5个视野，统计100粒花粉，然后根据式(5-7)计算有生活力花粉的百分率。

$$有生活力花粉的百分率=\frac{被染成红色或淡红色的花粉粒数}{镜检统计的花粉粒总数}\times100\% \quad (5\text{-}7)$$

【注意事项】

1. TTC水溶液呈中性，pH值7.0左右，不宜久藏，应现用现配。溶液避光保存，若变红色，则不能再用。

2. 需将花粉完全浸于TTC溶液中。

Ⅲ. 过氧化物酶测定法

【实验原理】

花粉中含有过氧化物酶，该酶能利用过氧化物使多酚及芳香族胺发生氧化而产生紫红色的化合物。有生活力的花粉粒呈现紫红色，无生活力的花粉粒呈现无色或黄色。

【实验条件】

1. 材料

各种植物的含苞待放的花蕾。

2. 试剂

(1)试剂A：0.5%联苯胺溶液(称取联苯胺0.5 g溶于100 mL 50%乙醇溶液中)、0.5% α-萘酚溶液(称取α-萘酚0.5 g溶于100 mL的50%的乙醇溶液中)、0.25%碳酸钠溶液(称取碳酸钠0.25 g溶于100 mL蒸馏水中)，于实验前各取10 mL混合即成。

(2)试剂B：0.3% H_2O_2 溶液。

3. 仪器用具

载玻片，盖玻片，显微镜，玻璃棒，恒温箱，培养皿，滤纸，电子天平，镊子，滴管，乳胶手套，牙签，记号笔等。

【实验步骤】

(1)取将要开放的花蕾，剥除花被片等，取出花药。

(2)取少量花粉放于干净的载玻片上，加试剂A与试剂B各一滴，搅匀后盖片，将载玻片置于放在湿滤纸的培养皿中，置于30℃恒温箱中保温10 min后，在显微镜下观察花粉染色情况。

【结果分析】

每片取5个视野，统计100粒花粉，然后根据式(5-8)计算有生活力花粉的百分率。

$$有生活力花粉的百分率=\frac{被染成紫色的花粉粒数}{镜检统计的花粉粒总数}\times100\% \quad (5\text{-}8)$$

【注意事项】

1. 联苯胺为致癌物质，如无通风设备可在三角瓶塞紧塞子，塞子插一支 0.5 m 长的玻璃管，可防止联苯胺蒸气逸出。使用时应特别小心，不要碰到皮肤上。

2. 试剂 A 的 3 种组分单独保存，实验前混合，应现用现配。

Ⅳ. 萌发法

【实验原理】

自然界中，植物的花粉落在雌蕊的柱头上萌发长出花粉管，把精核运输到雌蕊的胚囊内，精核与卵细胞发生受精作用形成合子，将来发育成种胚，有些植物的精核与中央细胞(即 2 个极核)发生受精作用形成胚乳核，将来发育成胚乳。除此之外，有生活力的花粉在含有蔗糖、硼酸、氯化钙等营养物质的液体培养基中进行离体培养也可以萌发。通过萌发法，用光学显微镜观察一定时间内离体花粉在液体培养基中萌发花粉的粒数、花粉管长度、花粉粒直径，计算花粉萌发率，体现有生活力的花粉的百分率。

【实验条件】

1. 材料

苹果、梨、桃、李子、树莓等植物的花粉。

2. 试剂

(1)13%的蔗糖溶液：称取 13.00 g 蔗糖，用蒸馏水溶解并定容至 100 mL，4℃冰箱内保存。

(2)0.05%的硼酸溶液：称取 0.05 g 硼酸，用蒸馏水溶解并定容至 100 mL。

(3)0.001%的氯化钙溶液：称取 0.001 g 氯化钙，用蒸馏水溶解并定容至 100 mL。

(4)液体培养基：移取 13%的蔗糖溶液、0.05%的硼酸溶液、0.001%的氯化钙溶液各 50 mL，混合均匀，4℃冰箱内保存。

3. 仪器用具

电子天平，药匙，称量纸，烧杯，玻璃棒，容量瓶，量筒，试剂瓶，移液器和枪头，镊子，单凹载玻片，盖玻片，滤纸，培养皿，光照培养箱，光学显微镜，冰箱，记号笔，牙签等。

【实验步骤】

(1)取花粉：用镊子把雄蕊上的花药取下放到有一层称量纸的培养皿中，盖上培养皿的盖子，室温下阴干散粉 24~72 h(可辅助光照)，或者直接采集刚开放花朵上的新鲜花粉。

(2)花粉培养：移取适量液体培养基放到单凹载玻片上，用牙签蘸取适量花粉放到液体培养基中，盖上盖玻片，把载玻片放到一个铺着 2~4 层滤纸的培养皿中(滤纸用蒸馏水浸湿)，将培养皿放到培养箱中在 25℃暗培养 24~48 h。

(3)观察花粉萌发情况：从培养箱中取出载玻片，把其放到光学显微镜下观察花粉的萌发情况，一个视野尽量可以清晰地观察到 50 粒以上的花粉，观察 3~5 个视野，测量花粉粒的直径、花粉管的长度、花粉的粒数，并拍照。

【结果分析】

记录花粉的粒数、花粉管长度和花粉粒直径，以花粉管长度大于花粉粒直径的花粉为正常萌发的花粉，计算花粉萌发率。

$$花粉萌发率 = \frac{正常萌发的花粉粒数}{花粉粒总数} \times 100\% \tag{5-9}$$

【注意事项】

1. 取花粉时操作要轻柔，环境要干净。

2. 散粉时间的长短根据称量纸上花粉粒的多少而调整。

3. 不同物种花粉的培养时间、培养基的成分和浓度需要适当调整。

【思考题】

1. 哪种方法更能准确反应花粉的生活力？

2. 如果选取不同成熟阶段的花粉，用这几种方法检测将会出现怎样的结果？为什么？

3. 自然条件下，哪些因素影响花粉萌发？

4. 杂交育种工作中，如果雌雄花期不遇且雄花先开放时，把采集的花粉放到什么条件下保存利于花粉保持生活力？

（廖杨文科　顾玉红）

实验 5-5　果实硬度的测定

【实验目的】

实验视频

学习并掌握利用果实硬度计测定果实硬度的原理和方法。

【实验原理】

果实硬度是指果实单位面积所能承受测力弹簧的压力，单位为 $kg \cdot cm^{-2}$。压力越强则表示果实硬度越大。

【实验条件】

1. 材料

苹果、梨、桃、李子等肉质果实。

2. 仪器用具

小刀，GY-1型果实硬度计，记号笔等。

【实验步骤】

(1) 组装：将探头安装到硬度计上。

(2) 果实去皮：削去果实赤道部位的一小块果皮。

(3) 硬度测定：手握硬度计，调节复位按钮，使指针归零。将硬度计探头垂直于被测果实表面，均匀用力将其压入果实。当压到探头刻线时(压入 10 mm)停止压入，记数。调节复位按钮，使指针归零，进行下一个位置的测定。每次取 10 个果实，每个果实测阴、阳两面的硬度，每面重复3次。

【结果分析】

将果实阴、阳面的硬度记录于表5-5中，并计算平均值表示果实的硬度。

表5-5　果实硬度记录表

果实编号	1	2	3	4	5	6	7	8	9	10
阴面($kg \cdot cm^{-2}$)										
阳面($kg \cdot cm^{-2}$)										
平均值($kg \cdot cm^{-2}$)										

【注意事项】

1. 用力要均匀。
2. 去皮厚度尽量一致。
3. 不同处理间探测部位尽量一致。
4. 选择完好无损的果实。

【思考题】

去皮厚度对测定结果有怎样的影响？

（顾玉红）

实验5-6　果实中总酚、花青素和类黄酮含量的测定（分光光度计法）

【实验目的】

学习并掌握分光光度计法测定果实中总酚、花青素和类黄酮等物质含量的原理和方法。

实验视频

【实验原理】

利用盐酸—甲醇溶液从果实组织中提取总酚、类黄酮和花青素。根据总酚物质、类黄酮和花青素的甲醇提取液的吸收光谱特性，可利用紫外可见分光光度计在特定波长(280 nm、325 nm、530 nm和600 nm)下测定提取液的吸光度值，代入公式计算出样本中总酚、花青素和类黄酮等物质的相对含量。

【实验条件】

1. 材料

苹果、梨、桃、杏、李子、树莓等果实。

2. 试剂

含1%盐酸的甲醇溶液(*V/V*，4℃预冷)，石英砂。

3. 仪器用具

电子天平，小刀，研钵，移液器和枪头，紫外可见分光光度计，冰箱，离心机，离心管和离心管架，镊子，培养皿，剪刀，计时器，废液缸，记号笔等。

【实验步骤】

(1)总酚、花青素和类黄酮的提取：准确称取0.10~0.50 g果皮或果肉，放到4℃预冷的研钵，加入少量石英砂，加入3 mL 4℃下预冷的含1% HCl的甲醇溶液，研磨成匀浆后，转入10 mL离心管中 。用2 mL含1%HCl的甲醇溶液冲洗研钵并转移到离心管中，再用2 mL含1% HCl的甲醇溶液冲洗研钵并转移到离心管中，定容至8 mL，混匀，放到4℃冰箱中避光提取20 min。期间摇动2~3次。然后，放到离心机中，在10 000 r · min^{-1}下离心10 min，收集上清液，用于总酚、花青素和类黄酮含量的测定。

(2)分光光度法测定：以含1% HCl的甲醇溶液作空白调零，取上清液分别于波长280 nm、325 nm、530 nm和600 nm处测定溶液的吸光度值(A)，重复3次。代入总酚、花青素和类黄酮含量的公式计算含量，求出平均值。

【结果分析】

(1)数据记录：将测定的数据记录于表5-6中。

表5-6 果实中总酚、花青素和类黄酮含量记录表

重复次数	样品质量 W(g)	提取液体积 V(mL)	吸光度值				总酚 (A_{280} · g^{-1} FW)		花青素 ($\Delta A_{530-600}$ · g^{-1} FW)		类黄酮 (A_{325} · g^{-1} FW)	
			280 nm	325 nm	530 nm	600 nm	计算值	平均值	计算值	平均值	计算值	平均值
1												
2												
3												

(2)结果计算：以每克鲜重果实组织在波长280 nm处的吸光度值表示总酚含量，即A_{280} · g^{-1} FW；以每克鲜重果实组织在波长325 nm处的吸光度值表示类黄酮含量，即A_{325} · g^{-1} FW；以每克鲜重果实组织在波长530 nm和600 nm处的吸光度值之差表示花青素含量(U)，即$U=(A_{530}-A_{600})$ · g^{-1} FW。

【注意事项】

1. 提取液中盐酸的作用是沉淀样品中的蛋白质，从而降低蛋白质对提取液吸光度值的影响。当样品含蛋白质较多时，可适当加大盐酸浓度。

2. 本方法仅能判断测定样品之间总酚、花青素和类黄酮的相对含量。用没食子酸制作标准曲线后可计算总酚物质的准确含量，用μg · g^{-1} FW表示。用芦丁制作标准曲线后可计算类黄酮的准确含量。根据组织中花青素的种类选用相应的物质制作标准曲线进行含量的计算。

3. 取样量、各试剂的用量应根据色素的含量适当调整。

【思考题】

果实的总酚、花青素和类黄酮含量与果实成熟度的关系？

(顾玉红)

实验 5-7　果实中果胶含量的测定

【实验目的】

学习并掌握咔唑比色法测定果实中果胶含量的原理和方法。

【实验原理】

果胶物质水解生成半乳糖醛酸，半乳糖醛酸在硫酸溶液中能与咔唑试剂进行缩合反应，形成紫红色的化合物，该化合物呈色强度与半乳糖醛酸溶液浓度成正比，可通过比色法定量测定。该化合物颜色在反应 1~2 h 呈色最深，然后开始褪色。当反应液颜色最深时在波长 525 nm 处测定吸光度值，依据标准曲线计算样品中果胶的含量。

【实验条件】

1. 材料

苹果、桃、杏、番茄、李子等肉质果实。

2. 试剂

(1)含 0. 15%咔唑的乙醇溶液：称取 0. 15 g 咔唑加入无水乙醇溶解并稀释至 100 mL。

(2)100 μg · mL^{-1} 半乳糖醛酸标准液：称取 10 mg 半乳糖醛酸，用蒸馏水溶解并定容至 100 mL。

(3)浓硫酸(分析纯)。

(4)95%乙醇。

(5)0. 5 mol · L^{-1} 硫酸：移取 2. 778 mL 浓硫酸到 100 mL 蒸馏水中。

3. 仪器用具

可见分光光度计，电子天平，研钵，容量瓶，具塞刻度试管和试管架，移液管和移液管架，三角瓶，水浴锅，计时器，离心机，刻度离心管和离心管架，记号笔，小刀，冰箱，移液器和枪头，量筒，洗耳球，乳胶手套，烧杯等。

【实验步骤】

1. 标准曲线制作

取 6 支 25 mL 具塞刻度试管，编号，按表 5-7 加入半乳糖醛酸标准液和蒸馏水，分别加入 0. 2 mL 0. 5%的咔唑—乙醇溶液并摇匀，然后立即沿管壁加入 5. 0 mL 浓硫酸，加塞，

表 5-7　不同浓度半乳糖醛酸标准溶液的配制表

试　剂	试管号					
	0	1	2	3	4	5
半乳糖醛酸标准液(mL)	0	0. 2	0. 4	0. 6	0. 8	1. 0
蒸馏水(mL)	1. 0	0. 8	0. 6	0. 4	0. 2	0
半乳糖醛酸含量(μg)	0	20	40	60	80	100

沸水浴20 min，取出冷却至室温。避光静置0.5~2.0 h，显色最深时于波长525 nm处测定吸光度值。以半乳糖醛酸微克数为横坐标、吸光度值为纵坐标，绘制标准曲线，并求得线性回归方程。

2. 果胶的提取

(1)可溶性果胶的提取：准确称取1.0 g果实样品，加入5 mL 95%乙醇，研磨成匀浆后转移到50 mL刻度离心管，再用20 mL 95%乙醇将研钵冲洗干净，将液体转移到离心管，用95%乙醇定容到50 mL，沸水浴30 min，以除去样品中糖分及其他物质。在煮沸过程中要及时补加95%乙醇溶液。取出冷却至室温，于8 000 $r \cdot min^{-1}$ 离心15 min，弃去上清液。除糖步骤重复3次。向具有沉淀的离心管加入20 mL蒸馏水，50℃水浴30 min，以溶解果胶。取出冷却至室温，8 000 $r \cdot min^{-1}$ 离心15 min，将上清液移入100 mL容量瓶，用少量水洗涤沉淀，8 000 $r \cdot min^{-1}$ 离心15 min，将上清液一并移入容量瓶，加蒸馏水定容至100 mL，即得可溶性果胶溶液。

(2)原果胶的提取：保留经蒸馏水洗涤后的沉淀物，向离心管加入25 mL 0.5 $mol \cdot L^{-1}$ 硫酸溶液，沸水浴1 h，取出冷却至室温，于8 000 $r \cdot min^{-1}$ 离心15 min，将上清液移入100 mL容量瓶，加蒸馏水定容，即得原果胶测定液。

3. 显色反应及测定

吸取1.0 mL提取液，加入25 mL刻度试管中，按标准曲线的操作步骤进行测定。重复3次。

【结果分析】

(1)数据记录：将测定的数据记录于表5-8。

(2)结果计算：根据溶液吸光度值，在标准曲线上查出相应的半乳糖醛酸含量，分别代入式(5-10)和式(5-11)计算果实中原果胶含量、可溶性果胶含量和果胶含量，以生成的半乳糖醛酸含量表示。

表5-8 果实果胶含量记录表

重复次数	样品质量 W(g)	提取液总体积 V_T(mL)		吸取样品液体积 V_S(mL)		波长525 nm吸光度值		由标曲查得的半乳糖醛酸量 m(μg)		样品中果胶物质含量(%)			
										计算值		平均值	
		SP	PP	SP	PP	SP	PP	SP	PP	SP	PP	SP	PP
1													
2													
3													

注：SP指可溶性果胶，PP指原果胶。

$$半乳糖醛酸含量 = \frac{m \times V_T}{V_S \times W \times 10^6} \times 100\% \qquad (5\text{-}10)$$

式中 m——从标准曲线查得半乳糖醛酸量(μg)；

V_T——样品提取液总体积(mL)；

V_S——测定时所取样品提取液体积(mL)；

W——样品质量(g)；

10^6——将微克(μg)换算为克(g)的倍数。

$$果胶(\%)= 原果胶(\%)+ 可溶性果胶(\%) \tag{5-11}$$

【注意事项】

1. 可溶性糖对测定结果影响很大，所以应彻底去除样品中的可溶性糖。

2. 浓硫酸具有强腐蚀性，使用过程中要注意安全，加强防护。

3. 硫酸浓度对显色影响较大，不同处理间的硫酸要使用同一批次配制的溶液。

4. 加入咔唑溶液后的反应时间根据具体情况而定。

【思考题】

样品中可溶性糖分会对测定果胶含量有怎样的影响？

（顾玉红）

实验 5-8　果实中果胶酶(PG)活性的测定

【实验目的】

通过本实验学习利用分光光度计法测定果胶酶活性的原理和方法。

【实验原理】

果胶酶(多聚半乳糖酸酶)实质上是多聚半乳糖醛酸水解酶，果胶酶水解果胶主要生成β-半乳糖醛酸，通过 3, 5-二硝基水杨酸(DNS)同半乳糖醛酸反应产生显色物质，该物质在波长 540 nm 处有吸收峰，用分光光度计法测出反应液的吸光度值，代入公式即可计算出果胶酶的活性。反应液颜色越深，吸光度值越大，果胶酶的活性越强。

【实验条件】

1. 材料

苹果、梨、桃、李子等肉质果实。

2. 试剂

(1)2 $mol \cdot L^{-1}$ 氢氧化钠溶液：称取 8 g 氢氧化钠，少量蒸馏水溶解后定容至 100 mL。

(2)50 $mmol \cdot L^{-1}$pH 值 5. 6 的醋酸—醋酸钠缓冲液：配制方法详见附录 5。

(3)1% 3, 5-二硝基水杨酸(DNS)溶液：精确称取 1 g 3, 5-二硝基水杨酸，溶于 20 mL 2 $mol \cdot L^{-1}$ 氢氧化钠溶液，加入 50 mL 蒸馏水，再加入 30 g 酒石酸钾钠，再加入少量蒸馏水，完全溶解后定容至 100 mL。

(4)1%的果胶溶液：称取果胶 1 g，加入适量 50 $mmol \cdot L^{-1}$pH 值 5. 6 的醋酸—醋酸钠缓冲液，溶解后定容至 100 mL。

3. 仪器用具

可见分光光度计，高速冷冻离心机，水浴锅，容量瓶，研钵，刻度试管和试管架，电子天平，冰箱，试剂瓶，烧杯，量筒，离心管和离心管架，移液器和枪头，记号笔等。

【实验步骤】

(1)制作标准曲线：配制一系列已知浓度的半乳糖醛酸标准液(详见实验 5-7)，各管均加入1.5 mL 1%的3,5-二硝基水杨酸溶液，沸水浴5 min。然后在自来水中将试管冷却至室温，以蒸馏水稀释至25 mL刻度处，摇匀。用“0”号管作为参比调零，在波长540 nm处测定吸光度值，以半乳糖醛酸微克数为横坐标、吸光度值为纵坐标，制作标准曲线，并求得线性回归方程。

(2)粗酶液的提取：称取果肉样品3 g，放到4℃预冷的研钵中，往研钵中加入3 mL 4℃预冷的50 mmol·L^{-1} pH值5.6的醋酸—醋酸钠缓冲液，研磨成匀浆，4℃、10 000 r·min^{-1}离心10 min，上清液即为粗酶液。

(3)果胶酶活性的测定：取2支25 mL刻度试管，各加入1.0 mL 50 mmol·L^{-1} pH值5.6的醋酸—醋酸钠缓冲液和0.5 mL 1%的果胶溶液。其中一支试管加入0.5 mL酶提取液，另一支试管中加入0.5 mL经煮沸5 min的酶提取液作为对照，混匀后37℃水浴1 h。随后，迅速加入1.5 mL 1%的3,5-二硝基水杨酸溶液，沸水浴5 min。然后在自来水中将试管冷却至室温，以蒸馏水稀释至25 mL刻度处，摇匀。在波长540 nm处按照与制作标准曲线相同的方法比色，测定溶液的吸光度值，重复3次。

【结果分析】

(1)数据记录：将测定的数据记录于表5-9中。

表5-9 果胶酶活性记录表

重复次数	样品质量 W(g)	提取液总体积 V_T(mL)	所用提取液体积 V_S(mL)	波长540 nm吸光度值			由标准曲线查得半乳糖醛酸量 m(μg)	样品中PG活性(μg·h^{-1}·g^{-1} FW)	
				对照	样品	样品-对照		计算值	平均值±标准偏差
1									
2									
3									

(2)结果计算：根据样品反应管和对照管溶液吸光度值的差值，计算半乳糖醛酸毫克数。果胶酶(PG)活性以每小时每克鲜重(FW)果实组织样品在37℃催化多聚半乳糖醛酸水解生成半乳糖醛酸的量表示，单位μg·h^{-1}·g^{-1} FW。计算公式如下：

$$果胶酶活性(\mu g \cdot h^{-1} \cdot g^{-1}\ FW)=\frac{m\times V_T}{V_S\times t\times W} \tag{5-12}$$

式中 m——从标准曲线查得的半乳糖醛酸量(μg)；

V_T——样品提取液总体积(mL)；

V_S——测定时所取样品提取液体积(mL)；

t——酶促反应时间(h)；

W——样品质量(g)。

【注意事项】

1. 3,5-二硝基水杨酸不易溶解，需用磁力搅拌器恒温(约25℃)搅拌，定容后应避光保存，现用现配。

2. 酶促反应时间、温度条件必须严格控制，否则会产生较大误差。

3. 由于3,5-二硝基水杨酸溶液中加入了氢氧化钠，而强碱可抑制果胶酶的活性，所以可利用3,5-二硝基水杨酸溶液来终止保温后的酶促反应。

【思考题】

在加入 3, 5-二硝基水杨酸溶液后，沸水浴 5 min 的作用是什么？

（顾玉红）

实验 5-9 果实中可滴定酸含量的测定

【实验目的】

学习并掌握氢氧化钠溶液滴定法测定果实中可滴定酸含量的原理和方法。

【实验原理】

果实可滴定酸(titritable acidity，TA)含量的测定是根据酸碱中和原理进行的，即用已知浓度的氢氧化钠溶液滴定果实提取液，根据氢氧化钠的消耗量计算果实可滴定酸的含量。由于果实含有多种有机酸，所以需要根据该果实所含的主要有机酸进行折算。

【实验条件】

1. 材料

苹果、番茄、桃、李子等果实。

2. 试剂

(1)0. 1 mol · mL^{-1} 氢氧化钠溶液：称取 4. 0 g 分析纯氢氧化钠，用新煮沸并冷却的蒸馏水溶解，并定容至 1 000 mL。使用时，用邻苯二甲酸氢钾(相对分子质量为 204. 22)溶液标定氢氧化钠溶液的浓度。准确称取 0. 600 0 g 在 105℃干燥至恒重的基准邻苯二甲酸氢钾，加 50 mL 新煮沸过的且已经冷却的蒸馏水于三角瓶中将其溶解，滴加 50 μL(或 2 滴)酚酞溶液，用配制好的氢氧化钠溶液滴定至溶液呈粉红色。用邻苯二甲酸氢钾的克数除以滴定时氢氧化钠溶液的体积(mL)，再除以 0. 204 2[1 mmol 邻苯二甲酸氢钾的质量(g)]，即得氢氧化钠溶液的准确浓度(mol · mL^{-1})。

(2)1%酚酞溶液：称取 1. 0 g 酚酞，加入 100 mL 50%乙醇溶液中溶解。

(3)蒸馏水。

3. 仪器用具

碱式滴定管，铁架台，移液器和枪头，三角瓶，研钵，电子天平，冰箱，记号笔，离心机，水浴锅，镊子，小刀，培养皿，离心管和离心管架，封口膜，计时器，吸水纸，刻度试管，废液缸等。

【实验步骤】

(1)可滴定酸的提取：称取果实样品 0. 20 g，置于研钵中，加入蒸馏水 3 mL，研磨成匀浆，转移到刻度试管中，用 2 mL 蒸馏水冲洗研钵，一并转入到刻度试管中，再用 3 mL 蒸馏水冲洗研钵，一并转入到刻度试管中，立即用封口膜封口，重复 3 次，将 3 次重复的刻度试管放到 75℃下水浴 10 min，水浴 5 min 时摇晃一次，水浴结束后，从水浴锅中取出试管，冷却至室温，把刻度试管中的液体转移到离心管中，用蒸馏水定容至 9 mL，10 000

$r \cdot min^{-1}$ 离心 10 min，离心结束后，从离心机中取出离心管，吸取上清液(即样品提取液)转移到新的离心管中，待用。

(2)滴定：移取 5.0 mL 上清液(即样品提取液)至三角瓶中，加入 50 μL(或 2 滴)1%的酚酞溶液，用已标定的氢氧化钠溶液进行滴定，滴定至溶液初显粉色并在 30 s 内不褪色时为终点，记录氢氧化钠滴定液的用量，重复 3 次。再以蒸馏水代替上清液进行滴定，作为空白对照，记录氢氧化钠滴定液的用量。

【结果分析】

(1)数据记录：将测定的数据记录于表 5-10。

表 5-10 果实可滴定酸含量记录表

重复次数	样品质量 W (g)	提取液总体积 V_T(mL)	所用提取液体积 V_S(mL)	标定后的 NaOH 浓度 C ($mol \cdot mL^{-1}$)	NaOH 消耗量 (mL)		折算系数 f	可滴定酸含量(%)	
					测定(V_1)	空白(V_0)		计算值	平均值
1									
2									
3									

(2)结果计算：根据氢氧化钠滴定液消耗量，计算果实可滴定酸含量。计算公式如下：

$$可滴定酸含量=\frac{V_T \times C \times (V_1 - V_0) \times f}{V_S \times W} \times 100\% \tag{5-13}$$

式中 V_T——样品提取液总体积(mL)；

V_S——滴定时所用提取液体积(mL)；

C——标定后的氢氧化钠溶液摩尔浓度($mol \cdot mL^{-1}$)；

V_1——滴定提取液消耗的氢氧化钠溶液的体积(mL)；

V_0——滴定蒸馏水消耗的氢氧化钠溶液的体积(mL)；

W——样品质量(g)；

f——折算系数(1 mol 氢氧化钠溶液换算为某种酸克数的系数)，常按照果实中主要的有机酸进行折算，苹果、梨、桃、杏、李、番茄等果实中主要含苹果酸，其折算系数为 0.067，柑橘类果实中主要含一结晶水的结晶柠檬酸，其折算系数为 0.070，葡萄果实中主要含酒石酸，其折算系数为 0.075。

【注意事项】

1. 当果实含酸量较少时，可将氢氧化钠溶液适当稀释后使用。例如，利用 0.05 $mol \cdot mL^{-1}$ 甚至 0.01 $mol \cdot mL^{-1}$ 的氢氧化钠溶液进行滴定。

2. 可滴定酸含量计算公式中的 V_0 为 3 次空白测定的平均值。

【思考题】

1. 为什么要使用邻苯二甲酸氢钾标定氢氧化钠溶液的浓度？

2. 为何用新煮沸且冷却后的蒸馏水溶解氢氧化钠？

(顾玉红)

实验5-10　果实中维生素C含量的测定

【实验目的】

1. 学习并掌握滴定法测定植物体内抗坏血酸含量的原理和方法。

2. 学会使用碱式滴定管。

实验视频

【实验原理】

抗坏血酸又称还原性维生素C，具有很强的还原性。染料2,6-二氯酚靛酚(2,6-dichlorophenol indophenol)具有较强的氧化性，该染料在不同的环境下会呈现出不同的颜色，在酸性溶液中会呈现红色，在碱性或者中性溶液中则会呈现蓝色。还原性维生素C可以将2,6-二氯酚靛酚还原，自身则被氧化。因此，当用蓝色的碱性2,6-二氯酚靛酚去滴定含有抗坏血酸的草酸溶液时，其中的维生素C会被氧化，蓝色的碱性2,6-二氯酚靛酚会被还原成无色的还原型化合物。当溶液中的还原性维生素C完全被氧化时，再滴定2,6-二氯酚靛酚染料时会立即使草酸溶液呈现浅粉色。这一颜色的转变，可以指示滴定终点，根据进行滴定时用去的已标定的2,6-二氯酚靛酚溶液的量，可以计算出被测样品中抗坏血酸的含量。

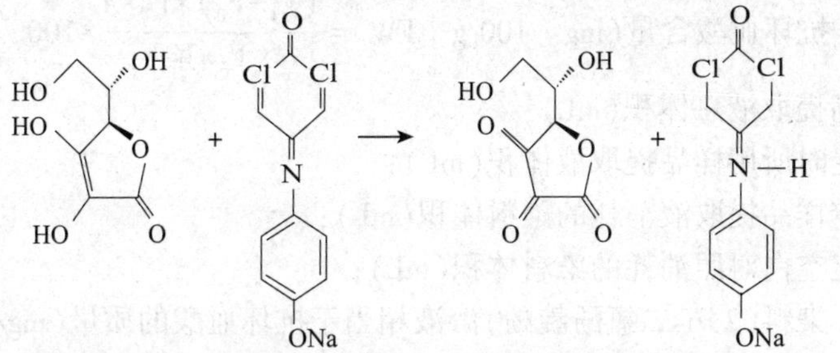

还原型抗坏血酸　+　染料（酸性溶液中呈红色）　⟶　脱氢型抗坏血酸　+　染料（无色）

【实验条件】

1. 材料

苹果、梨、桃、李子、黄树莓等果实。

2. 试剂

(1)2%的草酸溶液：准确称取草酸2.000 g，溶于蒸馏水后，定容至100 mL，即为2%的草酸溶液。

(2) 0.2 mg·mL^{-1}的2,6-二氯酚靛酚溶液及其标定：准确称取2,6-二氯酚靛酚染料50 mg，将其溶解于200 mL含有52 mg $NaHCO_3$的热水中，搅拌，使其充分溶解，冷却之后定容至250 mL，装入棕色瓶内，放在冰箱里4℃下保存。使用前需要对2,6-二氯酚靛酚溶液进行标定(取10.0 mL 0.1 mg·mL^{-1}的用2%草酸溶液溶解配制的抗坏血酸标准溶液于三角瓶中，用0.1 mg·mL^{-1}的2,6-二氯酚靛酚溶液滴定至浅粉色30 s不褪色即为终点，根据消耗的2,6-二氯酚靛酚溶液的量计算出每1 mL染料即2,6-二氯酚靛酚溶液相当于抗坏血酸的毫克数，重复3次、取平均值)。

3. 仪器用具

电子天平，高速冷冻离心机，小刀，镊子，培养皿，研钵，三角瓶，离心管，刻度试管和试管架，移液器和枪头，记号笔，废液缸，碱式滴定管，铁架台等。

【实验步骤】

(1)样品中维生素C的提取：称取果实样品0.20 g，置于研钵中，加入2 mL 2%的草酸溶液，迅速研磨成匀浆，将匀浆转移至10 mL的离心管中，用1 mL 2%的草酸溶液淋洗研钵，一并转移至10 mL的离心管中，再用2 mL 2%的草酸溶液淋洗研钵，同样转移至10 mL的离心管中，重复3次，配平后，8 000 $r \cdot min^{-1}$ 离心15 min，离心结束后，从离心机中取出离心管，将上清液(即样品提取液)转移至刻度试管中，读取样品提取液的体积并记录，然后，将刻度试管中的样品提取液转移至新的离心管中，备用。

(2)滴定：取4.0 mL样品提取液至三角瓶中，用染料(已标定过的2,6-二氯酚靛酚溶液)进行滴定，滴定期间适当摇晃三角瓶，滴定至溶液呈现粉红色且在30 s内不褪色时即为终点，记录染料2,6-二氯酚靛酚溶液的用量，重复3次。再用2%的草酸溶液代替样品提取液进行滴定，作为空白对照，记录染料2,6-二氯酚靛酚溶液的用量。

【结果分析】

根据染料(2,6-二氯酚靛酚溶液)的滴定用量，计算样品中抗坏血酸的含量，以100 g样品(鲜重)中含有的抗坏血酸的质量表示，即 $mg \cdot 100\ g^{-1}$ FW。

$$抗坏血酸含量(mg \cdot 100\ g^{-1}\ FW)=\frac{(V_1-V_0)\times V_T\times A}{V_S\times W}\times 100 \qquad (5\text{-}14)$$

式中 V_T——样品提取液总体积(mL)；

V_S——滴定时所用样品提取液体积(mL)；

V_1——滴定样品提取液消耗的染料体积(mL)；

V_0——滴定空白对照消耗的染料体积(mL)；

A——1 mL染料(2,6-二氯酚靛酚)溶液相当于抗坏血酸的质量(mg/mL)；

W——样品质量(g)。

【注意事项】

1. 抗坏血酸怕光、怕氧，所以，配制要迅速，彻底溶解后迅速转移到棕色试剂瓶中，避光、密封、4℃低温保存，最好是现用现配。

2. 由于配制后的2,6-二氯酚靛酚溶液的性质不稳定，最好在配制后1周内用完，且用前需要用标准抗坏血酸溶液进行标定。

3. 滴定要迅速，以减少维生素C被空气氧化。

【思考题】

苹果、梨等水果中，维生素C的含量是刚采摘的含量高还是常温贮藏10 d的含量高？为什么？

(顾玉红)

第 6 章

植物逆境生理

实验 6-1　植物细胞膜透性的测定

【实验目的】

1. 掌握植物抗逆尤其是抗寒性的相关知识。

2. 掌握电导率仪法和紫外分光光度计法测定逆境下细胞受害程度的原理和方法。

【实验原理】

植物细胞膜对物质具有选择透过性，在维持植物正常的代谢方面起着重要作用。植物组织在受到各种不利的环境条件(如干旱、低温、高温、盐碱等)危害时，细胞膜的结构和功能首先受到伤害，细胞膜透性增加。

如果将受伤的组织浸入无离子水中，其外渗液中电解质的含量比正常组织外渗液中含量增加。植物组织受伤越严重，渗出细胞的电解质增加越多。用电导率仪测定外渗液电导率的变化，可以反映细胞膜受伤害的程度。电导率值与细胞膜透性增大的程度、植物受伤害的程度、逆境胁迫强度呈正相关。在电解质外渗的同时，细胞中可溶性有机物也发生外渗，引起外渗液中可溶性糖、氨基酸、核苷酸等含量增加。氨基酸和核苷酸对紫外光有吸收，用紫外分光光度计测定受伤组织外渗液的吸光度值，同样可以反映细胞膜受伤害的程度，吸光度值与细胞膜透性增大的程度、植物受伤害的程度、逆境胁迫强度呈正相关。用电导率仪法与紫外分光光度计法测定结果有很好的一致性。

本实验以-20℃的冷冻胁迫为例，检测植物的抗冻性。当植物遇到冰点以下的低温时，细胞结冰，细胞膜会受到破坏，细胞膜的选择透过性降低或消失、透性增大，细胞内的离子外渗，导致细胞外界无离子水中的离子强度加大，电导率值升高。

【实验条件】

1. 材料

油菜、菠菜或其他植物叶片。

2. 试剂

无离子水。

3. 仪器用具

电导率仪(带电极和电极架)，紫外分光光度计，真空泵，真空干燥器，水浴锅，打孔器，洗瓶，烧杯，移液器和枪头，玻璃棒，滤纸条，胶塞，镊子，记号笔，托盘，白纸，冰箱等。

【实验步骤】

(1)电导率仪法：取4个干净干燥的小烧杯并标号(CK_1、CK_2、T_1、T_2)，选取干净健康的油菜或其他植物的叶片，用打孔器钻取小圆片80片，混匀后平均分配到4个干净的烧杯中。将CK_1、CK_2烧杯在室温下放置20 min作对照，将T_1、T_2烧杯放到-20℃冰箱内冷冻20 min。处理结束后，从冰箱中取出T_1和T_2烧杯放到室温下，4个烧杯中分别加入无离子水20 mL，然后，将4个烧杯放入真空干燥器中，打开真空泵在0.07 MPa下抽气15 min(以抽出细胞间隙的空气)。抽气结束时，将真空泵缓慢放气直到压力表上的指针回零后断电(此时水即进入细胞间隙，使细胞内溶物易于渗出)，从真空干燥器中取出烧杯，用玻璃棒轻轻搅拌后，在实验台上放置5 min后测量。

用无离子水冲洗电极并擦干，将电导率仪的电极头部插入CK_1烧杯的溶液中，待数值稳定后记录电导率值，然后，将电极头部用无离子水洗净并用吸水纸吸干，依次测定CK_2、T_1、T_2的电导率值。然后，将4个烧杯置于水浴锅中沸水浴10～15 min，水浴结束后取出烧杯并冷却至室温，再次测定4个烧杯中溶液(浸泡液)的电导率值并记录，测量完毕，将电极放到电极保存液中。

(2)紫外分光光度计法：取样和处理方法同电导率仪法。抽气后在室温下保持30 min，期间振荡几次，倒出外渗液，用紫外分光光度计测定外渗液对波长260 nm紫外光的吸光度值，然后向烧杯中加入10 mL去离子水，沸水浴5 min以杀死组织，冷却至室温，再次测定外渗液的吸光度值。

【结果分析】

1. 电导率仪法的结果计算与分析

(1)直接比较冷冻处理与对照的电导率值的大小，再按式(6-1)计算细胞膜相对透性，表示细胞受害的程度。

$$细胞膜相对透性=\frac{L_1}{L_2}\times 100\% \tag{6-1}$$

式中　L_1——叶片杀死前外渗液的电导率值；

　　　L_2——叶片杀死后外渗液的电导率值。

(2)采用式(6-2)计算细胞膜伤害率。

$$细胞膜伤害率=\left(1-\frac{1-T_1/T_2}{C_1/C_2}\right)\times 100\% \tag{6-2}$$

式中　C_1——对照叶片杀死前外渗液的电导率值；

　　　C_2——对照叶片杀死后外渗液的电导率值；

　　　T_1——处理叶片杀死前外渗液的电导率值；

T_2——处理叶片杀死后外渗液的电导率值。

2. 紫外分光光度计法的结果计算与分析

$$细胞膜相对透性 = \frac{A_1}{A_2} \times 100\% \tag{6-3}$$

式中　A_1——叶片杀死前外渗液吸光度值；

A_2——叶片杀死后外渗液吸光度值。

【注意事项】

1. 所有器皿和材料必须清洗干净并吸干表面的水分。
2. 取材要生长状态一致，用打孔器钻取小圆片时要避开大的叶脉。
3. 真空泵抽气结束后，先缓慢放气至压力回零，再断电，打开真空干燥器。
4. 电极要轻拿轻放。

【思考题】

1. 测定细胞膜透性能够解决什么理论和实践问题？
2. 在测定电导率时为什么用无离子水浸泡样品？
3. 为什么电极在每次测定之后都要用无离子水洗净并吸干？
4. 样品浸入无离子水后为什么要先抽真空然后再测定？

（顾玉红　时翠平）

实验 6-2　植物体内丙二醛含量的测定

【实验目的】

1. 掌握植物体内丙二醛含量测定的原理及方法。
2. 了解丙二醛积累的原因及其对细胞的伤害。

实验视频

【实验原理】

测定植物体丙二醛含量，通常利用硫代巴比妥酸(TBA)在酸性和高温条件下与植物组织中的丙二醛产生显色反应，生成红棕色的三甲川(3, 5, 5-三甲基恶唑 2, 4-二酮)，三甲川在 532 nm 处有最大光吸收峰，根据朗伯—比尔定律，通过测定吸光度值可计算出吸光物质的浓度。

测定植物组织丙二醛含量时受多种物质的干扰，其中最主要的是可溶性糖，糖与硫代巴比妥酸显色反应产物的最大吸收波长 450 nm，在 532 nm 处也有吸收。植物遭受干旱、高温、低温等逆境胁迫时可溶性糖含量增加，因此，测定植物组织丙二醛与硫代巴比妥酸反应产物含量时一定要排除可溶性糖的干扰。此外，在 600 nm 波长处还受非特异性背景吸收的影响，也须加以排除。

因此，对反应物分别在 532 nm、450 nm 和 600 nm 波长处测定吸光度值，根据各相关物质的摩尔吸收系数，利用双组分分光光度计法计算植物样品提取液中丙二醛的浓度，然后进一步计算其在植物组织中的含量。

【实验条件】

1. 材料

衰老或逆境条件下的植物根或叶片。

2. 试剂

(1)10%三氯乙酸(TCA)溶液：取三氯乙酸 10 g，用蒸馏水溶解并定容至 100 mL。

(2)0.6%硫代巴比妥酸(TBA)溶液：称取硫代巴比妥酸 0.6 g，先加少量的氢氧化钠溶液($1\ mol \cdot L^{-1}$)溶解，再用 10% TCA 溶液定容至 100 mL。

(3)石英砂。

3. 仪器用具

离心机，紫外可见分光光度计，电子天平，恒温水浴锅，研钵，试管和试管架，离心管和离心管架，移液管和移液管架，剪刀等。

【实验步骤】

(1)丙二醛的提取：称取逆境胁迫或衰老的植物材料 1 g，剪碎，加入 2 mL 10%的三氯乙酸溶液和少量石英砂，研磨至匀浆，再分多次加入共 8 mL 10%的三氯乙酸溶液进一步研磨、洗涤，匀浆转移到 10 mL 离心管，以 $4\ 000\ r \cdot min^{-1}$ 离心 10 min，其上清液为丙二醛提取液，测定提取液的总体积。

(2)显色反应及测定：取 4 支干净试管，编号，3 支为样品管(3 次重复)，各加入提取液 2 mL，1 支为对照管，加蒸馏水 2 mL，然后，各管再加入 2 mL 0.6%硫代巴比妥酸溶液，摇匀。混合液沸水浴反应 10 min(自试管内溶液中出现小气泡开始计时)，取出试管并迅速冷却，$4\ 000\ r \cdot min^{-1}$ 离心 10 min，取上清液分别在 532 nm、450 nm 和 600 nm 波长下测定吸光度(A)值。

【结果分析】

根据双组分分光光度法原理，当某一溶液中有数种吸光物质时，某一波长下的吸光度值等于此混合液在该波长下各显色物质的吸光度值之和。已知蔗糖—TBA 反应产物在 450 nm 和 532 nm 波长下的摩尔吸收系数(K')分别为 85.40 和 7.40，MDA-TBA 显色反应产物在 450 nm 和 532 nm 波长下的摩尔吸收系数分别为 0 和 155 000。根据朗伯—比尔定律：$A=K'CL$，当 L 即液层厚度为 1 cm 时，可建立以下方程组：

$$\begin{cases} A_{450} = 85.40 \times C_{糖} \\ (A_{532}-A_{600}) = 155\ 000 \times C_{MDA} + 7.40 \times C_{糖} \end{cases} \tag{6-4}$$

解方程组得

$$C_{糖} = \frac{A_{450}}{85.40} = 11.71 A_{450}(mmol \cdot L^{-1}) \tag{6-5}$$

$$C_{MDA} = 6.45(A_{532}-A_{600}) - 0.56 A_{450}(\mu mol \cdot L^{-1}) \tag{6-6}$$

式中 A_{450}，A_{532}，A_{600}——在 450 nm、532 nm、600 nm 波长处测得的吸光度值；

$C_{糖}$，C_{MDA}——反应混合液中可溶性糖、MDA 的浓度。

$$\text{MDA 含量}(\mu mol \cdot g^{-1}FW) = \frac{C_{MDA} \times V \times V_T}{V_S \times W \times 1\ 000} \tag{6-7}$$

式中　V——反应混合液体积(mL)；

V_S——反应液中所用样品提取液体积(mL)；

V_T——样品提取液总体积(mL)；

W——样品鲜重(g)；

1 000——将毫升(mL)换算成升(L)的倍数。

【注意事项】

1. MDA-TBA 显色反应的加热时间，最好控制沸水浴 10~15 min。时间太短或太长均会引起 532 nm 处的光吸收值下降。

2. 如待测液浑浊，可适当增加离心力及时间，最好使用低温离心机离心。

3. 低浓度的铁离子能增强 MDA-TBA 的显色反应，当植物组织中铁离子浓度过低时应补充 Fe^{3+}(最终浓度为 0.5 nmol · L^{-1})。

【思考题】

1. 通过丙二醛含量测定能够解决哪些理论和实际问题？
2. 为什么丙二醛反应液加热时间过长会影响测定结果？
3. 用什么办法消除可溶性糖对丙二醛含量测定的影响？
4. 为什么要测定反应液在 600 nm 处的吸光度值？
5. 正常生长与衰老植物相比丙二醛含量会有什么变化？分析其原因。

(王文斌　路文静)

实验 6-3　植物体内游离脯氨酸含量的测定

【实验目的】

学习并掌握脯氨酸含量测定的原理和方法。

【实验原理】

当用磺基水杨酸提取植物样品时，脯氨酸便游离于磺基水杨酸溶液，然后，用酸性茚三酮加热处理，茚三酮与脯氨酸反应，生成稳定的红色产物，用甲苯萃取后，此产物在波长 520 nm 处有一最大吸收峰。脯氨酸浓度的高低在一定范围内与其吸光度值成正比。在波长 520 nm 处测定其吸光度值，即可从标准曲线上查出脯氨酸的含量。

采用磺基水杨酸提取植物体内的游离脯氨酸，不仅大幅减小了其他氨基酸的干扰，快速简便，而且不受样品状态(干或鲜样)限制。

【实验条件】

1. 材料

植物叶片。

2. 试剂

(1)冰醋酸。

(2)甲苯。

(3)2.5%酸性茚三酮溶液：将1.25 g茚三酮溶于30 mL冰醋酸和20 mL 6 mol·L^{-1}磷酸中，搅拌加热(70℃)溶解，贮于4℃冰箱。

(4)3%磺基水杨酸溶液：3 g磺基水杨酸加蒸馏水溶解后定容至100 mL。

(5)10 μg·mL^{-1}脯氨酸标准液：精确称取20 mg脯氨酸，倒入小烧杯内，用少量蒸馏水溶解，再倒入200 mL容量瓶中，加蒸馏水定容至刻度，为100 μg·mL^{-1}脯氨酸母液，再吸取该溶液10 mL，加蒸馏水稀释并定容至100 mL，即为10 μg·mL^{-1}脯氨酸标准液。

3. 仪器用具

分光光度计，恒温水浴锅，电子天平，小烧杯，容量瓶，具塞刻度试管和试管架，移液器和枪头，漏斗和漏斗架，滤纸，剪刀，冰箱，玻璃棒，离心机，离心管和离心管架等。

【实验步骤】

1. 脯氨酸标准曲线的制作

(1)取7支具塞刻度试管，编号，按表6-1配制含量为0~12 μg的脯氨酸标准液，然后，每支试管加入冰醋酸2 mL、2.5%的酸性茚三酮溶液2 mL，沸水浴30 min，取出冷却至室温，各试管再加入4 mL甲苯，振荡30 s，静置片刻，使色素全部转至甲苯溶液。

表6-1 脯氨酸标准液的配制

试剂	试管号						
	0	1	2	3	4	5	6
10 μg·mL^{-1}脯氨酸标准液(mL)	0	0.2	0.4	0.6	0.8	1.0	1.2
蒸馏水(mL)	2	1.8	1.6	1.4	1.2	1.0	0.8
每管脯氨酸含量(μg)	0	2	4	6	8	10	12

(2)用移液器轻轻吸取各管上层脯氨酸甲苯溶液至比色杯中，以甲苯溶液为空白对照，在波长520 nm处测定吸光度值。

(3)以各管脯氨酸含量为横坐标、吸光度值为纵坐标，绘制标准曲线。

2. 样品的测定

(1)脯氨酸的提取：称取不同处理的植物叶片各0.5 g，剪碎，分别置于具塞刻度试管中，然后向各管分别加入5 mL 3%的磺基水杨酸溶液，沸水浴提取10 min(提取过程中要经常摇动)，取出后冷却至室温，过滤于干净试管中，滤液即为脯氨酸提取液。

(2)脯氨酸的测定：吸取2 mL提取液于具塞刻度试管中，加入2 mL冰醋酸及2 mL 2.5%酸性茚三酮试剂，沸水浴30 min，溶液即呈红色。冷却后加入4 mL甲苯，摇荡30 s，静置片刻，用移液器取上层液至10 mL离心管中，3 000 r·min^{-1}离心5 min。用移液器轻轻吸取澄清、红色的脯氨酸甲苯溶液于比色杯中，以甲苯溶液为空白对照，在波长520 mm处测定吸光度值。

【结果分析】

将吸光度值代入标准曲线查出脯氨酸的含量，再按式(6-8)计算样品中脯氨酸含量。

$$脯氨酸含量(\mu g \cdot g^{-1}FW)=\frac{V_T \times m}{V_S \times W} \tag{6-8}$$

式中　m——从标准曲线中查得的脯氨酸含量(μg)；

V_T——样品提取液总体积(mL)；

V_S——测定时所用提取液体积(mL)；

W——样品质量(g)。

【注意事项】

1. 配制的酸性茚三酮溶液仅在 24 h 内稳定，因此最好现用现配。
2. pH 值对测定结果有影响，用冰醋酸作为酸性条件效果较好。
3. 试剂添加按要求次序进行。

【思考题】

进行植物体内脯氨酸含量测定有何意义？

（顾玉红　路文静）

实验 6-4　植物超氧阴离子自由基含量的测定

【实验目的】

1. 加深认识O_2^-导致的植物氧化损伤。
2. 学习并掌握测定O_2^-含量的原理和方法。

实验视频

【实验原理】

生物体内的分子氧可以经过单电子还原转变为超氧阴离子自由基(O_2^-)。O_2^-既可直接作用于蛋白质和核酸等生物大分子，也可以衍生为羟自由基(·OH)、单线态氧($^1O_2$)、过氧化氢(H_2O_2)及脂质过氧化物自由基(RO·、ROO·)等对细胞结构和功能具有破坏作用的活性氧。通常逆境条件下，O_2^-产生的概率更大。

利用羟胺氧化的方法可以检测生物系统中O_2^-含量。O_2^-与羟胺反应生成 NO_2^-，NO_2^- 在氨基苯磺酸和 α-萘胺作用下，反应生成粉红色的偶氮物质对-苯磺酸-偶氮-α-萘胺，其关系式为：

$$2\,O_2^- \sim NO_2^- \sim HOO_2S{-}C_6H_4{-}N_2C_{10}H_6 \cdot NH_2$$

该偶氮物质在波长 530 nm 处有显著光吸收。根据 NO_2^- 反应的标准曲线将 A_{530} 换算成 NO_2^- 浓度，再依据上述关系式即可计算出O_2^-浓度。

【实验条件】

1. 材料

正常生长或逆境处理的大豆、绿豆、玉米等植物新鲜组织的叶片。

2. 试剂

(1)65 mmol·L^{-1} 磷酸钾缓冲液(pH 值 7.8)。

(2)17 mmol · L^{-1} 对氨基苯磺酸溶液：称取2.94 g对氨基苯磺酸，加25 mL浓盐酸溶解，蒸馏水定容至1 000 mL。

(3)7 mmol · L^{-1} α-萘胺溶液：称取α-萘胺1.0 g，加25 mL冰醋酸溶解，蒸馏水定容至1 000 mL。

(4)10 mmol · L^{-1} 盐酸羟胺溶液：称取盐酸羟胺0.069 g，溶于蒸馏水并定容至100 mL。

(5)100 μmol · L^{-1} $NaNO_2$ 标准液：称取 $NaNO_2$ 0.069 g，溶于蒸馏水并定容至100 mL，再取1 mL该溶液稀释至100 mL，即为100 μmol · L^{-1} $NaNO_2$ 标准液。

3. 仪器用具

高速冷冻离心机，分光光度计，电子天平，恒温水浴锅，研钵，容量瓶，试管和试管架，移液管和移液管架，离心管和离心管架，计时器，洗耳球，记号笔等。

【实验步骤】

(1)制作标准曲线：取7支试管，编号，按表6-2分别加入试剂后，每个试管加入17 mmol · L^{-1} 对氨基苯磺酸溶液1 mL、7 mmol · L^{-1} α-萘胺溶液1 mL，摇匀。

表6-2 $NaNO_2$ 系列标准液的配制

试剂	试管号						
	0	1	2	3	4	5	6
100 μmol · L^{-1} $NaNO_2$ 的标准液(mL)	0	0.1	0.2	0.3	0.4	0.5	0.6
蒸馏水(mL)	2.0	1.9	1.8	1.7	1.6	1.5	1.4
每管 NO_2^- 含量(μmol)	0	0.01	0.02	0.03	0.04	0.05	0.06

加完试剂后将试管置30℃水浴保温30 min，以0号管为参比调零，然后测定 A_{530}，以 NO_2^- 物质的量(横坐标)和测定的 A_{530} 值(纵坐标)互为函数作图，制作标准曲线。

(2) O_2^- 的提取：取待测样品1~2 g于研钵中，加入3 mL 65 mmol · L^{-1} 磷酸钾缓冲液(pH值7.8)冰浴条件下研磨成匀浆，10 000 r · min^{-1} 离心10 min，收集上清液，测定样品提取液总体积。

(3) O_2^- 的测定：取样品提取液0.5 mL，加入0.5 mL 65 mmol · L^{-1} 磷酸钾缓冲液和1 mL 10 mmol · L^{-1} 盐酸羟胺溶液，摇匀后置25℃恒温水浴锅保温20 min。然后再加入17 mmol · L^{-1} 对氨基苯磺酸溶液1 mL和7 mmol · L^{-1} α-萘胺溶液1 mL，30 ℃恒温水浴中保温反应30 min。同样以制作标准曲线时的0号管调零，测定显色液 A_{530}。

【结果分析】

把吸光度值代入标准曲线方程，从标准曲线上查出样品测定液对应 NO_2^- 的物质的量，按下式计算 O_2^- 含量。

$$O_2^- \text{含量}(\mu mol \cdot g^{-1}FW) = \frac{2m \times V_T}{V_S \times W} \tag{6-9}$$

式中 m——由标准曲线查得的 NO_2^- 物质的量(μmol)；

V_T——样品提取液的总体积(mL)；

V_S——显色反应时所用样品提取液的体积(mL)；

W——样品鲜重(g)；

2——NO_2^- 与O_2^-间的化学计量数。

【注意事项】

1. 如果样品含有大量叶绿素将干扰测定，可在样品与羟胺反应后用等体积乙醚萃取叶绿素，然后再进行显色反应。

2. 介质尽量减少 Fe 和O_2^-的存在，α-萘胺不能用β-萘胺代替。

【思考题】

1. 植物体内哪些过程可生成O_2^-？

2. 本实验设置对照可以消除哪些影响因素？

（王文斌）

实验 6-5　植物抗氧化酶 SOD、POD、CAT 活性的测定

【实验目的】

学习并掌握分光光度计法测定过氧化物酶、过氧化氢酶、超氧化物歧化酶活性的原理和方法。

【实验原理】

(1)过氧化物酶(POD)活性测定采用氧化愈创木酚法。过氧化物酶催化过氧化氢将愈创木酚(邻甲氧基苯酚)氧化(4-邻甲氧基苯酚)呈茶褐色，该产物在波长 470 nm 处有最大吸收值，因此可通过测波长 470 nm 下的吸光度值变化来测定过氧化物酶的活性。

(2)过氧化氢酶(CAT)可催化过氧化氢(H_2O_2)分解为水和分子氧，从而减轻 H_2O_2 对组织的氧化伤害。过氧化氢在波长 240 nm 处具有吸收峰，利用紫外分光光度计可以检测 H_2O_2 含量的变化。根据反应过程中 H_2O_2 的消耗量可测定过氧化氢酶的活性。

(3)超氧化物歧化酶(SOD)是含金属辅基的酶，高等植物中有 Mn-SOD 和 Cu/Zn-SOD。SOD 能够清除超氧阴离子自由基，从而减少自由基对植物的毒害。SOD 能通过歧化反应催化细胞中的超氧阴离子自由基和氢离子，生成 H_2O_2 和 O_2。H_2O_2 再由 CAT 进一步催化生成 H_2O 和 O_2。由于超氧阴离子自由基非常不稳定，寿命极短，常利用间接方法测定 SOD 活性。本试验采用氮蓝四唑(NBT)光还原法。核黄素在光下被有氧化物质还原后，在有氧条件下氧化产生超氧阴离子自由基，超氧阴离子自由基在光下将氮蓝四唑(NBT)还原为蓝色的甲腙，甲腙在波长 560 nm 处有最大吸收峰；SOD 可清除超氧阴离子自由基而抑制了 NBT 的光还原反应，使甲腙生成速度减慢；反应液蓝色越深，吸光度值越大，SOD 活性越低；反之，SOD 活性越高，即酶活性与吸光度值成反比关系。抑制 NBT 光还原相对百分率与酶活性在一定范围内呈正相关关系，据此可计算出酶活性的大小。通常将抑制 50%的 NBT 光还原反应时所需的酶量作为一个酶活性单位。

【实验条件】

1. 材料

苹果、梨、番茄、桃、李子、树莓等植物果实或其他植物材料。

2. 试剂

(1)100 mmol · L^{-1} pH 值 7. 8 的磷酸氢二钠—磷酸二氢钠缓冲液(100 mmol · L^{-1} pH 值 7. 8 的 PBS):取 A 液(0. 1 mol · L^{-1} Na_2HPO_4,即取 17. 91 g Na_2HPO_4 用少量蒸馏水溶解后定容至 500 mL)457. 5 mL,取 B 液(0. 1 mol · L^{-1} NaH_2PO_4,即取 3. 9 g NaH_2PO_4 溶解后定容至 250 mL)42. 5 mL,混匀成 500 mL,贮于 4℃冰箱保存。

(2)50 mmol · L^{-1} pH 值 7. 8 的磷酸氢二钠—磷酸二氢钠缓冲液:将 100 mmol · L^{-1} pH 值 7. 8 的磷酸氢二钠—磷酸二氢钠缓冲液稀释 1 倍。

(3)130 mmol · L^{-1}甲硫氨酸(Met)溶液:称取 1. 939 9 g 甲硫氨酸用 50 mmol · L^{-1} pH 值 7. 8 的磷酸氢二钠—磷酸二氢钠缓冲液溶解后定容至 100 mL 棕色容量瓶。贮于 4 ℃冰箱保存,可用 1~2 d。

(4)750 μmol · L^{-1}氮蓝四唑溶液:称取 0. 061 3 g 氮蓝四唑,用 50 mmol · L^{-1} pH 值 7. 8 的磷酸氢二钠—磷酸二氢钠缓冲液溶解后定容至 100 mL 棕色容量瓶中。贮于 4℃冰箱保存,可用 2~3 d。

(5)100 μmol · L^{-1}乙二胺四乙酸二钠($EDTA-Na_2$)溶液:称取 0. 037 2 g 乙二胺四乙酸二钠用 50 mmol · L^{-1} pH 值 7. 8 的磷酸氢二钠—磷酸二氢钠缓冲液溶解后定容至 100 mL 棕色容量瓶,使用时稀释 100 倍,即为 1 μmol · L^{-1} 乙二胺四乙酸二钠溶液。贮于 4℃冰箱保存,可用 8~10 d。

(6)20 μmol · L^{-1}核黄素溶液:称取 0. 075 3 g 核黄素用 50 mmol · L^{-1} pH 值 7. 8 的磷酸氢二钠—磷酸二氢钠缓冲液溶解后定容至 100 mL 棕色容量瓶(用黑纸包瓶)。使用时稀释 100 倍,即为 0. 2 μmol · L^{-1} 核黄素溶液,现用现配。

(7)20 mmol · L^{-1}过氧化氢溶液:量取 227 μL 30%的过氧化氢溶液,用 50 mmol · L^{-1} pH 值 7. 8 的磷酸氢二钠—磷酸二氢钠磷酸缓冲液溶解后定容至 100 mL 棕色容量瓶。

(8)25 mmol · L^{-1} 愈创木酚溶液:量取 320 μL 愈创木酚溶液,用 50 mmol · L^{-1} pH 值 7. 8 的磷酸氢二钠—磷酸二氢钠磷酸缓冲液定容至 100 mL 棕色容量瓶,现用现配。

(9)250 mmol · L^{-1}过氧化氢溶液:量取 2. 84 mL 30%的过氧化氢溶液,用 50 mmol · L^{-1} pH 值 7. 8 的磷酸氢二钠—磷酸二氢钠磷酸缓冲液溶解后定容至 100 mL 棕色容量瓶,现用现配。

3. 仪器用具

量筒,棕色容量瓶,烧杯,玻璃棒,电子天平,药匙,研钵,具塞刻度试管和试管架,高速冷冻离心机,紫外可见分光光度计,计时器,离心管和离心管架,日光灯,移液器和枪头,冰箱,试剂瓶,玻璃比色杯和石英比色杯,记号笔等。

【实验步骤】

(1)粗酶液的提取:准确称取果肉等样品 3. 0 g,放到 4℃预冷的研钵中,往研钵中加入 4℃预冷的 50 mmol · L^{-1} pH 值 7. 8 磷酸氢二钠—磷酸二氢钠磷酸缓冲液 3 mL,低温研至匀浆后转移到离心管中,再用 2 mL 磷酸氢二钠—磷酸二氢钠磷酸缓冲液冲洗研钵并转入离心管，重复淋洗研钵一次，4℃、10 000 r · min^{-1} 离心 20 min，上清液为粗酶液。

(2)过氧化氢酶活性的测定：取 20 mmol · L^{-1}过氧化氢溶液 2.95 mL 加入 10 mL 试管，加入 50 μL 粗酶液并迅速混匀后转移至石英比色杯，在波长 240 nm 处测定吸光度值(A)，连续测定 1~3 min，记录初始值($A_{初}$)和终止值($A_{终}$)。

(3)超氧化物歧化酶活性的测定：酶反应体系加样次序：50 mmol · L^{-1} pH 值 7.8 的磷酸氢二钠—磷酸二氢钠磷酸缓冲液 1.5 mL、130 mmol · L^{-1} 甲硫氨酸溶液 0.3 mL、750 μmol · L^{-1}氮蓝四唑溶液 0.3 mL、1 μmol · L^{-1} 乙二胺四乙酸二钠溶液 0.3 mL、0. 2 μmol · L^{-1} 核黄素溶液 0.3 mL、酶液 0.1 mL、蒸馏水 0.2 mL，在 20 mL 玻璃试管中充分混匀后，将试管在 4 000 lx 光下反应 3~10 min。其中设 2 支试管作为对照(用蒸馏水代替酶液)，混匀后将一支对照试管置于暗处，另一支对照试管和其他加酶液试管一起置于日光灯下反应 3~10 min，反应结束后立即避光。以不照光对照管作为空白参比，在波长 560 nm 处测定吸光度值。

(4)过氧化物酶活性的测定：反应体系加样次序依次为：25 mmol · L^{-1} 愈创木酚溶液 2.7 mL、250 mmol · L^{-1}过氧化氢溶液 0.2 mL、酶液 0.1 mL，从加入酶液 30 s 开始记录每 30 s 反应体系在波长 470 nm 处的吸光度值，连续测定 10 min。

【结果分析】

1. 过氧化氢酶活性的计算

(1)数据记录：将测定结果记录于表 6-3。

表 6-3　过氧化氢酶活性测定结果

重复次数	样品质量 W (g)	样品提取液总体积 V_T(mL)	测定所用样品提取液体积 V_S(mL)	过氧化氢酶活性($\Delta A_{240} \cdot min^{-1} \cdot g^{-1}$ FW)				
				$A_{始}$	$A_{终}$	ΔA	计算值	平均值
1								
2								
3								

(2)结果计算：以每克鲜重(FW)果实等样品每分钟吸光度变化 0.001 为 1 个过氧化氢酶活性单位。计算公式如下：

$$过氧化氢酶活性(\Delta A_{240} \cdot min^{-1} \cdot g^{-1}\ FW)=\frac{\Delta A_{240}\times V_T}{0.001\times t\times V_S\times W} \qquad (6\text{-}10)$$

式中　ΔA_{240}——反应混合液的吸光度变化值($A_{始}-A_{终}$)；

t——酶促反应时间(min)；

V_T——样品提取液总体积(mL)；

V_S——测定所用样品提取液体积(mL)；

W——样品质量(g)。

2. 超氧化物歧化酶活性的计算

(1)数据记录：将测定结果记录于表 6-4。

表 6-4 超氧化物歧化酶活性测定结果

重复次数	样品质量 W(g)	样品提取液总体积 V_T(mL)	测定所用样品提取液体积 V_S(mL)	波长 560 nm 处吸光度值		超氧化物歧化酶活性 ($\Delta A_{560}\cdot min^{-1}\cdot g^{-1}$ FW)	
				$A_{对照}$	$A_{样品}$	计算值	平均值
1							
2							
3							

(2)结果计算：以每分钟每克鲜重果实等样品的反应体系对氮蓝四唑光还原的抑制为50%时为一个超氧化物歧化酶活性单位表示。

$$\text{SOD 活性}(\Delta A_{560}\cdot \text{min}^{-1}\cdot \text{g}^{-1}\ \text{FW})=\frac{(A_C-A_S)\times V_T}{0.5\times A_C\times V_S\times t\times W} \tag{6-11}$$

式中 A_C——照光对照管反应液的吸光度值；

A_S——样品管反应液的吸光度值；

V_T——样品提取液总体积(mL)；

V_S——测定时所用样品提取液体积(mL)；

t——光照反应时间(min)；

W——样品质量(g)。

3. 过氧化物酶活性的计算

(1)数据记录：将测定结果记录于表 6-5。

表 6-5 过氧化物酶活性测定结果

重复次数	样品质量 W(g)	样品提取液总体积 V_T(mL)	测定所用样品提取液体积 V_S(mL)	过氧化物酶活性($\Delta A_{470}\cdot min^{-1}\cdot g^{-1}$ FW)				
				$A_{始}$	$A_{终}$	ΔA	计算值	平均值
1								
2								
3								

(2)结果计算：以每克鲜重果实等样品每分钟吸光度变化值增加 0.001 时为 1 个过氧化物酶活性单位。计算公式如下：

$$\text{过氧化物酶活性}(\Delta A_{470}\cdot \text{min}^{-1}\cdot \text{g}^{-1}\ \text{FW})=\frac{\Delta A_{470}\times V_T}{0.001\times t\times V_S\times W} \tag{6-12}$$

式中 ΔA_{470}——反应混合液的吸光度变化值($A_{终}-A_{始}$)；

t——酶促反应时间(min)；

V_T——样品提取液总体积(mL)；

V_S——测定时所用样品提取液体积(mL)；

W——样品质量(g)。

【注意事项】

1. 研磨样品过程保持低温且动作迅速。

2. 核黄素溶液呈悬浊液，因此每次量取之前应将溶液混匀。

3. 过氧化氢见光易分解，需避光保存；而且具强腐蚀性，所以量取时戴手套，切勿溅到皮肤上。

4. 测超氧化物歧化酶活性时，加各溶液后一定要混匀，以免造成反应不充分。

5. 测过氧化氢酶活性时，要充分混匀后快速倒入比色杯中测定初始吸光度值。

【思考题】

1. 过高的过氧化氢浓度会对过氧化氢酶活性有何影响？

2. 在超氧化物歧化酶测定中设照光和黑暗 2 个对照管的目的是什么？

（顾玉红）

实验 6-6　DAB 染色法检测植物叶片的过氧化氢

【实验目的】

检测逆境处理后植物叶片中过氧化氢积累，掌握过氧化氢与 DAB 反应显色的原理。

实验视频

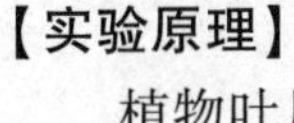

【实验原理】

植物叶片在逆境条件下会产生多种活性氧(ROS)，ROS 活性非常大且极其不稳定，因此 ROS 的检测通常因其最终产物而定。过氧化氢是活性氧的一种。在过氧化氢酶的催化下，过氧化氢能与 DAB(3, 3-二氨基联苯胺四盐酸盐)迅速反应生成棕红色化合物，从而定位组织中的过氧化氢，产物颜色的深浅可反映出过氧化氢积累的多少。例如马铃薯晚疫病菌分泌蛋白 INF1 是植物 ETI 免疫途径的激发子，在本氏烟中可诱导程序化细胞死亡，造成叶片坏死，产生大量过氧化氢。本实验基于以上原理，用于植物活体组织中的过氧化氢染色。一般应用于较嫩的植株、叶片等的整体染色，染色后有过氧化氢聚集的部位呈棕色至深棕色。

【实验条件】

1. 材料

本氏烟幼苗，含有 pGR-INF1 和 pGR-GFP 的农杆菌。

2. 试剂

(1) DAB 染液：50 mg DAB 加 45 mL 双蒸水，搅拌溶解，向搅拌的 DAB 溶液中加入 25 μL Tween-20 和 2. 5 mL 200 mmol · L^{-1} Na_2HPO_4（终浓度为 10 mmol · L^{-1}），定容至 50 mL，pH 值 3. 0。

(2) DAB 漂白液：乙酸、甘油、乙醇按照 1 : 1 : 3 比例进行配置。

3. 仪器用具

注射器，培养皿，烧杯，真空干燥器，真空泵，凡士林，锡箔纸，水浴锅，摇床等。

【实验步骤】

(1) 将本氏烟叶片注射农杆菌(pGR-INF1)，并以农杆菌 pGR-GFP 作为阴性对照，用 1 mL 无针头注射器注射叶背，2 种菌液可在同一叶片左右两侧注射直径为 3 cm 的圆斑，培养室培养 48 h，培养温度 25℃、光周期是 16h 光照/8h 黑暗、光照强度 6 000 lx。

(2)将叶片剪下放于直径为 9 cm 的玻璃培养皿中(每皿 2~3 片)。

(3)取 10 mL DAB 染液，浸没叶片，调整叶片位置，确保其完全被 DAB 染液浸泡。

(4)将培养皿置于真空干燥器内，凡士林密封，抽真空处理 3~5 min，重复 3 次，确保 DAB 染液能够浸入植物叶片内。

(5)用锡箔纸将培养皿覆盖，放在摇床上，40~50 r·min^{-1} 室温摇 4~8 h。

(6)取出叶片放在 200 mL 烧杯中，加入适量漂白液。

(7)将烧杯在沸水中煮 15 min，至叶片被漂白，接种部位呈现棕色。

(8)倒掉漂白液，加入新的漂白液，室温静置 30 min，相机拍照。

【结果分析】

根据叶片注射部位显色位置和深浅情况，比较 INF1 和 GFP2 种蛋白引起本氏烟叶片 H_2O_2 积累的差异。

【注意事项】

1. 选取 4~5 周龄长势良好的本氏烟进行注射，第 5、6 完全展开的叶片容易注射。

2. DAB 见光易分解，在配置过程中用锡箔纸将容器覆盖包裹，该染色液尽量现用现配。

【思考题】

1. 通常情况下植物细胞通过哪些物质减少活性氧物质对细胞的损伤?

2. 除了病原菌侵染还有哪些逆境可以导致植物细胞积累活性氧物质?

(张超)

实验 6-7 苯胺蓝染色法检测植物体内胼胝质的积累

【实验目的】

实验视频

了解植物免疫过程中植物发生哪些变化，熟悉胼胝质的检测方法。

【实验原理】

植物和动物一样，同样存在免疫系统。植物先天性免疫系统分为病原相关分子模式(pathogen-associated molecular patterns，PAMP)触发免疫(pathogen-associated molecular patterns-triggered immunity，PTI)和效应子触发免疫(effector-triggered immunity，ETI)2 个层次。当细胞膜表面的受体蛋白识别到病原相关分子时，触发植物的 PTI 反应。例如，当拟南芥细胞膜 FLS2 受体特异性识别到 flg22 的时候，触发拟南芥的免疫反应。当植物受到病原菌侵染的时候，植物的免疫系统被激活，从而激发植物的防御反应，如活性氧爆发、胼胝质积累等一系列反应。

胼胝质(callose)是一种以 β-1, 3-键结合的葡聚糖，它能够和染料苯胺蓝结合，染色后的胼胝质可在紫外照射下发出黄绿色的荧光。依据这一原理，可以检测植物体内胼胝质的积累量。

【实验条件】

1. 材料

拟南芥 Col-0 和 *fls2* 突变体幼苗。

2. 试剂

flg22，1/2 MS，无水乙醇，150 mmol · L^{-1} K_2HPO_4，0.01%的苯胺蓝溶液，双蒸水。

3. 仪器用具

镊子，移液器和枪头，十二孔板，摇床，锡箔纸，荧光显微镜，恒温培养箱，载玻片，盖玻片等。

【实验步骤】

(1)将十二孔板中每孔加入 3 mL 1/2 MS，随后加入 flg22，使 flg22 终浓度为 2 μmol · L^{-1}。

(2)分别将生长一周的 Col-0 型拟南芥和 *fls2* 突变体拟南芥幼苗放入十二孔板充分浸泡，然后放入 22℃恒温培养箱培养 24 h。

(3)取另外一个十二孔板做相同标记，每孔加入 3 mL 脱色液(水∶乙醇=1∶3)。

(4)将处理后的拟南芥幼苗至于脱色液中浸泡 0.5 h。

(5)将上述十二孔板放入 22℃摇床，20 r · min^{-1} 摇晃 24 h。

(6)取另外一个十二孔板做相同标记，每孔加入 3 mL 染色液(含 0.01% 苯胺蓝的 pH 值 9.5 的 150 mmol · L^{-1} 的 K_2HPO_4 溶液)。

(7)将上述处理后的拟南芥幼苗至于 50%无水乙醇漂洗 2 次，然后用双蒸水漂洗 2 次，最后移至染色液中，锡箔纸密闭浸泡 45 min。

(8)取出叶片置于载玻片上，在荧光显微镜下的紫外激发光下拍照。

(9)运用 Image J 软件进行分析。

【结果分析】

分别做 3 组平行实验，每组统计至少 3 个叶片。运用 Image J 软件，统计每个叶片中胼胝质的积累量，以胼胝质积累点的数量为统计参数。

与 *fls2* 植株相比，胼胝质在 Col-0 植株中积累增多。

【注意事项】

1. 要用同一时期的幼苗进行实验。

2. 脱色要彻底，可以适当延长脱色时间。

3. 需要用紫外光激发胼胝质—苯胺蓝结合物。

【思考题】

1. 植物免疫过程除了诱导胼胝质积累，还引起植物哪些变化?

2. 植物免疫和植物生长之间有怎样的关系?

（玉猛）

第 7 章

综合设计实验

实验 7-1 植物溶液培养与缺素症的观察

【实验目的】

掌握植物溶液培养和缺素症观察方法。

【实验原理】

当植物有某些必需的矿质元素的适量供应时，才能正常的生长发育，如缺少某一元素，便表现缺素症，把这些必需的矿质元素用适当的无机盐配成营养液，即能使植物正常生长，这就是溶液培养。

【实验条件】

1. 材料

玉米种子。

2. 试剂

硝酸钾，硫酸镁，磷酸二氢钾，硫酸钾，硫酸钠，磷酸二氢钠，硝酸钠，硝酸钙，氯化钙，硫酸亚铁，硼酸，氯化锰，硫酸铜，硫酸锌，钼酸，盐酸，乙二胺四乙酸二钠（$EDTA-Na_2$）。

3. 仪器用具

烧杯，移液器和枪头，量筒，黑色蜡光纸，精密 pH 试纸、广泛 pH 指示剂或 pH 计；带盖瓷盘，石英砂，培养瓶(陶质盆或塑料广口瓶)，花盆，蛭石，无菌棉，试剂瓶，打孔器等。

【实验步骤】

(1)培苗：用盆装入一定量的石英砂或洁净的河沙，将已浸种一夜的玉米种子均匀地排列在沙面上，再覆盖一层石英砂，保持湿润，然后放置在温暖处发芽。当玉米第一片真叶完全展开后，选择生长一致的幼苗，小心地移植出来待用，移植时注意勿损伤根系。

(2)配制贮备液：按表7-1配制大量元素及铁盐的贮备液。

表7-1 大量元素及铁盐贮备液配制表

营养盐	浓度($g \cdot L^{-1}$)	营养盐		浓度($g \cdot L^{-1}$)
$Ca(NO_3)_2 \cdot 4H_2O$	236	NaH_2PO_4		24
KNO_3	102	$NaNO_3$		170
$MgSO_4 \cdot 7H_2O$	98	Na_2SO_4		21
KH_2PO_4	27			
K_2SO_4	88	EDTA-Fe	EDTA-Na_2	7.45
$CaCl_2$	111		$FeSO_4$	5.57

微量元素贮备液按以下配方配制：称取 H_3BO_4 2.86 g、$MnCl_2 \cdot 4H_2O$ 1.81 g、$CuSO_4 \cdot 5H_2O$ 0.08 g、$ZnSO_4 \cdot 7H_2O$ 0.22 g、$H_2MoO_4 \cdot H_2O$ 0.09 g，溶于去离子水，定容至1 L。

(3)缺素培养液的配制：按表7-2进行缺素培养液的配制。

表7-2 缺素培养液配制表

贮备液	每100 mL培养液中各种贮备液的用量(mL)，用去离子水配制						
	完全	缺氮	缺磷	缺钾	缺钙	缺镁	缺铁
$Ca(NO_3)_2$	0.5	—	0.5	0.5	—	0.5	0.5
KNO_3	0.5	—	0.5	—	0.5	0.5	0.5
$MgSO_4$	0.5	0.5	0.5	0.5	0.5	—	0.5
KH_2PO_4	0.5	0.5	—	—	0.5	0.5	0.5
K_2SO_4	—	0.5	0.5	—	—	—	—
$CaCl_2$	—	0.5	—	—	—	—	—
NaH_2PO_4	—	—	—	0.5	—	—	—
$NaNO_3$	—	—	—	0.5	0.5	—	—
Na_2SO_4	—	—	—	—	—	0.5	—
EDTA-Fe	0.5	0.5	0.5	0.5	0.5	0.5	—
微量元素	0.1	0.1	0.1	0.1	0.1	0.1	0.1

(4)植物培养：取7个1 000 mL的塑料广口瓶，分别装入配制的完全培养液及各种缺素培养液1 000 mL，调节pH值至6.0~7.0，贴上标签，注明日期。然后把各瓶用黑色蜡光纸或黑纸包起来(黑面向里)，或用报纸包3层，并用打孔器在瓶盖中间打3个圆孔，把选好的幼苗去掉胚乳，并用无菌棉缠裹住茎基部，小心地通过圆孔固定在瓶盖上，使整个根系浸入培养液，每瓶放3株，装好后将培养瓶放在阳光充足、温度适宜(20~25℃)的地方，培养3~4周。

取苗时须小心勿伤根系，用蒸馏水把根冲净，并注意将幼苗上的胚乳小心剥离。

(5)观察植物表型：实验开始后每2 d观察一次，注意记录缺乏必需元素时所表现的症状及最先出现症状的部位。培养液每周换1次，为使根部生长良好，最好在盖与溶液之间保留一定空隙，以利通气。将结果记录于表7-3。

表7-3　植物生长及表型记录表

项　目		处　理																				
		完全			缺氮			缺磷			缺钾			缺钙			缺镁			缺铁		
		1	2	3	1	2	3	1	2	3	1	2	3	1	2	3	1	2	3	1	2	3
地上部	株高																					
	叶数																					
	叶色																					
	茎色																					
地下部	根数																					
	根长																					
	根色																					
	受害状况																					

【结果分析】

根据表7-3记录结果分析植物缺少某种元素表现的特有症状及首先发病部位，分析元素是可再利用元素，还是不可再利用元素。

【注意事项】

1. 实验用容器需干燥洁净，以防污染。

2. 配制缺素培养液时先在容器中加入适量去离子水，以防贮备液相互反应生成沉淀。

3. 加入贮备液时适时搅拌，所用移液管要单液单用，避免交叉污染。

4. 放幼苗时摘除胚乳。

【思考题】

1. 描述植物缺少N、P、K、Ca、Mg、Fe时的症状。

2. 植物缺少N、P、K、Ca、Mg、Fe时症状首先表现在什么部位？为什么？

3. 配制缺素培养液时为什么用无离子水？

(王凤茹)

实验7-2　植物组织培养

Ⅰ. 培养基母液的配制

【实验目的】

1. 培养学生良好的卫生习惯，树立组织培养的无菌意识。

2. 掌握组织培养实验器皿的洗涤与灭菌方法。

3. 掌握配制与保存培养基母液的基本技能。

实验视频

【实验原理】

母液指浓度较高的溶液。对于实验常用的培养基，可将其中的各种成分配成10倍、100倍的母液，这样做有两点好处：一是可减少每次配制称量药品的麻烦；二是减少极微量药品在每次称量时造成的误差。

【实验条件】

1. 试剂

2%新洁尔灭溶液，高锰酸钾，甲醛，70%和95%乙醇溶液，洗涤剂，配制MS培养基母液所需要的药品，蒸馏水，0.1 mol·L^{-1} NaOH溶液，0.1 mol·L^{-1} HCl溶液。

2. 仪器用具

喷雾器，培养皿，工作服，口罩，手套，标签纸，记号笔，称量纸，药匙，玻璃棒，电子天平，烧杯，容量瓶，量筒，试剂瓶，冰箱。

【实验步骤】

1. 地面、墙壁和工作台的灭菌

将配好的2%新洁尔灭倒入喷雾器中，对地面、墙壁、角落均匀地喷雾。在对房顶灭菌时，注意不要让药液滴入眼睛。

2. 无菌室和培养室的灭菌

按10 mL甲醛和5 g高锰酸钾的比例配制混合液，将其放入无菌室和培养室，将房门关闭，进行熏蒸。操作时要戴好口罩和手套，用甲醛与高锰酸钾配比时要注意避开烟雾。

3. 培养器皿的洗涤与灭菌

将培养器皿先用肥皂水或洗衣粉浸泡几个小时，然后用清水冲洗，最后用蒸馏水冲一遍，烘干后备用。

4. 母液的配制

(1)母液1：用电子天平称取下列药品，分别放入烧杯：NH_4NO_3 8.25 g、KNO_3 9.5 g、$MgSO_4 \cdot H_2O$ 1.85 g。用少量蒸馏水将药品分别溶解，然后依次混合，加蒸馏水定容至1 000 mL成5倍液。

(2)母液2：用电子天平称取 $CaCl_2 \cdot 2H_2O$ 22.0 g，加蒸馏水定容至500 mL成100

倍液。

(3)母液3：用电子天平称取KH_2PO_4 8.5 g，加蒸馏水定容至500 mL成100倍液。

(4)母液4：用电子天平称取下列药品，分别放入烧杯：EDTA-Na_2 1.85 g、$FeSO_4 \cdot 7H_2O$ 1.39 g。用少量蒸馏水将药品分别溶解后混合，加蒸馏水定容至500 mL成100倍液。

(5)母液5：用电子天平称取下列药品，分别放入烧杯：H_3BO_3 0.31 g、KI 0.041 5 g、$NaMoO_4 \cdot 2H_2O$ 0.012 5 g、$MnSO_4 \cdot 4H_2O$ 1.115 g、$CuSO_4 \cdot 5H_2O$ 0.001 25 g、$ZnSO_4 \cdot 7H_2O$ 0.43 g、$CoCl_2 \cdot 6H_2O$ 0.001 25 g。用少量蒸馏水将药品分别溶解，然后依次混合，加蒸馏水定容至500 mL成100倍液。

(6)母液6：用电子天平称取下列药品，分别放入烧杯：肌醇5.0 g、维生素B_6 0.025 g、甘氨酸0.1 g、维生素B_1 0.005 g、烟酸0.025 g。用少量蒸馏水将药品分别溶解后混合，加蒸馏水定容至500 mL成100倍液。

(7)母液7：用电子天平称取生长素或细胞分裂素50~100 mg，生长素用95%的乙醇溶液或0.1 $mol \cdot L^{-1}$的NaOH溶液溶解，细胞分裂素用0.1 $mol \cdot L^{-1}$HCl加热溶解，加蒸馏水定容至100 mL配制成0.5~1.0 $mg \cdot mL^{-1}$的溶液。

5. 母液的保存

将配制好的母液分别倒入瓶中，贴好标签，注明培养基名称、母液倍数、配制人和配制日期，贮于4 ℃冰箱备用。

【注意事项】

1. 如药品所带结晶水不同，应进行换算。

2. MS培养基中硝酸铵(NH_4NO_3)属于公安部门严格限制管理的药品。

Ⅱ. 培养基的配制

【实验目的】

实验视频

1. 学习并掌握组织培养中由母液配制培养基的方法。

2. 学习并掌握高压灭菌锅的使用方法。

【实验原理】

用配制好的培养基母液根据MS培养基配方配制培养基，加入蔗糖后，调节培养基的pH值至5.8，加入琼脂后，加热至培养基沸腾，使琼脂充分溶解，将培养基分装入培养瓶中，封口，放入高压灭菌锅灭菌。高压蒸汽灭菌是将待灭菌的物品放在一个密闭的加压灭菌锅内，通过加热，使灭菌锅隔套间的水沸腾而产生蒸汽，待水蒸气急剧地将锅内的冷空气从排气阀中驱尽，然后关闭排气阀，继续加热，此时由于蒸汽不能溢出，而增加了灭菌器内的压力，从而使沸点增高，得到高于100℃的温度，导致菌体蛋白质凝固变性而达到灭菌的目的。把高压灭菌后的培养瓶放在接种室或培养室中保存待用。

【实验条件】

1. 试剂

MS培养基母液(按实验7-2：Ⅰ中的方法配制)，蒸馏水，0.1 $mol \cdot L^{-1}$的NaOH溶液，0.1 $mol \cdot L^{-1}$ HCl溶液，琼脂粉，蔗糖。

2. 仪器用具

培养器皿，工作服，口罩，手套，pH 试纸或酸度计，标签纸，铅笔，称量纸，药匙，玻璃棒，电子天平，烧杯，容量瓶，量筒，电炉，高压灭菌锅。

【实验步骤】

(1)量取所配培养基总体积 2/3 体积的蒸馏水，如要配制 1 L 培养基，先量取约 700 mL 体积的水加入 1 L 的烧杯。

(2)据 MS 培养基的配方(见附录 7)，用量筒量取母液 1(5 倍液)200 mL、母液 2~6(100 倍液)各加入 10 mL 加入到烧杯中，及时搅拌混匀，然后，加入蔗糖 40 g，搅拌至彻底溶解，如果是用 MS 粉则按照其说明书和培养基配方结合配制(表 7-4)。

表 7-4　培养基配制

物　质	加入体积或质量	物　质	加入体积或质量
母液 1(5×)	200 mL	蔗糖	40 g
母液 2~6(100 倍液)	各 10 mL	琼脂	8 g

(3)调节培养基的 pH 值：培养基的 pH 值按照培养材料的要求分别用 1 mol · L^{-1} NaOH 溶液、1 mol · L^{-1} HCl 溶液来调节，一般培养基的 pH 值约为 5.8，用 pH 计或 pH 试纸检测 pH 值。

(4)加入琼脂：加入 5~8 g 琼脂(根据培养要求及琼脂的质量而变)，在电炉上或在微波炉内或将培养基转入不锈钢锅内在电磁炉上加热至培养基沸腾，以使琼脂充分溶解，即溶液半透明或接近透明。

(5)分装：将配制好的培养基分装在干净的培养瓶中，每瓶培养基厚度为 1.5~2.0 cm，封口，注明标签。

(6)培养基的灭菌：将分装好的装有培养基的培养瓶放入全自动高压灭菌锅内灭菌，在 121℃下高压灭菌 15~20 min。

(7)培养基的保存：消毒过的培养基通常放在接种室或培养室中保存，一般应在消毒后的 2 周内用完，最好不要超过 1 个月。

【注意事项】

1. 吸取母液时，注意应先将几种母液按顺序排好，不要弄错以免使培养基中药品成分发生改变。

2. 加入一种母液后应先搅拌均匀，避免因不匀而使局部浓度过高而引起沉淀。

3. 琼脂可于加入蔗糖调节 pH 值后再加入，此时应注意搅拌，以免琼脂或蔗糖沉淀于烧杯底而炭化。加热至沸腾，以使琼脂充分溶解，即溶液透明或接近透明。

4. pH 值过酸或过碱会导致培养基过软或过硬的结果，从而影响培养质量。

5. 高压灭菌过程会使 pH 值下降，所以要做预实验确定 pH 值的下降幅度，从而确定高压灭菌前的培养基 pH 值。

6. 在培养不同的外植体时，应加入不同的激素母液 7。

Ⅲ. 植物茎段的离体快繁

【实验目的】

实验视频

掌握植物茎段的离体快繁的方法。

【实验原理】

植物离体快繁又称植物试管高效快繁技术，是一种高效的植物克隆技术，是利用植物细胞全能性的原理，获得许多植物组培苗的过程。

【实验条件】

1. 材料

猕猴桃或其他植物的嫩枝。

2. 试剂

含1~3 mg·L^{-1} IAA的MS培养基，无菌水，70%或75%的乙醇溶液，10%的次氯酸钠溶液。

3. 仪器用具

超净工作台，高压灭菌锅，剪刀，长镊子，烧杯，培养皿，移液器和枪头，酒精灯，滤纸，酒精棉球，记号笔等。

【实验步骤】

(1)超净工作台的消毒：用70%或75%的酒精棉球擦净工作台，打开超净工作台里的紫外灯照射30~45 min，然后，关闭紫外灯，打开无菌风，吹30~45 min后方可工作。

(2)外植体的消毒：取猕猴桃或其它植物枝条，去掉大的叶片，剪取带腋芽的茎段，用肥皂水(或洗洁精)清洗表面，再用自来水冲洗30~60 min，然后，在已经消毒的无菌的超净工作台内用70%或75%的乙醇溶液浸没消毒20~40 s，无菌水漂洗3~4次，再用10%的次氯酸钠溶液浸泡消毒10~15 min，再用无菌水漂洗3~4次，放入已灭菌的培养皿中的滤纸上待用。

(3)接种：先点燃酒精灯，镊子和剪刀都要先浸泡在70%的乙醇溶液中，在酒精灯火焰上灼烧好后，将镊子、剪刀冷却后，用镊子捏住带腋芽的茎段放到滤纸上，用剪刀将茎段两端的切口处各剪去3 mm左右，用镊子捏住带腋芽的茎段，迅速打开培养瓶口，将茎段插入瓶内培养基上，注意材料的形态学上下端的极性，不能倒插，迅速封口，用记号笔在瓶体上注明日期和材料。

(4)培养：放在培养室内的培养架上进行培养，培养条件是温度25℃±2℃，每天光照13~16 h，光照强度1 000~2 000 lx。

【注意事项】

1. 根据材料的木质化程度掌握具体的乙醇和次氯酸钠消毒时间。

2. 接种过程中的关键是无菌操作。

Ⅳ. 植物茎段的诱导生根

【实验目的】

学习并掌握植物茎段诱导生根的方法。

【实验原理】

细胞分裂素促进细胞分裂，促进芽的分化，保护叶绿素。生长素类的生理作用是促进细胞和器官的伸长和细胞分裂，生长素促进细胞分裂的作用在组织培养中表现得最明显，如诱导受伤的组织表面一层细胞恢复分裂能力，形成愈伤组织进而分化成根。在扦插繁殖和组织培养中，若诱导出根，生长素浓度高于细胞分裂素。

【实验条件】

1. 材料

培养4~6周的外植体上长出的丛生芽。

2. 试剂

含2 mg · L^{-1} IAA和1 mg · L^{-1} 6-BA的MS培养基。

3. 仪器用具

超净工作台，灭菌锅，剪刀，长镊子，烧杯，培养皿，移液器和枪头，酒精灯，滤纸，酒精棉球等。

【实验步骤】

(1)取材：在无菌室的超净工作台内，每次取一瓶培养物，灼烧培养瓶口约20 mm处，用灼烧冷却后的镊子取出外植体放在无菌培养皿中的滤纸上。用灼烧冷却后的剪刀把丛生芽剪散。每次操作后要去掉用过的滤纸并重新盖上培养皿的盖子。

(2)转接：将剪散的丛生芽接种到生根培养基上，接种方法同前。转接后在培养瓶上注明培养物、培养基、日期。

(3)实验记录：在笔记本上注明实验开始的日期、持续期、培养物的数目、污染数目和所做的不同处理。在4周内，每隔1周用肉眼观察培养物，记录培养物形态的变化、培养物的生长状态、生根情况等，必要时拍照记录。

【注意事项】

1. 接种过程中的关键是无菌操作。
2. 培养过程中，注意观察是否存在污染。

Ⅴ. 炼苗与移栽

【实验目的】

学习并掌握组培苗的驯化和移栽方法。

【实验原理】

组织培养中培育出来的苗通常称为组培苗或试管苗。由于试管苗是在无菌、有营养供给、适宜光照和温度、近100%相对湿度环境条件下生长的，因此，在生理、形态等方面都与自然条件生长的正常小苗有着很大的差异，所以移栽前必须炼苗。例如，通过控水、减肥、增光、降温等措施，使它们逐渐地适应外界环境，从而使生理、形态、组织上发生相应的变化，使之更适合于自然环境，只有这样才能保证试管苗顺利移栽成功。

【实验条件】

1. 材料

植物组培苗。

2. 仪器用具

蛭石，珍珠岩，腐殖土或草炭土，沙子，喷壶，育苗盘，塑料钵等。

【实验步骤】

(1)移栽基质的配制：基质按比例为1∶1∶0.5的珍珠岩∶蛭石∶草炭土或腐殖土配制，也可用比例为1∶1的沙子∶草炭土或腐殖土配制。这些介质在使用前应高压灭菌。

(2)移栽前的炼苗：移栽前可将培养瓶不开口移到自然光照下锻炼2~3 d，使其接受强光的照射，促其生长健壮，然后再开口炼苗1~2 d，经受较低湿度的处理，以适应将来自然湿度的条件。

(3)移栽和幼苗的管理：从培养瓶中取出已生根的小苗，用自来水洗掉根部黏着的培养基，要全部除去，以防残留培养基滋生杂菌。但要轻轻除去，避免伤根。将组培苗栽入基质中(注意幼苗较嫩，防止弄伤)，然后把苗周围基质压实。栽前基质要浇透水，栽后喷水少许，轻浇薄水。再将苗移入育苗室(环境空气温度要求高，要保证空气湿度达90%以上)。

【注意事项】

1. 移苗过程中避免伤根。
2. 浇水要适量，不能过多。

【思考题】

1. 钙盐和铁盐母液为何要单独配制？
2. 分析配制的母液产生沉淀的可能原因。
3. 分析配制的培养基不凝固的可能原因。
4. 高压灭菌常用温度和时间是多少？为什么高压灭菌时要先放冷气？
5. 为什么高压灭菌过程会使得MS培养基pH值下降？
6. 注意材料上下端的极性，不能倒插，为什么？
7. 不同的激素如何决定细胞分化导向？
8. 如果实验结果发现很多茎段不生根，怎么改进实验？
9. 怎么做能提高组培苗的移栽成活率？

(杨明峰　顾玉红)

实验7-3　6-BA对叶片的保鲜作用

【实验目的】

1. 了解6-BA保鲜的合理使用方法。

2. 了解如何设计实验、开展实验和进行实验结果的分析，进一步用于生产上防止或减轻叶片早衰，以利于植物生长发育、增产增收。

【实验原理】

6-BA 可以抑制水解生物大分子的酶的产生，抑制叶绿素的降解，还可以促进营养物质向 6-BA 含量高的部位运输，因此，6-BA 对植物的叶片有延缓衰老的作用。

【实验条件】

1. 材料

植物的成熟叶片。

2. 试剂

6-BA，其他试剂根据实验需求而定。

3. 仪器用具

烧杯，量筒，容量瓶，移液器和枪头等。其他用具根据所测指标的实验方法而定。

【实验步骤】

(1)取样：需要考虑叶片所属的物种、品种，还要保证处理与对照样品之间具有可比性。

(2)设置 6-BA 浓度：采用等比、等差的浓度设计，需要考虑浓度范围的合理适用性。

(3)6-BA 处理样品的方式：采用喷施、浸泡、营养液培养、土施等科学合理适用的方式。

(4)外界条件：外界环境中的温度、湿度、光照、空气、微生物等均会影响实验效果，需要保证不同处理之间的可比性。

(5)实验结果的衡量指标：叶色、叶形、叶面积等叶片的外观形状，叶片的色素、糖、激素、酶活性等内在品质，这些指标的具体测定方法见本教材的相关内容。

【结果分析】

(1)观察和测定及计算不同 6-BA 处理的衡量指标的结果。

(2)比较不同浓度、不同处理方式、不同外界条件下 6-BA 对叶片的保鲜(延缓衰老)效果，筛选出适用的技术方案，进而用于生产。

【注意事项】

1. 对照与处理选取的材料一定要有可比性。

2. 6-BA 使用浓度要合理。

3. 衡量指标要直接。

【思考题】

生产上出现叶片早衰的问题，如何利用 6-BA 等植物生长调节剂提前预防和减轻叶片早衰？还需要辅助哪些措施？

（胡小龙）

实验 7-4 果实成熟过程中的生理生化变化

【实验目的】

1. 加深学生对果实的成熟发育过程的感官和理论认识。

2. 掌握各相关生理指标的测定原理及方法。

【实验原理】

苹果、梨、桃、李子等肉质果实在成熟过程中，果皮中的叶绿素含量降低，类胡萝卜素和花青素含量增加；总酚和类黄酮含量因物种而异。果实硬度下降，可溶性果胶含量增加、果实变软，可溶性糖含量增加，可滴定酸含量下降，维生素 C 含量增加，果实变甜。

【实验条件】

1. 材料

不同成熟度的苹果、梨、桃、李子等果实。

2. 试剂

详见本书中各指标测定方法。

3. 仪器用具

采集筐，采集袋，标签，记号笔，照相机，水果刀，冰箱，超低温冰箱，电子天平等。其他仪器用具详见本书中各指标测定方法。

【实验步骤】

根据田间情况采收 3~4 种成熟度的苹果、桃、李子等果实。每个成熟度采集 10~20 个果，3 次重复。运至实验室，拍外观照片，测单果重、果实硬度后，果皮和果肉分别取样，用 10~20 个果取混合样，将取的材料放置-20℃或-80℃下保存，用于测定叶绿素、类胡萝卜素、花青素、总酚、类黄酮、可溶性糖、可滴定酸、可溶性果胶的含量。

果实硬度、色素、可溶性糖、可滴定酸、可溶性果胶和维生素 C 含量，这些指标的具体测定方法见本书中的相应章节。

【结果分析】

将测定数据记录于表 7-5 中。

表 7-5 果实外观品质和内在品质指标记录

测定指标		成熟度 1	成熟度 2	成熟度 3	成熟度 4
外 观	叶绿素				
	花青素				
	类胡萝卜素				

（续）

测定指标		成熟度 1	成熟度 2	成熟度 3	成熟度 4
	可溶性糖				
	可滴定酸				
	可溶性果胶				
内在品质	硬度				
	总酚				
	类黄酮				
	维生素 C				

依据本试验的原理及各指标测定方法中的结果进行各指标的相关性分析。

【注意事项】

1. 取材一定要有代表性。
2. 各指标测定时的注意事项详见各相关实验。

【思考题】

比较不同成熟度的果实的可溶性糖含量、可滴定酸含量和硬度的变化，并说明其原因？

（顾玉红）

实验 7-5　逆境对植物生长的影响

【实验目的】

1. 明确逆境对植物生长的影响及逆境条件下植物发生了哪些生理变化。
2. 学习并掌握植物各种生理指标的测定原理及方法。

【实验原理】

逆境会伤害植物，严重时会导致死亡。逆境可使膜系统破坏，细胞脱水，位于膜上的酶活性紊乱，各种代谢活动无序进行，细胞膜透性加大。逆境会使光合速率下降，同化物形成减少，因为组织缺水引起气孔关闭，叶绿体受伤，有关光合过程的酶失活或变性。呼吸速率也发生变化，其变化进程因逆境种类而异。冰冻、高温、盐胁迫和淹水胁迫时，呼吸逐渐下降；0℃以上低温和干旱胁迫时，呼吸先升后降；感染病菌时，呼吸显著增高。此外，逆境诱导糖类和蛋白质转变成可溶性化合物，这与合成酶活性下降、水解酶活性增强有关。

【实验条件】

1. 材料培养

将玉米、谷子等植物的种子播种于不同的花盆中，待生长到一定阶段，将生长不好的幼苗进行间苗，在不同的花盆中选取生长一致、长势良好的植物幼苗进行不同浓度（100 $mmol \cdot L^{-1}$

NaCl、200 mmol · L^{-1} NaCl、300 mmol · L^{-1} NaCl)的盐胁迫处理，每隔2 d处理一次，共处理3次，对不同盐处理的幼苗分别编号。

2. 试剂

NaCl(100 mmol · L^{-1}、200 mmol · L^{-1}、300 mmol · L^{-1})，其他试剂详见本书各指标的测定方法。

3. 仪器用具

直尺，游标卡尺，显微镜，镊子等。其他仪器用具详见本书各指标的测定方法。

【实验步骤】

(1)定期观察不同浓度NaCl胁迫处理后玉米的形态变化，测定株高、地径，观察叶片颜色及叶面是否卷缩、叶面上是否出现坏死斑点等现象，并将盐胁迫前后的形态变化逐一做好记录，加以比较。

(2)测定气孔大小：采用指甲油印迹法制片。取不同浓度盐胁迫处理的玉米叶片，擦净下表皮，于叶片下表皮相同位置处均匀地涂上一层透明的指甲油。待指甲油充分晾干后，用刀片将涂抹的指甲油印迹切成一个10 mm×10 mm的正方形，用镊子顺着切口方向将指甲油印迹撕下。将撕下的指甲油印迹放在载玻片上，盖上盖玻片，用解剖针轻轻敲击盖玻片，使指甲油印迹平整。为了让涂层平铺，可以适当滴加少许甘油，然后用盖玻片盖上。用显微镜观测视野中气孔的大小和形状变化并成像。

(3)测定叶绿素含量：具体测定方法见实验3-2。

(4)测定光合速率：具体测定方法见实验3-4至实验3-8。

(5)测定呼吸速率：具体测定方法见实验3-4和实验3-9。

(6)测定膜透性：采用电导率法，具体测定方法见实验6-1。

(7)测定丙二醛含量：具体测定方法见实验6-2。

(8)测定脯氨酸含量：具体测定方法见实验6-3。

(9)测定超氧阴离子自由基含量：具体测定方法见实验6-4。

(10)测定抗氧化酶(SOD、POD、CAT)活性：具体测定方法见实验6-5。

【结果分析】

在逆境条件下，不同的植物有不同的反应。有的植物对逆境具有适应能力或抗性，有的植物对逆境较为敏感。当胁迫超出了植物正常生长、发育所能承受的范围，将导致植物体内产生一系列的生理生化变化，甚至使植物受到伤害死亡。通过测定逆境条件下植物的质膜透性、膜脂过氧化和抗氧化酶活性变化以及渗透调节物质(脯氨酸)等的变化，以探讨逆境对植物的伤害以及植物对逆境的适应机制。

逆境条件下植物细胞的膜系统首先受到伤害，细胞膜透性增大，内含物外渗，若将受伤害组织浸入去离子水中，其外渗液中电解质的含量比正常组织外渗液中含量增加。组织受伤害越严重，电解质含量增加越多。细胞膜受到破坏，叶绿体结构破坏，存在于叶绿体中的叶绿素含量逐渐减少，随之导致光合速率的下降。逆境条件下，叶绿素含量越低，表明植物受害程度越严重。丙二醛(MDA)是膜脂过氧化产物之一，其浓度表示细胞膜脂质过氧化的强度和膜系统受伤害的程度，所以是逆境生理指标，丙二醛含量越高，表明植物受伤害的程度越大。植物体内的脯氨酸积累量在一定程度上反映了植物的抗逆性，脯氨酸含量越高，说明该品种抗性越强，也说明逆境对植物的伤害越大。生物体内的分子氧可以经过单电子还原转变为超氧阴离子自由基(O_2^-)。O_2^-既可直接作用于蛋白质和核酸等生物大分子，也可以衍生为羟基自由基(·OH)、单线态氧($^1O_2$)、过氧化氢(H_2O_2)及脂质过氧物自由基(RO·、ROO·)等对细胞结构和功能具有破坏作用的活性氧。通常，逆境条件下，O_2^-产生的概率更大，而此时植物体内自由基的产生和清除自由基的保护酶系统(主要包括过氧化物酶、过氧化氢酶和超氧化物歧化酶)平衡受到破坏，导致自由基含量不断增加且超过伤害阈值，使生物体严重受损甚至死亡。因而测定丙二醛、脯氨酸、活性氧含量以及抗氧化酶活性可作为抗性育种的生理指标。

根据测定结果，综合分析各项指标，评定植物受害程度及抗性强弱。

【注意事项】

1. 用指甲油印迹法制片时，由于印迹很薄，撕取下表皮时一定要掌握好力度。

2. 其他各指标测定时注意事项参见各相关实验。

【思考题】

1. 比较逆境及正常生长条件下植物叶片气孔大小、叶绿素含量、光合速率、呼吸速率、质膜透性、丙二醛含量、脯氨酸含量以及保护酶活性的变化，并说明它们与植物抗逆性的关系。

2. 比较不同品种植物的抗性大小，并说明其原因。

3. 分析各生理指标之间的相关性。

（郭红彦）

实验 7-6　植物生长调节剂对植物插条不定根发生的影响

【实验目的】

1. 学习并掌握使用植物生长调节剂诱导植物插条不定根发生的设计方法。

2. 了解植物生长调节剂的种类、浓度和处理时间等对植物插条不定根发生的影响。

3. 了解植物生长调节剂在农业上的应用。

实验视频

【实验原理】

植物激素是植物体内产生、运到别处，对植物生长发育有调节作用的微量有机物。植物生长发育的各个阶段均会受到内源激素的调节作用。植物生长调节剂是人工合成的，具有类似植物激素功能的物质。随着科技的进步，由人工合成或微生物产生的植物生长调节剂已广泛应用于农业生产过程中，并作出了巨大贡献。

扦插是植物繁殖的一种重要方式，具有简单、快速等优点，广泛应用于农业、林业、园林等。用诱导生根的植物生长调节剂处理植物枝条基部，可以使基部的薄壁细胞脱分化恢复分裂能力产生愈伤组织，愈伤组织再分化产生大量不定根，从而提高扦插枝条成活率，提高生产效率。茎插可根据扦插季节和枝条的发育程度的不同分为嫩枝扦插(又称绿枝扦插)和硬枝扦插，本实验以树莓的嫩枝扦插为例。

【实验条件】

1. 材料

树莓等植物枝条。

2. 试剂

多菌灵溶液，沙土。

植物生长调节剂溶液(生根粉或萘乙酸等)：先配制成1.0 g·L^{-1}的母液，再按照需要稀释成3~5个不同浓度的溶液，如10 mg·L^{-1}、50 mg·L^{-1}、100 mg·L^{-1}、200 mg·L^{-1}等。

3. 仪器用具

电子天平，植物根系扫描仪，烧杯，量筒，移液器和枪头，剪枝剪，托盘，花盆(营养钵)，纸杯，计时器，培养皿，玻璃瓶，镊子，烘箱，小刀等。

【实验步骤】

(1)植物材料的准备：选择合适的植物材料，需要注意插条的生理状态。插条长度根据植物的种类和节间长度而异，一般插条长度为5~15 cm，含2~3个芽。将插条形态学下端剪成斜口，形态学上端剪成平口(带茎尖的插条不剪顶端)，上、下切口距芽约0.5 cm，保留1~2个叶片，若叶片面积大，则可以保留半片叶。

(2)杀菌：将多菌灵溶液倒入装有插条的玻璃瓶中，浸泡插条5 min；或者将插条基部浸泡到多菌灵溶液中浸泡5 min。

(3)用植物生长调节剂溶液(生根粉或萘乙酸等)处理插条：将插条从多菌灵溶液中取出，将植物生长调节剂溶液(生根粉或萘乙酸等)倒入纸杯中，将插条的形态学下端(基部)2~3 cm浸泡在植物生长调节剂溶液(生根粉或萘乙酸等)中，对照用水代替植物生长调节剂溶液，浸泡1~3 h。

(4)插条培养：用水将沙土润湿，装入花盆(营养钵)中。浸泡时间结束后，将插条取出，移栽到湿润沙土中，置于阳台或走廊的弱光通风处(或塑料棚内)培养，培养温度为20~30℃，培养10~20 d，培养期间注意浇水以保持沙土湿润。

(5)观察统计：观察统计插条基部不定根发生的数目、生根的范围、根系长度、根系体积、根尖数等指标，有条件的实验室可以采用根系扫描仪测定。记录形态后，称量根系鲜重并记录，随后放于培养皿中，60~80℃烘干至恒重，测定根系干重。此外，还可以取新鲜的不定根，参考本教材中相应的实验方法测定不定根的酶活性、激素等生理指标，结合根系扫描仪的结果判断生根情况。

【结果分析】

整理分析测定获得的根系相关指标的结果，综合判断不同浓度植物生长调节剂(生根粉或萘乙酸等)对植物插条生根的影响，筛选出合适的实验方案，用于科研和生产。

【注意事项】

1. 要根据选用的植物材料的性质(年龄、部位等)选择合适的植物生长调节剂。

2. 掌握好植物生长调节剂的浓度及浸泡时间。

【思考题】

1. 如何设计实验分析2种不同植物生长调节剂对插条不定根发生的影响？

2. 为什么不同植物、植物的不同部位所需要的生长调节剂浓度及浸泡时间不同？

（高同国）

实验 7-7　利用基因编辑技术创制抗病的小麦材料

【实验目的】

掌握基因编辑技术的基本原理和在创制优异种质材料中的作用。

【实验原理】

CRISPR/Cas9 是目前应用最广的基因编辑技术，已成功应用于众多物种基因组的编辑，已广泛用于水稻、小麦、玉米、番茄等重要作物产量、品质、抗性等性状的修饰和改良。

CRISPR/Cas9 系统主要包括 Cas9 核酸酶和含有向导序列的 sgRNA 两部分。在含有靶位点的 sgRNA 引导下，Cas9 核酸酶与靶位点结合并进行切割，产生 DNA 双链断裂(DSB)，从而激活细胞内固有的非同源末端连接(NHEJ)或者同源重组(HR)两种修复方式对损伤的 DNA 进行修复。非同源末端连接在修复途径中占主导地位，在靶位点处可以产生少量碱基的插入缺失，造成蛋白质编码框的移码进而导致基因功能丧失产生功能缺失突变体。当供体与 DNA 双链断裂处存在同源序列时，机体可以通过同源重组方式进行修复，这是一种精确的修复方式，可以对靶位点进行精准的基因插入或者基因替换，但是发生频率很低。

本实验通过 CRISPR/Cas9 技术编辑小麦内的感病基因 *MLO*，通过在感病基因 *MLO* 的外显子上产生 DSB，利用 NHEJ 修复途径对其进行修复，产生 *MLO* 基因功能缺失突变体获得对白粉病菌抗性提高的小麦材料。

【实验条件】

1. 材料

生长 10 d 的小麦苗；含有针对 *MLO* 基因靶位点的 CRISPR 编辑载体。

2. 试剂

(1)酶解液：1.5% Cellulase R-10，0.75% Macerozyme R-10，0.6 $mol \cdot L^{-1}$ Mannitol，10 $mmol \cdot L^{-1}$ MES，调节 pH 值至 5.7。再加 10 $mmol \cdot L^{-1}$ $CaCl_2$，0.1% BSA，0.45 μm 滤膜过滤。

(2)W5 溶液：154 $mmol \cdot L^{-1}$ NaCl，125 $mmol \cdot L^{-1}$ $CaCl_2$，5 $mmol \cdot L^{-1}$ KCl，2 $mmol \cdot L^{-1}$ MES，调节 pH 值至 5.7，121℃灭菌 20 min。

(3)MMG 溶液：0.4 $mol \cdot L^{-1}$ Mannitol，15 $mmol \cdot L^{-1}$ $MgCl_2$，4 $mmol \cdot L^{-1}$ MES，调节 pH 值至 5.7。

(4)PEG 溶液：40% (*W/V*) PEG4000，0.2 $mol \cdot L^{-1}$ Mannitol，0.1 $mol \cdot L^{-1}$ $CaCl_2$。

(5)质粒 DNA 中量提取试剂盒。

3. 仪器用具

滤膜，电子天平，移液器和枪头，pH 计，高压灭菌锅，高速冷冻离心机，台式水平离心机，真空泵，水平摇床，摇床，冰箱，荧光显微镜等。

【实验步骤】

(1)提取 CRISPR-MLO 编辑载体和对照 TB-35S-GFP 质粒。

(2)通过瞬时转化小麦原生质体检测基因编辑载体的活性：取培养 10 d 的小麦幼嫩的叶片，用刀片将其切成 0.5~1.0 mm 的丝，放入 0.6 mol·L^{-1} 的甘露醇溶液中避光处理 10 min，再将其放入 25 mL 酶解液中消化 5 h(10 r·min^{-1} 缓慢摇晃)。加 25 mL W5 溶液稀释酶解产物，用尼龙滤膜过滤酶解液于圆底离心管中。室温 100 ×*g* 离心 3 min，弃上清。25 mL W5 溶液轻轻悬起原生质体，冰上放置 30 min；原生质体逐渐沉降，弃上清。加适量 MMG 溶液悬浮，至于冰上。利用 PEG 介导法将基因编辑载体(CRISPR-MLO)、阳性对照(TB-35S-GFP)转化上述制备的原生质体，25℃暗处培养，18 h 后可以用于 GFP 荧光观察，48 h 后用于提取原生质体基因组 DNA，检测编辑载体的活性。

(3)稳定转化小麦幼胚：将上述获得的靶向感病基因 *MLO* 的具有编辑活性的载体利用基因枪法稳定转化小麦的幼胚，获得稳定转化的基因编辑的小麦材料。

(4)对获得的突变体后代进行抗病性鉴定：对生长一周的 *MLO* 基因编辑的小麦材料和野生型分别进行白粉病接种，接菌后 7 d 进行表型观察。

【结果分析】

基因编辑载体转化小麦原生质体时，需选择含有 GFP 荧光的载体作为对照，转化原生质体。转化原生质体 24 h 后，对 GFP 荧光进行观察，并统计瞬时转化效率。GFP 瞬时转化效率达到 50%时，可以检测基因编辑载体的活性。

$$转化效率=具有绿色荧光的细胞数目/细胞总数\times 100\% \quad (7\text{-}1)$$

接菌 7 d 后观察表型，只有小麦三突变体 *mlo-aabbdd* 的叶片上没有白粉菌的侵染，表现为抗病，而其他类型的突变体和野生型一样均有白粉病的侵染，表现为感病。上述结果表明只有当小麦中 *MLO* 基因的 3 个拷贝同时功能缺失突变时才能对小麦白粉病产生抗病性。

【注意事项】

1. 酶解时需要避光，且温度要保持在 22~25℃，酶解完轻轻摇晃酶解液，释放原生质体。

2. 加入 MMG 重悬原生质体时，保证原生质体的浓度为 2×10^5~10^6 个·mL^{-1}。

3. 进行接菌观察表型时，要同时对野生型进行接菌处理，作为对照比较。

【思考题】

1. 如何利用基因编辑技术获得抗逆性增强的作物新品种？

2. 基因编辑技术有哪些应用？

(李君)

参考文献

曹建康，2007. 果蔬采后生理生化实验指导[M]. 北京：中国轻工业出版社.

曹宗巽，吴相钰，1979. 植物生理学[M]. 北京：人民教育出版社.

陈建勋，王晓峰，2006. 植物生理学实验指导[M]. 广州：华南理工大学出版社.

陈世昌，2006. 植物组织培养[M]. 重庆：重庆大学出版社.

崔德才，徐培文，2005. 植物组织培养与工厂化育苗[M]. 北京：化学工业出版社.

邓东国，范志平，2008. 林木蒸腾作用测定和估算方法[J]. 生态学杂志，27(6)：1051-1058.

樊金娟，阮燕晔，2015. 植物生理学实验教程[M]. 2 版. 北京：中国农业大学出版社.

高俊凤，2006. 植物生理学实验指导[M]. 北京：高等教育出版社.

高俊山，蔡永萍，2018. 植物生理学实验指导[M]. 北京：中国农业大学出版社.

郝建军，康宗利，于洋，2006. 植物生理学实验技术[M]. 北京：化学工业出版社.

郝再彬，苍晶，徐仲，2004. 植物生理学实验[M]. 哈尔滨：哈尔滨工业大学出版社.

侯福林，2010. 植物生理学实验教程[M]. 2 版. 北京：科学出版社.

黄群生，1997. "钾离子对气孔开度的影响"实验的改进[J]. 植物生理学通讯，33(1)：53-54.

孔祥生，易现峰，2008. 植物生理学实验技术[M]. 北京：中国农业出版社.

李合生，2000. 植物生理生化实验原理和技术[M]. 北京：高等教育出版社.

李鹏民，高辉远，STRASSER R J，2005. 快速叶绿素荧光诱导动力学分析在光合作用研究中的应用[J]. 植物生理与分子生物学学报，31(6)：559-566.

李绍军，梁宗锁，2005. 关于茚三酮法测定脯氨酸含量中脯氨酸与茚三酮反应之探讨[J]. 植物生理学通讯，41(3)：365-368.

刘海学，2019. 现代仪器分析技术与实训[M]. 北京：中国农业出版社.

刘家尧，刘新，2010. 植物生理学实验教程[M]. 北京：高等教育出版社.

刘萍，李明军，2016. 植物生理学实验[M]. 北京：科学出版社.

刘晚苟，山仑，邓西平，2002. 升压和降压过程玉米根系水分传输的比较[J]. 西北植物学报(8)：15-17.

罗红艺，景红娟，李菊容，等，2003. 不同保鲜剂对香石竹切花的保鲜效果[J]. 植物生理学通讯，39(1)：27-28.

马玲，赵平，2005. 乔木蒸腾作用的主要测定方法[J]. 生态学杂志，24(1)：88-96.

彭星元，2008. 植物组织培养技术[M]. 北京：高等教育出版社.

屈艳萍，康绍忠，2006. 植物蒸发蒸腾量测定方法述评[J]. 北京：水利水电科技进展，26(3)：76-81.

沈波，平霄飞，汤富彬，等，2004. 高压液相色谱法检测水稻根系伤流液中细胞分裂素类物质[J]. 中国水稻科学，18(4)：84-86.

石连旋，颜宏，2013. 植物生理学实验指导[M]. 北京：高等教育出版社.

史树德，孙亚卿，魏磊，2011. 植物生理学实验指导[M]. 北京：中国林业出版社.

汤绍虎，罗充，2012. 植物生理学实验教程[M]. 重庆：西南师范大学出版社.
汤章诚，1999. 现代植物生理学实验指南[M]. 北京：科学出版社.
王爱国，罗广华，1990. 植物的超氧物自由基与羟胺反应的定量关系[J]. 植物生理学通讯，39(6)：55-57.
王冬梅，吕淑霞，王金胜，2009. 生物化学实验指导[M]. 北京：科学出版社.
王晶英，2003. 植物生理生化实验技术与原理[M]. 哈尔滨：东北林业大学出版社.
王若仲，萧浪涛，蔺万煌，等，2002. 亚种间杂交稻内源激素的高效液相色谱测定法[J]. 色谱(2)：54-56.
王三根，2017. 植物生理学实验教程[M]. 北京：科学出版社.
王水琦，2007. 植物组织培养[M]. 北京：中国轻工业出版社.
王学奎，黄见良，2015. 植物生理生化实验原理和技术[M]. 3版. 北京：高等教育出版社.
吴殿星，胡繁荣，2009. 植物组织培养[M]. 上海：上海交通大学出版社.
萧浪涛，王三根，2008. 植物生理学实验技术[M]. 北京：中国农业出版社.
许大全，2002. 光合作用效率[M]. 上海：上海科学技术出版社.
薛应龙，1985. 植物生理学实验手册[M]. 上海：上海科学技术出版社.
杨安钢，毛积芳，药立波，2001. 生物化学与分子生物学实验技术[M]. 北京：高等教育出版社.
耶尔马科夫，1956. 植物生物化学研究法[M]. 吴相钰，译. 北京：科学出版社.
余前媛，2014. 植物生理学实验教程[M]. 北京：北京理工大学出版社.
张立军，樊金娟，2007. 植物生理学实验教程[M]. 北京：中国农业大学出版社.
张利奋，1992. 国际食品分析方法[M]. 北京：中国轻工业出版社.
张书霞，2005. 单盐毒害及离子间颉颃现象实验的探讨和改进[J]. 生物学通报，40(10)：42-43.
张鑫，2016. 膜下滴灌马铃薯钾素营养田间快速诊断方法的建立[D]. 呼和浩特：内蒙古农业大学.
张志良，瞿伟菁，李小方，2009. 植物生理学实验指导[M]. 4版. 北京：高等教育出版社.
张治安，陈展宇，2009. 植物生理学实验技术[M]. 长春：吉林大学出版社.
赵世杰，1991. 植物组织中丙二醛测定方法的改进[J]. 植物生理学报，30(3)：207-210.
郑翠萍，吴迪，李玲，等，2008. 6-苄基腺嘌呤和激动素对香石竹切花衰老的生理效应[J]. 植物生理学通讯，44(6)：1152-1154.
职明星，李秀菊，2005. 脯氨酸测定方法的改进[J]. 植物生理学通讯，41(3)：355-357.
周维燕，2001. 植物细胞工程原理与技术[M]. 北京：中国农业大学出版社.
朱广廉，钟海文，张爱琴，1990. 植物生理学实验[M]. 北京：北京大学出版社.
邹琦，2000，植物生理学实验指导[M]. 北京：中国农业出版社.
COBBOLD P H, GOYNS M H, 1981. Aequorin measurements of free calcium in single human fibroblasts [J]. Cell Biology International Reports, 5: 8-9.
CUI Y N, LI X J, YU M, et al., 2018. Sterols regulate endocytic pathways during flg22-induced defense responses in *Arabidopsis*[J]. Development, 145(19): dev165688.
DEMMIG-ADAMS B, ADAMS W W Ⅲ, 1996. Xanthophyll cycle and light stress in nature: uniform response to excess direct sunlight among higher plant species [J]. Planta, 198: 460-470.
DU P, ZHANG C, ZOU X, et al., 2021. "Candidatus Liberibacter asiaticus" secretes non-classically secreted proteins that suppress host hypersensitive cell death and induce expression of plant pathogenesis-related proteins [J]. Applied and Environmental Microbiology, AEM. 00019-21.
GENTY B, BRIANTAIS J M, BAKER N R, 1989. The relationship between the quantum yield of photosynthetic electron transport and quenching of chlorophyll fluorescence [J]. Biochim Biophys Acta, 990: 87-92.

LI J, MENG X, ZONG Y, et al., 2016. Gene replacements and insertions in rice by intron targeting using CRISPR-Cas9 [J]. Nature Plants, 2: 16139.

LI P M, GAO H Y, STRASSER R J, 2005. Application of the chlorophyll fluorescence Induction dynamics in photosynthesis study[J]. Journal of Plant Physiology and Molecular Biology, 31(6): 559-566.

PASSIOURA J B, 1988. Water transport in and to roots[J]. Annual Review of Plant Physiology and Plant Molecular Biology, 39: 245-265.

SLOCUM R D, POUX S J, 1982. An improved method for the subcellular localization of calcium using a modification of the antimonite precipitation technique[J]. Journal of Histochemistry & Cytochemistry, 30: 617-629.

SUZUKI J, KANEMARU K, IINO M, 2016. Genetically encoded fluorescent indicators for organellar calcium imaging[J]. Biophysical Journal, 111(6): 1119-1131.

THORDAL-CHRISTENSEN H, ZHANG Z, WEI Y, et al., 1997. Subcellular localization of H_2O_2 in plants H_2O_2 accumulation in papillae and hypersensitive response during the barley-powdery mildew interaction[J]. Plant Journal, 11: 1187-1194.

WANG Y, CHENG X, SHAN Q, et al., 2014. Simultaneous editing of three homoeoalleles in hexaploid bread wheat confers heritable resistance to powdery mildew[J]. Nature Biotechnology, 32: 947-951.

YUAN L Y, ZHU S D, SHU S, et al., 2015. Regulation of 2, 4-epibrassinolide on mineral nutrient uptake and ion distribution in Ca $(NO_3)_2$ stressed cucumber plants [J]. Journal of Plant Physiology, 188: 29-36.

ZHANG K, LIU S, FU Y, et al., 2023. Establishment of an efficient cotton root protoplast isolation protocol suitable for single-cell RNA sequencing and transient gene expression analysis [J]. Plant Methods, 19: 5.

附　录

附录1　实验室的安全教育培训与准入

1. 为加强实验室安全管理，维护正常的教学、科研秩序，确保师生员工人身和学校财产安全，根据《高等学校消防安全管理规定》《危险化学品安全管理条例》等有关法规和规章，制定本办法。

2. 本办法适用于与开展教学、科研有关的实验实训场地、场所及所属公共区域。实验室负责人(以下简称“负责人”)是实验室的安全责任人，一般为该实验室的实验员老师；实验室使用人(以下简称“使用人”)是利用实验室开展教学科研活动的师生。

3. 实验室安全准入管理应贯彻“安全第一，预防为主”的方针，坚持“教育先行、明确责任、齐抓共管”的原则。

4. 各实验室应在本制度的基础上，结合学科、专业特点，制定具体的实验室安全准入管理细则，落实实验室安全准入制度。

5. 所有进入实验室的人员必须接受安全教育培训和考核，掌握实验室安全操作和安全防范知识，考核合格后方能进入实验室开展实验。

6. 实验室安全教育培训，按照“全员、全程、全面”的要求，结合实验室特点，组织进行专业性安全教育，开展各种预案演练、急救知识培训等活动，提高实验室负责人和使用人员安全意识和安全技能。

7. 实验室三级安全培训与准入体系。

(1)公共实验课程准入：主要内容包括实验室技术安全通识类知识和高校实验室安全事故案例。

(2)专业实验室准入：主要内容包括专业特色实验室安全培训及课程学习。

(3)课题组科研类实验准入：主要开展科研实验室精准培训，包括实验室特有设备、风险源等内容。

8. 学习及考核方式。

(1)自主学习：通过“实验室安全教育及考试系统”的“网上学习”页面，可以浏览系统中全部的PPT、制度、习题等，完成安全知识的自主学习，时间不少于4 h。

(2)在线考试：在规定的时间段内登录“实验室安全教育及考试系统”进行考试。考试总时间为1 h，总分100分，规定时间内得分超过90分(含)为考试合格。可以进行多次考试，以最高得分计成绩。

(3)须使用高压灭菌器等特种设备者，须参加上级部门指定机构组织的专业学习并考核合格，方可持证操作此类设备。

9. 学生必须完成实验室安全准入的学习和考试，方能进入实验室学习和工作。考试成绩合格后，学生可自行打印实验室安全准入证书，经本人签字、学院审核盖章后，上交实验室负责人留档备查。

10. 外来人员和临时人员由实验室根据具体情况组织安全教育、学习和考试，具体形式由实验室负责人确定并组织实施，培训记录须留存三年。

11. 实验实训中心负责实验室安全准入制度的实施，包括安排实验室安全技能培训、组织专业实验室及科研实验室学习考核、安全考核平台建设和维护、安全考试题目及各类安全教育资料的收集和整理等。

12. 督促学院相关教师严格遵守学校规定，不允许无准入资格的学生和其他人员进入实验室开展研究工作。

（刘艳萌）

附录 2 实验室的安全

在植物生理学实验中，经常与毒性很强、有腐蚀性、易燃烧或是有爆炸危险的化学药品直接接触，常常使用易碎的玻璃器皿和陶瓷制品，以及水、电、高温电器设备等。因此，必须遵守实验室规章制度，维护洁净、安全的实验环境。

一、实验室规则

1. 保持肃静。不许喧哗、打闹，创造整洁、安静、有序的实验环境。

2. 保持整洁。实验时应穿工作服，将书包等物品按规定放置整齐，不乱丢污物和随地吐痰。实验结束后，清整器材，彻底清洗试管、烧杯等实验用品，物归原处，实验废液、废品等倾倒或放在指定位置，不得随意乱丢。

3. 严格实验操作。认真预习、切忌盲目、做好准备、提高效率。实验时严格遵守操作规程，仔细观察，做好记录，认真书写实验报告。枪头、滴管等实验用具专用专放、防止交叉污染。使用仪器设备时需首先阅读仪器使用方法，并在老师的指导下进行操作（大型精密仪器设备要经过培训和考试）。玻璃器皿注意轻拿轻放。

4. 注意节约。爱护标本、器材，节约试剂、水电，防止破损浪费。无故损坏按照实验室规定进行赔偿。

5. 保证安全。室内严禁吸烟。用试管加热煮沸时，管口不能对人。使用危险、有毒物品时严格按要求操作，使用同位素应注意安全防护和防止污染。如有意外立即报告。实验完毕，清洁卫生，关好门、窗、水、电等。

二、实验室常识

1. 凡挥发性、有烟雾、有毒和有异味气体的实验，均应在通风柜内进行操作，用后试剂严密封口，尽量缩短操作时间、减少外泄，操作者佩戴口罩、手套、护目镜等。

2. 凡使用有机溶剂，记住两点：第一，许多有机溶剂易燃(乙醚、丙酮、乙醇、苯等)，遇明火或点燃的火柴时会燃烧，所以在使用这类试剂时，一定要远离火源，或将火源熄灭后，方可大量倾倒；第二，许多有机溶剂有毒，例如许多含氯有机溶剂累积于人体内对肝脏有损害，因此要最大限度减少与有机溶剂接触，对挥发性有机溶剂一定在通风柜内操作。

3. 凡见光易变质的试剂，用棕色瓶贮存，或用黑纸(锡纸)包裹，并每次少量配制。

4. 量瓶是量器，不要将量瓶用作容器。

5. 称量试剂，应用硫酸纸，不可用滤纸。

6. 标签纸的大小应与容器相称，标签上要注明物质的名称、规格和浓度、配制日期及配制人，标签应贴在试剂瓶2/3处。

7. 取用试剂和标准溶液后，须立即将瓶塞严，放回原处。取出的试剂盒标准溶液，如未用尽，切勿倒回瓶内，以免掺混。

8. 配制试剂时，对所配的每种试剂，从纯度、结构式、相对分子质量、特性等都应熟悉、做到有的放矢。用过的器皿应及时用自来水浸泡，以便于清洗和减少对器皿的侵蚀。

9. 使用贵重仪器(如分析天平、分光光度计、离心机、微量移液器)时，应予以重视，加倍爱护。使用前，应熟知使用方法。若有问题随时请示指导教师。使用时，要严格遵守操作规程，如遇试剂溅污仪器，应及时用洁净纱布擦拭。发生故障时，应立即关机，告知管理人员，不得擅自拆修。

10. 洗净器皿应放倒置架上自然干燥，不能用抹布擦拭。

三、实验室安全

1. 了解电闸、水阀门、煤气总阀门所在位置，离开实验室时，一定要将室内检查一遍，应将水电、煤气等关好，门窗锁好。

2. 使用电器设备(如烘箱、恒温水浴、离心机等)时，严防触电，绝不可用湿手或在眼睛旁视时开关电闸和电器开关。检查电器设备是否漏电时，应将手背轻轻触及一下表面，凡是漏电的仪器，一律不能使用。

3. 使用高压灭菌锅等特种设备，应持有中华人民共和国特种设备作业人员证书，在使用过程中，不得离人。易燃、易爆、腐蚀、有毒等试剂，决不能放在高压灭菌锅内消毒，以防发生爆炸，造成人身伤亡。

4. 使用可燃物，特别是易燃物(乙醚、丙酮、乙醇等)时，应特别小心。如果不慎倒出相当量的易燃液体，应按下法处理。

(1)立即关闭室内所有的电源和电加热器。

(2)关门，开启排风扇及窗户。

(3)用毛巾或抹布擦拭洒出的液体，并将液体拧到大的容器中，然后再倒入带塞的玻璃缸中。

5. 凡使用腐蚀性试剂(浓酸、浓碱等)，必须极为小心操作，防止溅出，对于挥发性酸(HCl 等)应在通风柜的盘内操作，一旦有洒出，立即用大量自来水冲洗，若溅在实验台或地面，必须及时用湿抹布或拖布反复擦洗干净，不得留痕迹。

6. 涉及管制类危险化学品的实验应提前计算使用剂量，按实验室规定办理审批手续后方可领用，使用时严格操作，如有剩余，立即送还，做好登记，妥善处理。

7. 植物生理实验过程中产生的垃圾主要包括固态废弃物、液态废弃物、实验用剧毒物品、药品的残留物等废弃物。

(1)固态废弃物：废弃试剂(原瓶包装)放入专用废弃化学品收集箱(塑料箱)进行收集，标签清楚，并附试剂清单，其他固废(空瓶、废玻璃器皿、注射器等)可用普通塑料箱或硬纸箱收集。沾有危险化学品的玻璃器皿、针头等，用胶带等包扎好后放入实验室配置的利器盒或专用纸箱内。

(2)液态废弃物：按化学品性质和危险程度分类收集，倒入贴有标签的专用废液桶，禁止把不同类别或会发生异常反应的危险废弃物混放。

(3)含铅、汞等重金属和剧毒品废弃试剂需严格按照实验课教师指定方式妥善处置。

(4)少量的药品残留物收集于实验室规定的废物包装袋中，并贴标签注明；大量的药品残留物按照实验课教师指定方式妥善处置。

四、实验室急救

实验前要熟知安全出口、电源开关等位置，熟悉灭火器材、喷淋装置等安全设施使用方法，在实验过程中不慎发生意外事故时，不要惊慌，应立即采取适当的急救措施。

(一)触电

触电时可按下列方法紧急处理：①关闭电源；②用干木棍使导线与被害者分开；③将被害者移至木质板上，与土地分离；④急救者应先做好防止触电的安全措施，手和脚必须绝缘。

(二)火灾

实验室一旦起火，一方面应立即灭火，另一方面要防止火势蔓延(切断电源、移走易燃药品)。灭火方法要针对起因选用合适方法。一般小火可用湿布、沙土、灭火毯等覆盖燃烧物即可灭火。火势较大可用灭火器，①干粉灭火器适用于扑救有机溶剂和电器设备火灾；②泡沫灭火器可用于扑灭 A 类火灾，如木材、布等物质引起的火灾，也可以用于扑灭 B 类火灾，如汽油、柴油等液体火灾，但是不能扑救水溶性可燃火灾；③二氧化碳灭火器适用于扑救 600 V 以下的带电电器、贵重物品、设备资料、仪表仪器等场所的初起火灾，以及一般可燃液体的火灾；④1211 灭火器适用于扑救易燃液体和可燃液体、可燃气体。但电器设备所引起的火灾，只能用二氧化碳灭火器灭火，不能用泡沫灭火器或水灭火。

衣服着火，切勿奔跑，免致火势加剧，可就地打滚压住着火部位，再以水浇灭之。

（贾 慧）

附录3 植物生理学中常用计量单位及其换算表

一、中华人民共和国法定计量单位(部分内容)(1991.1.1起执行)

附表1 国际单位制的基本单位

量的名称	单位名称	单位符号	量的名称	单位名称	单位符号
长度	米	m	热力学温度	开(尔文)	K
质量	千克	kg	物质的量	摩(尔)	mol
时间	秒	s	发光强度	坎(德拉)	cd
电流	安(培)	A			

附表2 用基本单位表示的国际制导出单位

量的名称	单位名称	单位符号	量的名称	单位名称	单位符号
面积	平方米	m^2	密度	千克每立方米	$kg \cdot m^{-3}$
体积	立方米	m^3	(物质的量)浓度	摩尔每立方分米(升)	$mol \cdot dm^{-3}(L^{-1})$
速度	米每秒	$m \cdot s^{-1}$	光亮度	坎德拉每平方米	$cd \cdot m^{-2}$

附表3 国际单位中具有专门名称的导出单位

量的名称	单位名称	单位符号	关系式
频率	赫兹	Hz	s^{-1}
力；重力	牛顿	N	$kg \cdot m \cdot s^{-2}$
压力；压强；应力	帕斯卡	Pa	$N \cdot m^{-2}$
能量；功；热	焦耳	J	$N \cdot m$
功率；辐射通量	瓦特	W	$J \cdot s^{-1}$
电位；电压；电动势	伏特	V	$W \cdot A^{-1}$
电阻	欧姆	Ω	$V \cdot A^{-1}$
电导	西门子	S	$A \cdot V^{-1}$
光通量	流明	lm	$cd \cdot sr$
光照度	勒克斯	lux	$lm \cdot m^{-2}$

附表 4　国家选定的非国际单位制单位

量的名称	单位名称	单位符号	换算关系
时间	分	min	1 min = 60 s
	[小]时	h	1 h = 60 min = 3 600 s
	天[日]	d	1 d = 24 h = 86 400 s
体积	升	L(l)	$1\ L = 1\ dm^3 = 10^{-3}\ m^3$

附表 5　常用国际制词冠

表示的因数	词冠名称	中文代号	国际代号	表示的因数	词冠名称	中文代号	国际代号
10^6	兆(mega)	兆	M	10^{-3}	毫(milli)	毫	m
10^3	千(kilo)	千	k	10^{-6}	微(micro)	微	μ
10^2	百(hecto)	百	h	10^{-9}	纳诺(nano)	纳	n
10^1	十(deca)	十	da	10^{-12}	皮可(pico)	皮	p
10^{-1}	分(deci)	分	d	10^{-15}	飞母托(femto)	飞	f
10^{-2}	厘(centi)	厘	c				

二、常见非法定计量单位与法定计量单位的换算

附表 6　非法定计量单位与法定计量单位换算

类别	换算	类别	换算
英里(mile)	1 mile = 1 609.344 m	毫巴(mbar)	1 mbar = 100 Pa
英尺(ft)	1 ft = 0.304 8 m = 12 in	毫米水柱(mmH_2O)	$1\ mmH_2O = 9.806\ 65\ Pa$
英寸(in)	1 in = 0.025 4 m = 2.54 cm	毫米汞柱(mmHg)	1 mmHg = 133.322 Pa
埃(A)	$1\ A = 10^{-10}\ m = 0.1\ nm$	尔格(erg)	$1\ erg = 10^{-7}\ J$
达因(dyn)	$1\ dyn = 10^{-5}\ N = 1\ g \cdot cm \cdot s^{-2}$	卡(cal)	1 cal = 4.186 8 J
巴(bar)	$1\ bar = 10^5\ Pa$		

三、基本常数

附表 7　基本常数

气体常数	$R = 8.314\ 41\ J \cdot mol^{-1} \cdot K^{-1}$ $= 0.083\ 144\ 1\ L \cdot bar \cdot mol^{-1} \cdot K^{-1}$ $= 0.082\ 057\ L \cdot atm \cdot mol^{-1} \cdot K^{-1}$ $= 83.144\ 1\ mL \cdot bar \cdot mol^{-1} \cdot K^{-1}$ $= 82.057\ mL \cdot atm \cdot mol^{-1} \cdot K^{-1}$ $= 8314.41\ L \cdot Pa \cdot mol^{-1} \cdot K^{-1}$ $= 0.008\ 314\ L \cdot MPa \cdot mol^{-1} \cdot K^{-1}$
标准大气压	$P_0 = 1.013 \times 10^5\ Pa$
理想气体的摩尔体积(在标准温度气压下)	$V_m = 22.413\ 83\ L \cdot mol^{-1}$

（贾慧）

附录4 实验材料的采取、处理和保存

一、植物材料的种类

植物生理实验使用的材料非常广泛，根据来源可划分为天然(如植物幼苗、根、茎、叶、花等器官或组织等)和人工培养、选育的植物材料(如杂交种、诱导突变种、植物组织培养突变型细胞、愈伤组织等)两大类；植物材料的采集、处理和保存是否恰当是植物生理学研究的重要环节之一。按其水分状况、生理状态可划分为新鲜植物材料(如苹果、梨、桃果肉，蔬菜叶片，绿豆、豌豆芽下胚轴，麦芽、谷芽，鳞茎、花椰菜等)和干材料(小麦面粉，大豆粉，根、茎、叶干粉等)两大类，因实验目的和条件而加以选择。

二、植物材料的采取

植物生理研究测定结果和结论的准确性(或可靠性)，除取决于分析方法是否恰当和分析操作是否严格外，还取决于采取的植物样品是否具有最大的代表性。为保证植物材料的代表性，样品的采取除必须遵循田间试验抽样技术的一般原则外，还要根据不同测定目的的具体要求，正确采取所需试材。从大田或实验地、实验器皿中采取的植物材料，一般数量较大，称为“原始样品”。进行分析之前，应首先按样品的类别(如植物的根、茎、叶、花、果实、种子等)选出“平均样品”。再根据分析的目的、要求和样品种类的特征，采用适当的方法从“平均样品”中选出供分析用的“分析样品”。

(一)原始样品的取样方法

1. 随机取样

在试验区(或大田)中选择有代表性的取样点，取样点的数目应视田块大小而定。选好点后，随机采取一定数量的样株，或在每一个取样点上按规定的面积采取样株。

2. 对角线取样

在试验区(或大田)按对角线选定5个取样点，然后在每个点上随机取一定数量的样株，或在每个取样点上按规定的面积采取样株。

(二)平均样品的取样方法

1. 混合取样法

一般颗粒状(如种子等)或粉末状样品可以采取混合取样法进行：将供采取样品的材料铺在木板(或玻璃板、牛皮纸)上成为均匀的一层，按对角线划分为4等份。取对角的2份为进一步取样的材料，将其余的对角2份淘汰。再把已取中的2份样品充分混合后重复上述方法取样。如此反复操作，每次均淘汰50%的样品，直至所取样品达到所要求的数量为止。这种取样的方法叫四分法。经过四分法的反复混合、淘汰所取得的样品，在实验室中再经适当的处理之后即可制成分析样品。

一般禾谷类、豆类及油料作物的种子均可采用这个方法取样。但应注意样品中不要混有残破、虫噬或空瘪种子及其他混杂物。

2. 按比例取样法

对体积较大、生长不均等的材料，如甘薯、甜菜、马铃薯等块根、块茎等材料，应按原始样品大、中、小不同类型的比例选取样品，再将每一单个样品纵切剖开，各取1/4、1/8或1/16，混在一起组成平均样品。

在采取桃、梨、苹果、柑橘等果实的平均样品时，即使是从同一株果树上取样，也应考虑到果枝在树冠上的不同部位以及果实的大小和成熟度上的差异，按各自的比例取样，混合成平均样品。

3. 注意事项

(1) 取样的地点，一般应距田埂或地边有一定距离，或在特定的取样区内取样。为避免边际效应的影响，勿在边行或靠近边行取样，取样点的四周也不应有缺株现象。

(2) 取样后，按分析的目的分成各部分(如根、茎、叶、花、果实、种子等)进行整理，捆齐，附上标签，装入纸袋。有些多汁果实的样品需要剖开时，应用锋利不锈钢刀剖切，并注意勿使果汁流失。

(3) 对于多汁的瓜、果、蔬菜及幼嫩器官等样品，因含水分较多，容易变质或霉烂，可以在冰箱中冷藏，或用蒸汽灭菌、干燥灭菌，也可用适当浓度的乙醇溶液处理保存，或者减压脱水冷藏以备分析之用。

(4) 选取平均样品的数量应不少于供分析样品的2倍。

(5) 为了动态地了解供试植物在不同生育期的生理状况，常按植物的生育期采取样品进行分析。取样方法是在植物不同生育期调查植株的生育状况并区分为若干类型，计算出各种类型植株所占的百分比，再按此比例采取相应数目的样株作为平均样品。

三、分析样品的处理和保存

(一) 田间采取的植株样品

一般测定中，所取植株样品应该是生育正常无损的健康材料。取下的植株、器官组织样品，必须放入事先准备好的保湿容器中，以维持试样的水分状况与未取下之前基本一致。否则，由于取样后的失水(尤其是田间取样)，在带回实验室过程中强烈失水，使离体材料的许多生理过程发生明显的变化，用这样的试材进行测定，难以得到准确可靠的结果。对于器官组织样品(如叶片或叶组织)，在取样后应立即放入铺有湿纱布带盖的瓷盘中，或铺有湿滤纸的培养皿中。对于干旱研究的有关试材，应尽可能维持其原来的水分状况。

采回的新鲜样品(平均样品)在做分析之前，一般先要经过净化、杀青、烘干(或风干)等一系列处理。

1. 净化

新鲜样品从田间或试验地取回时，常沾有泥土等杂质，应用柔软湿布擦净，不应用水冲洗。

2. 杀青

为了保持样品化学成分不发生转变和损耗，务必及时终止样品中酶的活动，通常将新鲜样品置于105℃的烘箱杀青15~20 min。

3. 干燥

样品经过杀青之后，应立即降低烘箱的温度，维持在70~80℃，直到烘至恒重。烘干所需的时间因样品数量和含水量、烘箱的容积和通风性而定。烘干时应注意温度不可过高，否则会把样品烤焦，特别是含糖较多的样品，更易在高温下焦化。为了更精密地分析，避免某些成分的损失(如蛋白质、维生素、糖等)，在条件许可的情况下使用真空冷冻干燥技术更有效。将净化材料冷到冰点以下，使水转变为冰，然后在较高真空下将冰转变为蒸气而除去的干燥方法。

此外，在测定植物材料中酶的活性或某些成分(如植物激素、维生素C、DNA、RNA等)的含量时，需要用新鲜样品。取样时注意保鲜，取样后立即进行待测组分提取；-20℃保存也可采用液氮冷冻速冻后转-80℃保存，或冰冻真空干燥法得到干燥的制品，放在0~4℃冰箱保存即可。在鲜样已进行了匀浆，尚未完成提取、纯化，不能进行分析测定等特殊情况下，也可加入防腐剂(甲苯、苯甲酸)，以液态保存在缓冲液中，置于0~4℃冰箱即可。但保存时间不宜过长，以免影响实验结果。

(二)已经烘干(或风干)的样品

可根据样品的种类、特点进行以下处理。

1. 种子样品的处理

一般种子(如禾谷类种子)的平均样品清除杂质后要进行磨碎，在磨碎样品前后都应彻底清除磨粉机(或其他碾磨用具)内部的残留物，以免不同样品之间的机械混杂，也可将最初磨出的少量样品弃去，然后正式磨碎，最后使样品全部无损地通过80~100目的筛子，混合均匀作为分析样品贮存于具有磨口玻塞的广口瓶中，贴上标签，注明样品的采取地点、试验处理、采样日期和采样人姓名等。长期保存的样品，贮存瓶上的标签还需要涂蜡。为防止样品在贮存期间生虫，可在瓶中放置一点樟脑或对位二氯甲苯。

对于油料植物种子(如芝麻、亚麻、花生、蓖麻、核桃、文冠果等)需要测定其含油量时，不应当用磨粉机磨碎，否则样品中所含的油分吸附在磨粉机上将明显地影响分析的准确性。所以，对于油料种子应将少量样品放在研钵内研碎或用切片机切成薄片作为分析样品。

2. 茎秆样品的处理

烘干(或风干)的茎秆样品，均要进行磨碎，磨茎秆用的电磨与磨种子的磨粉机结构不同，不宜用磨种子的电磨来磨碎茎秆。如果茎秆样品的含水量偏高而不利于磨碎时，应进一步烘干后再进行磨碎。

3. 多汁样品的处理

柔嫩多汁样品(如浆果、瓜、菜、块根、块茎、球茎等)的成分(如蛋白质、可溶性糖、维生素、色素等)很容易发生代谢变化和损失，因此用其新鲜样品直接进行各项测定及分析。一般应将新鲜的平均样品切成小块，置于电动捣碎机的玻璃缸内进行捣碎。若样品含水量不够(如甜菜、甘薯等)，可以根据样品重量加入0.1~1.0倍的蒸馏水。充分捣碎后的样品应成浆状，从中取出混合均匀的样品进行分析。如果不能及时分析，最好不要急于将其捣碎，以免其中化学成分发生变化而难以准确测定。

有些蔬菜(如含水分不太多的叶菜类、豆类、干菜等)的平均样品可以经过干燥磨碎，也可以直接用新鲜样品进行分析。若采用新鲜样品，可采用上述方法在电动捣碎机内捣碎，也可用研钵(必要时加少许干净的石英砂)充分研磨成匀浆，再进行分析。

在进行新鲜材料的活性成分(如酶活性)测定时，样品的匀浆、研磨一定要在冰浴上或低温室内操作。新鲜样品采后来不及测定的，可放入液氮中速冻，再放入-70℃冰箱中保存。

供试样品一般应该在暗处保存，但是，对于供光合、蒸腾、气孔阻力等的测定样品，在光照下保存更为合理。一般可先将这些供试样品保存在室内自然光强下，但从测定前的0.5~1.0 h开始，应对这些材料进行测定前的光照预处理，又称光照前处理。这不仅是为了使气孔能正常开放，也是为了使一些光合酶类能预先被激活，以便在测定时能获得正常水平的值，而且还能缩短测定时间。光照前处理的光强，一般应和测定时的光照条件一致。

测定材料在取样后，一般应在当天测定使用，不宜过夜保存。需要过夜时，也应在较低温度下保存，但在测定前应使材料温度恢复到测定条件的温度。

对于采集的籽粒样品，在剔除杂质和破损籽粒后，一般可用风干法进行干燥。但有时根据研究的要求，也可立即烘干。对叶片等组织样品，在取样后则应立即烘干。为了加速烘干，对于茎秆、果穗等器官组织应事先切成细条或碎块。

四、实验数据的处理与分析

实验过程中及时、准确地做好原始数据的记录是进行实验结果处理和分析的前提，对实验观察到的现象和数据，应当及时准确地记录在记录本上，切勿写错，更不能涂改。

在植物生理定量测定中，对实验数据进行统计分析，正确运用统计学方法非常重要。首先遇到的是实验测定结果中有效数字位数的确定问题。记录数据时，只应保留一位不定数字，具体有效数字的确定依赖于实验中所使用设备的精确度。计算结果中过多的无效数值是没有意义的，在去掉多余尾数后进位或弃去时，一般采用“四舍五入”的原则。但有效数字太少，也会损失信息。计算所得数字的有效位数取决于做计算所用的原始数字中有效数字的位数。

在乘除法中乘数与被乘数，或除数与被除数有效位数不等式，其积或商的有效位数取决于有效数字位数最少的那一个数据。而在加减法中有效数字的位数，则不是看相对的位数，而是看绝对的位数，即由小数点后位数最少的一个数据决定。

在运算过程中，也可以先暂时多保留一位不定数字，得到最终计算结果后，再去掉多余的尾数。如所用单位较小，或者说数字与所用的单位相比很大，例如，某蛋白质的相对分子质量为64 500，这从测定蛋白质相对分子质量的准确度来看，数字末两位“0”是没有意义的，但它们有表示数字的位数的作用，不能舍去。可以采用10的幂次方表示，即写

成 64.5×10^3。

在待测组分定量测定中，误差是绝对存在的，因此必须善于利用统计学的方法，分析实验结果的准确性，并判断其可靠程度。实验中，每种处理至少3次重复，定量测定数据也要有3次重复，否则，无法进行统计分析。而且，在统计分析之前，由于取材误差、仪器误差、操作误差等一些经常性的原因所引起的误差为系统误差；由于一些偶然的外因所引起的误差为偶然误差。前者影响分析结果的准确度(指测得值与真实值符合的程度，它用误差来表示。误差分为绝对和相对误差)。后者影响分析结果的精密度(指几次重复测定彼此间符合的程度，显示其重现性状况，它用偏差来表示。偏差也分为绝对和相对偏差)。二者共同反应测定结果的可靠性。误差小表示可靠性好，误差大表示可靠性差。

在对实验结果进行分析时，对同一待测组分所得到的多个实验数据，最简单的办法是计算其算术平均值($\bar{x}$)，但这还不能很好地反应测定结果的可靠性，尚需要计算出偏差或相对偏差。在分析中，如果实验数据不多，则可采用算术平均偏差或相对平均偏差表示精密度即可；但当实验数据较多或分散程度较大时，用标准偏差即均方差 S 或相对标准偏差即变异系数 CV 表示精密度更可靠。还可用置信区间表示指定置信度 α 的偏差。

(1)算术平均值：$\bar{x}=\dfrac{\sum x_i}{n}$

(2)平均偏差 $=\dfrac{\sum |x_i-\bar{x}|}{n}$

(3)相对平均偏差 $=\dfrac{\sum |x_i-\bar{x}|}{n\bar{x}}\times100\%$

(4)标准差(均方差)：$S=\sqrt{\dfrac{\sum (x_i-\bar{x})^2}{n-1}}$

(5)变异系数：$CV=\dfrac{S}{\bar{x}}\times100\%$

(6)置信区间的界限：$P=t_{\alpha(n-1)}\dfrac{S}{\sqrt{n}}$

(7)置信区间：$\bar{x}\pm P$

为检测某一样品 $\bar{x}$ 所属总体平均数和某一指定的同类样品的总体平均数之间，或者2种处理取样所属的总体平均数之间有无显著差异时，在总体方差未知，又是小样本情况下，可以用 t 检验求得 t 值，再根据设定显著水平和自由度大小，从 t 值表中查得概率值(p)，即可推断不同样品或同一样品的不同处理之间是否具有显著性差异及其差异水平。

所谓 t 检验，实质上是差数的5%和1%置信区间，它只适用于测验2个相互独立的样品平均数。要明确多个平均数之间的差异显著性，还必须对各平均数进行多重比较。多重比较的方法，过去沿用最小显著差数法(简称LSD法)，但此法有一定的局限性，近来多采用最小显著极差法(简称LSR法)，该方法的特点是不同平均数间的比较采用不同的显著差数标准，可用于平均数间的所有相互比较，其常用方法有新复极差检验和 q 检验2种。各平均数经多重比较后，常采用标记字母法表示。在平均数之间，凡有一个相同标记字母的即为差异不显著，凡具有不同标记字母的即为差异显著，用小写字母 *a*、*b*、*c* 等表示 α=0.05 显著水平，大写字母 *A*、*B*、*C* 等表示 α=0.01 极显著水平。差异显著性也可用标“*”号的方法表示，凡达到 α=0.05 水平(差异显著)的数据，在其右上角标一个“*”号，凡达到 α=0.01 水平(差异极显著)的数据，在其右上角标 2 个“*”，凡未达到 α=0.05 水平的数据，则不予标记。

在科学实验中，方差分析可帮助我们掌握客观规律的主要矛盾或技术关键。方差分析的基本步骤可概括为：①将资料总变异的自由度和平方和分解为各变异因素的自由度和平方和，进而算得其均方(方差)；②计算均方比，作 F 测验，以明了各变异因素的重要程度；③对各平均数进行多重比较，以检验差异的显著性。具体方法可参考有关专业书籍。

(贾慧)

附录 5　常用缓冲溶液的配制

一、0.05 mol · L^{-1} 甘氨酸—盐酸缓冲液

附表 8　甘氨酸—盐酸缓冲液配制

pH 值	*X*(mL)	*Y*(mL)	pH 值	*X*(mL)	*Y*(mL)
2.2	50	44.0	3.0	50	11.4
2.4	50	32.4	3.2	50	8.2
2.6	50	24.2	3.4	50	6.4
2.8	50	16.8	3.6	50	5.0

X mL 0.2 mol · L^{-1} 甘氨酸+*Y* mL 0.2 mol · L^{-1} HCl，再加水稀释至 200 mL。

甘氨酸相对分子质量为 75.07；0.2 mol · L^{-1} 甘氨酸溶液为 15.01 g · L^{-1}。

二、0.05 mol · L^{-1} 邻苯二甲酸氢钾—盐酸缓冲液

附表 9　邻苯二甲酸氢钾—盐酸缓冲液配制

pH 值(20℃)	*X*(mL)	*Y* (mL)	pH 值 (20℃)	*X*(mL)	*Y* (mL)
2.2	5	4.670	3.2	5	1.470
2.4	5	3.960	3.4	5	0.990
2.6	5	3.295	3.6	5	0.597
2.8	5	2.642	3.8	5	0.263
3.0	5	2.032			

X mL 0.2 mol · L^{-1} 邻苯二甲酸氢钾+*Y* mL 0.2 mol · L^{-1}盐酸，再加水稀释至 20 mL。

邻苯二甲酸氢钾相对分子质量 204.23；0.2 mol · L^{-1} 邻苯二甲酸氢钾溶液为 40.85 g · L^{-1}。

三、磷酸氢二钠—柠檬酸缓冲液

附表10 磷酸氢二钠—柠檬酸缓冲液配制

pH值	0.2 mol·L^{-1} Na_2HPO_4 (mL)	0.1 mol·L^{-1}柠檬酸 (mL)	pH值	0.2 mol·L^{-1} Na_2HPO_4 (mL)	0.1 mol·L^{-1}柠檬酸 (mL)
2.2	0.40	19.60	5.2	10.72	9.28
2.4	1.24	18.76	5.4	11.15	8.85
2.6	2.18	17.82	5.6	11.60	8.40
2.8	3.17	16.83	5.8	12.09	7.91
3.0	4.11	15.89	6.0	12.63	7.37
3.2	4.94	15.06	6.2	13.22	6.78
3.4	5.70	14.30	6.4	13.85	6.15
3.6	6.44	13.56	6.6	14.55	5.45
3.8	7.10	12.90	6.8	15.45	4.55
4.0	7.71	12.29	7.0	16.47	3.53
4.2	8.28	11.72	7.2	17.39	2.61
4.4	8.82	11.18	7.4	18.17	1.83
4.6	9.35	10.65	7.6	18.73	1.27
4.8	9.86	10.14	7.8	19.15	0.85
5.0	10.30	9.70	8.0	19.45	0.55

Na_2HPO_4 相对分子质量为141.98；0.2 mol·L^{-1}溶液为28.40 g·L^{-1}。

$Na_2HPO_4 \cdot 2H_2O$ 相对分子质量为178.05；0.2 mol·L^{-1}溶液为35.61 g·L^{-1}。

$Na_2HPO_4 \cdot 12H_2O$ 相对分子质量为358.22；0.2 mol·L^{-1}溶液为71.64 g·L^{-1}。

$C_6H_8O_7 \cdot H_2O$ 相对分子质量为210.14；0.1 mol·L^{-1}溶液为21.01 g·L^{-1}。

四、柠檬酸—氢氧化钠—盐酸缓冲液

附表11 柠檬酸—氢氧化钠—盐酸缓冲液配制

pH值	钠离子浓度 (mol·L^{-1})	柠檬酸 (g)	氢氧化钠（97%） (g)	盐酸（浓） (mL)	最终体积 (L)
2.2	0.20	210	84	160	10
3.1	0.20	210	83	116	10
3.3	0.20	210	83	106	10
4.3	0.20	210	83	45	10
5.3	0.35	245	144	68	10
5.8	0.45	266	156	105	10
6.5	0.38	285	186	126	10

使用时可以每升中加入1 g酚，若最后pH值有变化，再用少量50%氢氧化钠溶液或浓盐酸调节，4℃保存。

五、0.1 mol · L^{-1} 柠檬酸—柠檬酸钠缓冲液

附表 12 柠檬酸—柠檬酸钠缓冲液配制

pH 值	0.1 mol · L^{-1} 柠檬酸 (mL)	0.1 mol · L^{-1} 柠檬酸钠 (mL)	pH 值	0.1 mol · L^{-1} 柠檬酸 (mL)	0.1 mol · L^{-1} 柠檬酸钠 (mL)
3.0	18.6	1.4	5.0	8.2	11.8
3.2	17.2	2.8	5.2	7.3	12.7
3.4	16.0	4.0	5.4	6.4	13.6
3.6	14.9	5.1	5.6	5.5	14.5
3.8	14.0	6.0	5.8	4.7	15.3
4.0	13.1	6.9	6.0	3.8	16.2
4.2	12.3	7.7	6.2	2.8	17.2
4.4	11.4	8.6	6.4	2.0	18.0
4.6	10.3	9.7	6.6	1.4	18.6
4.8	9.2	10.8			

柠檬酸($C_6H_8O_7 \cdot H_2O$)相对分子质量为 210.14；0.1 mol · L^{-1} 溶液为 21.01 g · L^{-1}。

柠檬酸钠($Na_3C_6H_5O_7 \cdot 2H_2O$)相对分子质量为 294.12；0.1 mol · L^{-1} 溶液为 29.41 g · L^{-1}。

六、0.2 mol · L^{-1} 醋酸—醋酸钠缓冲液

附表 13 醋酸—醋酸钠缓冲液配制

pH 值 (18℃)	0.2 mol · L^{-1} NaAc (mL)	0.2 mol · L^{-1} HAc (mL)	pH 值 (18℃)	0.2 mol · L^{-1} NaAc (mL)	0.2 mol · L^{-1} HAc (mL)
3.6	0.75	9.35	4.8	5.90	4.10
3.8	1.20	8.80	5.0	7.00	3.00
4.0	1.80	8.20	5.2	7.90	2.10
4.2	2.65	7.35	5.4	8.60	1.40
4.4	3.70	6.30	5.6	9.10	0.90
4.6	4.90	5.10	5.8	9.40	0.60

$NaAc \cdot 3H_2O$ 相对分子质量为 136.09；0.2 mol · L^{-1} 溶液为 27.22 g · L^{-1}；醋酸 11.8 mL 稀释至 1 L(需标定)。

七、0.05 mol · L^{-1} 磷酸二氢钾—氢氧化钠缓冲液

附表 14 磷酸二氢钾—氢氧化钠缓冲液配制

pH 值(20℃)	X (mL)	Y (mL)	pH 值(20℃)	X (mL)	Y (mL)
5.8	5	0.372	7.0	5	2.963
6.0	5	0.570	7.2	5	3.500
6.2	5	0.860	7.4	5	3.950
6.4	5	1.260	7.6	5	4.280
6.6	5	1.780	7.8	5	4.520
6.8	5	2.365	8.0	5	4.680

X mL 0.2 mol · L^{-1} KH_2PO_4+Y mL 0.2 mol · L^{-1} NaOH 加水稀释至 20 mL。

KH_2PO_4 相对分子质量为 136.09；0.2 mol · L^{-1} 溶液为 27.22 g · L^{-1}。

八、磷酸盐缓冲液

(一) 0.2 mol · L^{-1} 磷酸氢二钠—磷酸二氢钠缓冲液

附表 15 磷酸氢二钠—磷酸二氢钠缓冲液配制

pH 值	0.2 mol · L^{-1} Na_2HPO_4 (mL)	0.2 mol · L^{-1} NaH_2PO_4 (mL)	pH 值	0.2 mol · L^{-1} Na_2HPO_4 (mL)	0.2 mol · L^{-1} NaH_2PO_4 (mL)
5.8	8.0	92.0	7.0	61.0	39.0
5.9	10.0	90.0	7.1	67.0	33.0
6.0	12.3	87.7	7.2	72.0	28.0
6.1	15.0	85.0	7.3	77.0	23.0
6.2	18.5	81.5	7.4	81.0	19.0
6.3	22.5	77.5	7.5	84.0	16.0
6.4	26.5	73.5	7.6	87.0	13.0
6.5	31.5	68.5	7.7	89.5	10.5
6.6	37.5	62.5	7.8	91.5	8.5
6.7	43.5	56.5	7.9	93.0	7.0
6.8	49.0	51.0	8.0	94.7	5.3
6.9	55.0	45.0			

$Na_2HPO_4 \cdot 2H_2O$ 相对分子质量为 178.05；0.2 mol · L^{-1} 溶液为 35.61 g · L^{-1}。

$Na_2HPO_4 \cdot 12H_2O$ 相对分子质量为 358.22；0.2 mol · L^{-1} 溶液为 71.64 g · L^{-1}。

$NaH_2PO_4 \cdot H_2O$ 相对分子质量为 138.01；0.2 mol · L^{-1} 溶液为 27.6 g · L^{-1}。

$NaH_2PO_4 \cdot 2H_2O$ 相对分子质量为 156.03；0.2 mol · L^{-1} 溶液为 31.21 g · L^{-1}。

(二) 1/15 mol · L^{-1} 磷酸氢二钠—磷酸二氢钾缓冲液

附表 16 磷酸氢二钠—磷酸二氢钾缓冲液配制

pH 值	1/15 mol · L^{-1} Na_2HPO_4 (mL)	1/15 mol · L^{-1} KH_2PO_4 (mL)	pH 值	1/15 mol · L^{-1} Na_2HPO_4 (mL)	1/15 mol · L^{-1} KH_2PO_4 (mL)
4.92	0.10	9.90	7.17	7.00	3.00
5.29	0.50	9.50	7.38	8.00	2.00
5.91	1.00	9.00	7.73	9.00	1.00
6.24	2.00	8.00	8.04	9.50	0.50
6.47	3.00	7.00	8.34	9.75	0.25
6.64	4.00	6.00	8.67	9.90	0.10
6.81	5.00	5.00	9.18	10.00	0
6.98	6.00	4.00			

$Na_2HPO_4 \cdot 2H_2O$ 相对分子质量为 178.05，1/15 mol · L^{-1} 溶液含 35.61 g · L^{-1}。

KH_2PO_4 相对分子质量为136.09，1/15 mol·L^{-1} 溶液含9.078 g·L^{-1}。

九、巴比妥钠—盐酸缓冲液

附表17 巴比妥钠—盐酸缓冲液配制

pH值(18℃)	0.04 mol·L^{-1} 巴比妥钠(mL)	0.2 mol·L^{-1}HCl(mL)	pH值(18℃)	0.04 mol·L^{-1} 巴比妥钠(mL)	0.2 mol·L^{-1}HCl(mL)
6.8	100	18.4	8.4	100	5.21
7.0	100	17.8	8.6	100	3.82
7.2	100	16.7	8.8	100	2.52
7.4	100	15.3	9.0	100	1.65
7.6	100	13.4	9.2	100	1.13
7.8	100	11.47	9.4	100	0.70
8.0	100	9.39	9.6	100	0.35
8.2	100	7.21			

巴比妥钠相对分子质量为206.18；0.04 mol·L^{-1} 溶液为8.25 g·L^{-1}。

十、0.05 mol·L^{-1} Tris-HCl缓冲液

附表18 Tris-HCl缓冲液配制

pH值(25℃)	X(mL)	pH值(25℃)	X(mL)
7.10	45.7	8.10	26.2
7.20	44.7	8.20	22.9
7.30	43.4	8.30	19.9
7.40	42.0	8.40	17.2
7.50	40.3	8.50	14.7
7.60	38.5	8.60	12.4
7.70	36.6	8.70	10.3
7.80	34.5	8.80	8.5
7.90	32.0	8.90	7.0
8.00	29.2		

50 mL 0.1 mol·L^{-1} 三羟甲基氨基甲烷(Tris)溶液与 X mL 0.1 mol·L^{-1} 盐酸混匀并稀释至100 mL。

Tris相对分子质量为121.14；0.1 mol·L^{-1}溶液为12.114 g·L^{-1}。Tris溶液可从空气中吸收二氧化碳，使用时注意将瓶密封。

十一、硼酸—硼砂缓冲液（0.2 mol·L^{-1} 硼酸根）

附表19 硼酸—硼砂缓冲液配制

pH值	0.05 mol·L^{-1} 硼砂(mL)	0.2 mol·L^{-1} 硼酸(mL)	pH值	0.05 mol·L^{-1} 硼砂(mL)	0.2 mol·L^{-1} 硼酸(mL)
7.4	1.0	9.0	8.2	3.5	6.5
7.6	1.5	8.5	8.4	4.5	5.5
7.8	2.0	8.0	8.7	6.0	4.0
8.0	3.0	7.0	9.0	8.0	2.0

硼砂 $Na_2B_4O_7 \cdot 10H_2O$ 相对分子质量为381.43；0.05 mol·L^{-1} 硼砂溶液(等于0.2 mol·L^{-1} 硼酸根)为19.07 g·L^{-1}。

硼酸 H_3BO_3 相对分子质量为61.84；0.2 mol·L^{-1} 的溶液为12.37 g·L^{-1}。

硼砂易失去结晶水，必须在带塞的瓶中保存。

十二、0.05 mol·L^{-1} 甘氨酸—氢氧化钠缓冲液

附表20 甘氨酸—氢氧化钠缓冲液配制

pH值	0.2 mol·L^{-1} X (mL)	0.2 mol·L^{-1} Y (mL)	pH值	0.2 mol·L^{-1} X (mL)	0.2 mol·L^{-1} Y (mL)
8.6	50	4.0	9.6	50	22.4
8.8	50	6.0	9.8	50	27.2
9.0	50	8.8	10	50	32.0
9.2	50	12.0	10.4	50	38.6
9.4	50	16.8	10.6	50	45.5

X mL 0.2 mol·L^{-1} 甘氨酸+Y mL 0.2 mol·L^{-1} NaOH 加水稀释至200 mL。

甘氨酸相对分子质量为75.07；0.2 mol·L^{-1} 溶液含15.01 g·L^{-1}。

十三、0.05 mol·L^{-1}(硼酸根)硼砂—氢氧化钠缓冲液

附表21 硼砂—氢氧化钠缓冲液配制

pH值	0.05 mol·L^{-1} X (mL)	0.2 mol·L^{-1} Y (mL)	pH值	0.05 mol·L^{-1} X (mL)	0.2 mol·L^{-1} Y (mL)
9.3	50	6.0	9.8	50	34.0
9.4	50	11.0	10.0	50	43.0
9.6	50	23.0	10.1	50	46.0

X mL 0.05 mol·L^{-1} 硼砂+Y mL 0.2 mol·L^{-1} NaOH 加水稀释至200 mL。

硼砂 $Na_2B_4O_7 \cdot 10H_2O$ 相对分子质量为381.43；0.05 mol·L^{-1} 硼砂溶液(等于0.2 mol·L^{-1} 硼酸根)为19.07 g·L^{-1}。

十四、0.1 mol·L^{-1} 碳酸钠—碳酸氢钠缓冲液

附表22 碳酸钠—碳酸氢钠缓冲液配制

pH值 20℃	pH值 37℃	0.1 mol·L^{-1} Na_2CO_3 (mL)	0.1 mol·L^{-1} $NaHCO_3$ (mL)
9.16	8.77	1	9
9.40	9.22	2	8
9.51	9.40	3	7
9.78	9.50	4	6
9.90	9.72	5	5
10.14	9.90	6	4
10.28	10.08	7	3
10.53	10.28	8	2
10.83	10.57	9	1

此缓冲液在 Ca^{2+}、Mg^{2+}存在时不得使用。

$Na_2CO_3 \cdot 10H_2O$ 相对分子质量为 286.2；0.1 mol · L^{-1} 溶液为 28.62 g · L^{-1}。

$NaHCO_3$ 相对分子质量为 84.0；0.1 mol · L^{-1} 溶液为 8.40 g · L^{-1}。

十五、0.2 mol · L^{-1}PBS 缓冲液

附表 23 PBS 缓冲液配制

pH 值	0.2 mol · L^{-1} NaH_2PO_4(mL)	0.2 mol · L^{-1} Na_2HPO_4(mL)	NaCl (g)	pH 值	0.2 mol · L^{-1} NaH_2PO_4(mL)	0.2 mol · L^{-1} Na_2HPO_4(mL)	NaCl (g)
5.7	93.5	6.5	0.9	6.0	87.7	12.3	0.9
5.8	92.0	8.0	0.9	6.1	85.0	15.0	0.9
5.9	90.0	10.0	0.9	6.2	81.5	18.5	0.9

$Na_2HPO_4 \cdot 2H_2O$ 相对分子质量为 178.05；0.2 mol · L^{-1} 溶液为 35.61 g · L^{-1}。

$Na_2HPO_4 \cdot 12H_2O$ 相对分子质量为 358.22；0.2 mol · L^{-1} 溶液为 71.64 g · L^{-1}。

$NaH_2PO_4 \cdot H_2O$ 相对分子质量为 138.01；0.2 mol · L^{-1} 溶液为 27.6 g · L^{-1}。

$NaH_2PO_4 \cdot 2H_2O$ 相对分子质量为 156.03；0.2 mol · L^{-1} 溶液为 31.21 g · L^{-1}。

（侯名语）

附录 6 离心力与离心机转速测算公式

离心力(centrifugal force，F)：当物体绕着一个中心做圆周运动时，由于惯性，总有脱离圆弧轨道而“飞”出去的趋势。如果以做圆周运动的物体做参考系，就好像总有一个力要拉着它偏离出去，这个力就是离心力。实际上离心力是由于采用非惯性参考系的结果，它是惯性力的一种，离心力作为真实的力根本就不存在。由下式可计算离心力：

$$F = m\omega^2 r \quad (附6\text{-}1)$$

式中 m ——颗粒质量；

ω ——旋转角速度(rad/s)；

r ——旋转体离旋转轴的距离(cm)。

相对离心力(relative centrifugal force，RCF)：指将离心力转化为重力加速度的倍数。颗粒在离心过程中的离心力是相对颗粒本身所受的重力而言，因此把这种离心力称为相对离心力。即以离心力相当于重力加速度(g)的倍数来衡量，一般用 g 或×g 表示。其计算公式为：

$$RCF = F_{离心力}/F_{重力} = m\omega^2 r/mg = \omega^2 r/g \quad (附6\text{-}2)$$

离心机转速指离心机每分钟的转数(revolution per minute，rpm，r · min^{-1})。

相对离心力 RCF 和 rpm 可通过下述公式来换算：

$$RCF = 1.119\times10^{-5}\times r\times rpm^2 \quad (附6\text{-}3)$$

式中　r——离心机转头的半径(角转头)，或离心管中轴底部内壁到离心机转轴中心的距离(甩平头)，单位为 cm。

利用下图，已知离心机 r 和 g 就可求出 rpm；反之，r 和 rpm 已知，也可求出 g。例如，在 r 标尺上取已知的 r 半径值和在 g 标尺上取已知相对离心力值，这两点间线的延长线在 rpm 标尺的交叉点即为 rpm。注意，若已知的 g 值处于 g 标尺的右边，则应读取 rpm 标尺的右边数值，否则反之。

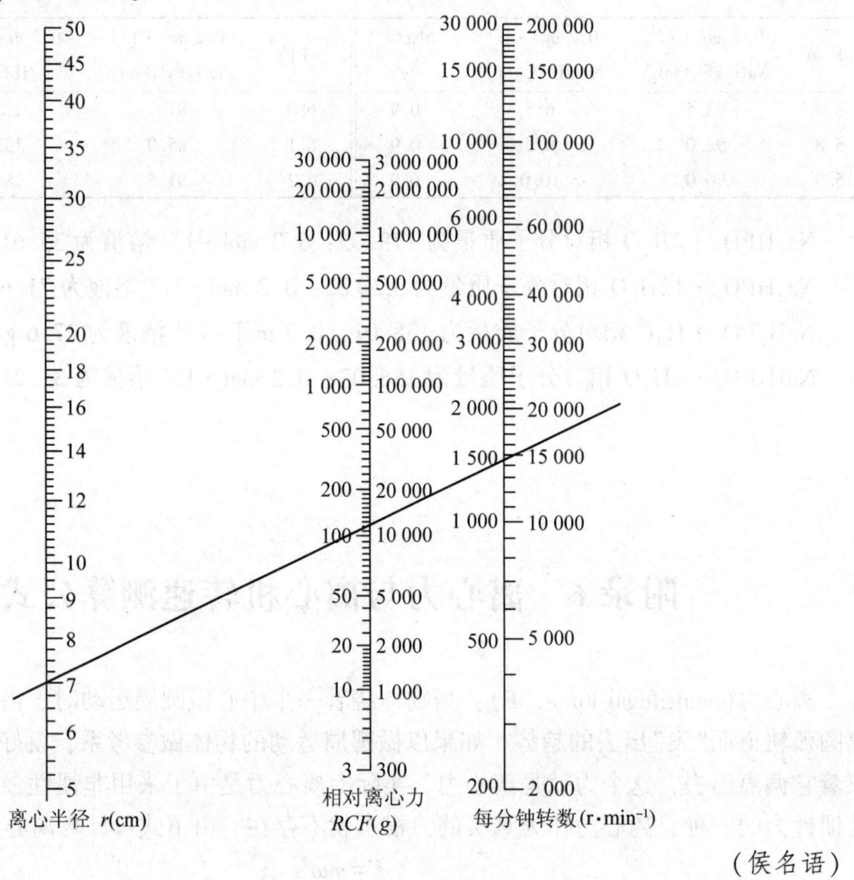

(侯名语)

附录7　植物组织培养常用培养基

附表24　植物组织培养常用培养基配制　　mg · L^{-1}

培养基成分	MS	WPM	DKW	ER	HE	SH	B_5	N_6
NH_4NO_3	1 650	400	1 416	1 200	—	—	—	463
KNO_3	1 900	—	—	1 900	—	2 500	2 500	2 830

（续）

培养基成分	MS	WPM	DKW	ER	HE	SH	B_5	N_6
$Ca(NO_3)_2 \cdot 4H_2O$	—	556	1 367	—	—	—	—	—
$CaCl_2 \cdot 2H_2O$	440	96	112.5	440	75	200	150	166
K_2SO_4	—	990	1 559	—	—	—	—	—
$MgSO_4 \cdot 7H_2O$	370	370	361.49	370	250	400	250	185
KH_2PO_4	170	170	265	340	—	—	—	400
$(NH_4)_2SO_4$	—	—	—	—	—	—	134	—
$NaNO_3$	—	—	—	—	600	—	—	—
$NaH_2PO_4 \cdot H_2O$	—	—	—	—	125	345	150	—
KCl	—	—	—	—	750	—	—	—
KI	—	—	—	0.83	0.01	1.0	0.75	0.8
H_3BO_3	6.2	6.2	4.8	0.63	1.0	5.0	3.0	1.6
$MnSO_4 \cdot 4H_2O$	22.3	22.4	33.5	2.23	0.1	10	10	4.4
$ZnSO_4 \cdot 7H_2O$	10.6	8.6	17	—	1.0	1.0	2.0	1.5
Zn(螯合的)	—	—	—	15	—	—	—	—
$Na_2MoO_4 \cdot 2H_2O$	0.25	0.25	0.39	0.025	—	0.1	0.25	—
$CuSO_4 \cdot 5H_2O$	0.025	0.25	0.25	0.002 5	0.03	0.2	0.04	—
$CoCl_2 \cdot 6H_2O$	0.025	—	—	0.002 5	—	0.1	0.025	—
$AlCl_3$	—	—	—	—	0.03	—	—	—
$NiCl_2 \cdot 6H_2O$	—	—	—	—	0.03	—	—	—
$NiSO_4 \cdot 6H_2O$	—	—	0.005	—	—	—	—	—
$FeCl_3 \cdot 6H_2O$	—	—	—	—	1.0	—	—	—
EDTA-Na_2	37.3	37.3	45.4	37.3	—	20	37.3	37.3
$FeSO_4 \cdot 7H_2O$	27.8	27.8	33.8	27.8	—	15	27.8	27.8
有机物	—	—	—	—	—	—	—	—
肌醇	100	100	—	—	—	1 000	100	—
烟酸	0.5	0.5	—	—	—	5.0	1.0	0.5
维生素 B_1(盐酸硫胺素)	0.4	1.0	5.22	—	—	5.0	10	1.0
维生素 B_6(盐酸吡哆素)	0.5	0.5	—	—	—	5.0	1.0	0.5
甘氨酸	2.0	2.0	—	—	—	—	—	2.0
琼脂	10 000	6 000	—	—	—	—	10 000	1 000
蔗糖(g)	30	20	—	40	20	30	20	50
pH	5.7	5.2	—	5.8	5.8	5.8	5.5	5.8

注：本表所列为基本培养基，不包含植物激素及生长调节物质。这些物质的加入量需根据培养目的而定，可参考有关文献或通过实验确定。

（侯名语）

附录8 常见植物生长调节物质及主要性质

附表25 常见植物生长调节物质及主要性质

名称	化学式	相对分子质量	溶解性质
吲哚乙酸(IAA)	$C_{10}H_9O_2N$	175.18	溶于醇、醚、丙酮，在碱性溶液中较稳定，遇热酸后失去活性
吲哚丁酸(IBA)	$C_{12}H_{13}NO_2$	203.24	溶于醇、醚、丙酮，不溶于水、氯仿
α-萘乙酸(NAA)	$C_{12}H_{10}O_2$	186.21	易溶于热水，微溶于冷水，溶于丙酮、醚、乙酸、苯
2,4-二氯苯氧乙酸(2,4-D)	$C_8H_6Cl_2O_3$	221.04	难溶于水，溶于醇、丙酮、乙醚等有机溶剂
4-碘苯氧乙酸(PIPA)	$C_8H_7O_3I$	278.04	微溶于冷水，易溶于热水、乙醇、氯仿、乙醚、苯
对氯苯氧乙酸(PCPA)	$C_8H_7O_3Cl$	186.59	溶于乙醇、丙酮和醋酸等有机溶剂和热水
赤霉素(GA_3)	$C_{19}H_{22}O_6$	346.37	难溶于水，不溶于石油醚、苯、氯仿，而溶于醇类、丙酮、冰醋酸
激动素(KT)	$C_{10}H_9N_5O$	215.21	易溶于稀盐酸、稀氢氧化钠，微溶于冷水、乙醇、甲醇
6-苄基腺嘌呤(6-BA)	$C_{12}H_{11}N_5$	225.25	溶于稀碱、稀酸
玉米素(ZT)	$C_{10}H_{13}N_5O$	219.24	难溶于水，溶于醇、酸、碱
2,3,5-三碘苯甲酸(TIBA)	$C_7H_3O_2I_3$	499.81	微溶于水，可溶于热苯、乙醇、丙酮、乙醚
脱落酸(ABA)	$C_{15}H_{20}O_4$	264.32	溶于碱性溶液、三氯甲烷、丙酮、乙醇
2-氯乙基膦酸(CEPA)(乙烯利)	$C_2H_6ClO_3P$	144.49	易溶于水、乙醇、乙醚
青鲜素(MH)	$C_4H_4O_2N_2$	112.09	难溶于水，微溶于醇，易溶于冰醋酸
缩节胺(Pix)(助壮素)	$C_7H_{16}NCl$	149.66	易溶于水，微溶于乙醇
矮壮素(CCC)	$C_5H_{13}NCl_2$	158.07	易溶于水，溶于乙醇、丙酮
PP333(多效唑)	$C_{15}H_{20}ClN_3O$	293.79	易溶于水、甲醇、丙酮
三十烷醇(TAL)	$C_{30}H_{62}O$	438.81	几乎不溶于水，可溶于热苯、氯仿
丁酰肼(B9，比久)	$C_6H_{12}N_2O_3$	160.17	溶于水、甲醇，丙酮
1-甲基环丙烯(1-MCP)	C_4H_6	54.09	微溶于水，可溶于丙酮、二甲苯
油菜素内酯(BR)	$C_{28}H_{48}O_6$	480.68	溶于甲醇、乙醇等
水杨酸(SA)	$C_7H_6O_3$	138.12	溶于乙醇
茉莉酸(JA)	$C_{12}H_{18}O_3$	210.27	溶于乙醇

(陈琰)

附录 9 常用酸碱摩尔浓度的近似配置表及其性质

附表 26 常用酸碱摩尔浓度的近似配置表及其性质

名称	相对分子质量	性质	1 mol · L^{-1} 溶液配置方法
盐酸(HCl)	36.46	强腐蚀性	比重 1.19 的盐酸近似 12 mol · L^{-1}，将 12 mol · L^{-1} 的盐酸 83 mL 加水稀释至 1 000 mL
硫酸(H_2SO_4)	98.08	强腐蚀性、易吸水	比重 1.84 的硫酸近似 18 mol · L^{-1}，将 18 mol · L^{-1} 的硫酸 56 mL 缓慢注入 972 mL 水中
硝酸(HNO_3)	63.01	强腐蚀性	比重 1.42 的硝酸近似 16 mol · L^{-1}，将 16 mol · L^{-1} 的硝酸 63 mL 加水稀释至 1 000 mL
冰醋酸(CH_3COOH)	60.05	有腐蚀性、有刺鼻气味	比重 1.05 的冰醋酸近似 17.5 mol · L^{-1}，将 17.5 mol · L^{-1} 的冰醋酸 58 mL 加水稀释至 1 000 mL
氢氧化钠(NaOH)	40.00	强腐蚀性	将 40 g 氢氧化钠溶于水中稀释至 1 000 mL
氢氧化钾(KOH)	56.11	强腐蚀性	将 56 g 氢氧化钾溶于水中稀释至 1 000 mL

(陈琰)

附录 10 常用酸碱指示剂

附表 27 常用酸碱指示剂

名称	变色 pH 值范围	酸性色	碱性色	浓度(%)	溶剂	100 mL 溶液需 0.1 mol · L^{-1} NaOH(mL)
溴酚蓝(bromophenol blue)	3.0~4.6	黄	紫	0.04	稀碱	0.60
甲基橙(methyl orange)	3.1~4.4	红	黄	0.02	水	—
甲基红(methyl red)	4.4~6.2	红	黄	0.10	50%乙醇	—
石蕊(litmus)	5.0~8.0	红	蓝	1.00	水	—
溴酚红(bromophenol red)	5.2~6.8	黄	红	0.04	稀碱	0.78
酚红(phenol red)	6.4~8.2	黄	红	0.02	稀碱	1.13
中性红(neutral red)	6.8~8.0	红	黄	0.01	50%乙醇	—
酚酞(phenolphthalein)	8.3~10.0	无色	红	0.10	无水乙醇/95%乙醇	—
溴麝香草酚蓝(bromothymol blue)	6.0~7.6	黄	蓝	0.04	稀碱	0.64

(陈琰)

附录11 本实验教程中常用化合物的相对分子质量

附表28 本实验教程中常用化合物的相对分子质量

化合物	相对分子质量	化合物	相对分子质量
无水碳酸钠(Na_2CO_3)	105.99	七水合硫酸镁($MgSO_4 \cdot 7H_2O$)	246.47
碳酸氢钠($NaHCO_3$)	84.01	四水合硝酸钙[$Ca(NO_3)_2 \cdot 4H_2O$]	236.15
氯化钠(NaCl)	58.44	无水氯化钙($CaCl_2$)	110.98
硫酸钠(Na_2SO_4)	142.04	碳酸钙($CaCO_3$)	100.09
亚硝酸钴钠[$Na_3Co(NO_2)_6$]	403.94	硫酸钙($CaSO_4$)	136.14
次氯酸钠(NaClO)	74.44	七水合硫酸亚铁($FeSO_4 \cdot 7H_2O$)	278.02
四水合酒石酸钾钠($NaKC_4H_4O_6 \cdot 4H_2O$)	282.22	氯化铁($FeCl_3$)	162.20
十二水合磷酸氢二钠($Na_2HPO_4 \cdot 12H_2O$)	358.14	五水合硫酸铜($CuSO_4 \cdot 5H_2O$)	249.69
硝酸钠($NaNO_3$)	84.99	一水合乙酸铜[$Cu(CH_3COO)_2 \cdot H_2O$]	199.65
二水合磷酸二氢钠($NaH_2PO_4 \cdot 2H_2O$)	156.01	硝酸银($AgNO_3$)	169.87
二水合乙二胺四乙酸二钠($C_{10}H_{14}N_2Na_2O_8 \cdot 2H_2O$)	372.24	氢氧化钡[$Ba(OH)_2$]	171.34
亚硝酸钠($NaNO_2$)	69.00	七水合硫酸锌($ZnSO_4 \cdot 7H_2O$)	287.56
醋酸钠(CH_3COONa)	82.03	无水氯化锰($MnCl_2$)	125.84
硝酸钾(KNO_3)	101.10	六水合氯化钴($CoCl_2 \cdot 6H_2O$)	237.93
硫酸钾(K_2SO_4)	174.26	硼酸(H_3BO_3)	61.83
磷酸二氢钾(KH_2PO_4)	136.09	钼酸(H_2MoO_4)	161.95
碘化钾(KI)	166.00	四水合钼酸铵[$(NH_4)_6Mo_7O_{24} \cdot 4H_2O$]	1 235.86
碘酸钾(KIO_3)	214.00	氯化铵(NH_4Cl)	53.49
氯化钾(KCl)	74.55	硫酸铵[$(NH_4)_2SO_4$]	132.14
高锰酸钾($KMnO_4$)	158.03	盐酸羟胺($NH_2OH \cdot HCl$)	69.49
甲醇(CH_3OH)	32.04	α-萘胺($C_{10}H_9N$)	143.19
乙醇(CH_3CH_2OH)	46.07	联苯胺($C_{12}H_{12}N_2$)	184.24
乙二醇[$CH_2(OH)_2$]	62.07	二苯胺($C_{12}H_{11}N$)	169.22
正丙醇(C_3H_8O)	60.10	环己烷(C_6H_{12})	84.16
正丁醇($C_4H_{10}O$)	74.12	苯酚(C_6H_6O)	94.11
苯(C_6H_6)	78.11	邻苯二酚($C_6H_6O_2$)	110.11
二甲苯(C_8H_{10})	106.17	愈创木酚($C_7H_8O_2$)	124.14

（续）

化合物	相对分子质量	化合物	相对分子质量
蒽酮（$C_{14}H_{10}O$）	194.23	氮蓝四唑（$C_{40}H_{30}N_{10}O_6 \cdot 2Cl$）	817.64
水合茚三酮（$C_9H_4O_3 \cdot H_2O$）	178.14	咔唑（$C_{12}H_9N$）	167.21
丙酮（CH_3COCH_3）	58.08	三氯乙酸（$C_2HCl_3O_2$）	163.39
葡萄糖（$C_6H_{12}O_6$）	180.16	一水合柠檬酸（$C_6H_8O_7 \cdot H_2O$）	210.14
蔗糖（$C_{12}H_{22}O_{11}$）	342.30	3，5 二硝基水杨酸（$C_7H_4N_2O_7$）	228.12
甲基红（$C_{15}H_{15}N_3O_2$）	269.3	对氨基苯磺酸（$C_6H_7NO_3S$）	173.19
亚甲基蓝三水化合物（$C_{16}H_{18}ClN_3S \cdot 3H_2O$）	373.90	二水合 5-磺基水杨酸（$C_7H_6O_6S \cdot 2H_2O$）	254.21
核黄素（$C_{17}H_{20}N_4O_6$）	376.36	2-硫代巴比妥酸（$C_4H_4N_2O_2S$）	144.15
抗坏血酸（$C_6H_8O_6$）	176.12	L-脯氨酸（$C_5H_9NO_2$）	115.13
L-半胱氨酸（$C_3H_7NO_2S$）	121.16	L-甲硫氨酸（$C_5H_{11}NO_2S$）	149.21

（陈琰）

附录 12　常用有机溶剂及其主要性质

附表 29　常用有机溶剂及其主要性质

名称	化学式 相对分子质量	Mp（℃） Bp（℃）	物理性质	溶解性质	危害性及注意事项
甲醇	CH_3OH 32.04	−97.8 64.7	无色透明液体，强挥发性，有乙醇相似的气味，高度易燃	能与水、乙醇、乙醚、苯、酮类等多数有机溶剂相混溶，不与石油醚混溶	吸入、口服、皮肤接触有中等毒性，误饮能致眼失明、肝损伤
乙醇	C_2H_5OH 46.07	−114.1 78.5	无色透明液体，易挥发性，醇香味浓，为弱极性的有机溶剂，高度易燃	能与水、苯、乙醚、丙三醇、氯仿有机溶剂任意混溶；与水混溶后体积缩小，并释放热量	微毒性，有麻醉性
正丙醇	C_3H_7OH 60.10	−127.0 97.2	无色透明挥发性液体，有乙醇气味，高度易燃	能与水、乙醇、乙醚相混溶	对眼睛有严重损伤危险；其蒸气可引起瞌睡和眩晕
异丙醇	$(CH_3)_2CHOH$ 60.10	−88.5 82.5	无色透明液体，微有乙醇气味，有挥发性，高度易燃	能与水、乙醇、乙醚相混溶	对眼睛有刺激性，其蒸气可引起瞌睡和眩晕，使用时应避免与眼睛、皮肤接触
正丁醇	$CH_3(CH_2)_3OH$ 74.12	−90.0 117~118	无色透明液体，易燃	微溶于水，能与乙醇、乙醚及多数有机溶剂相混溶	中毒性，口服有害，对呼吸系统及皮肤有刺激性，对眼睛有严重损伤危险

(续)

名称	化学式 相对分子质量	Mp(℃) Bp(℃)	物理性质	溶解性质	危害性及注意事项
丙三醇(甘油)	$C_3H_5(OH)_3$ 92.09	17.8 290	无色透明黏稠液体,味甜,有强吸湿性,可燃	能与水、乙醇、乙酸乙酯、乙醚相混溶,不溶于石油醚、苯、氯仿、四氯化碳、二硫化碳、油类、长链脂肪醇	无毒性,与强氧化剂接触能引起燃烧或爆炸
丙酮	CH_3COCH_3 58.08	-94.0 56.5	无色透明易挥发液体,有甜的气味,高度易燃	能与水、乙醇、氯仿、乙醚及多种油类相混溶	低毒,对眼睛有刺激性,其蒸气能引起瞌睡和眩晕,使用时避免吸入其蒸气
甲醛	CH_2O 30.03	— 96	无色透明液体,遇冷聚合成多聚甲醛变浑浊	能与水、乙醇、丙酮任意混溶	有腐蚀性,能引起烧伤,吸入、口服、接触皮肤有毒性,能引起皮肤过敏
乙酸	CH_3COOH 60.06	16.7 118	无色透明液体,低温下凝固为冰状晶体,有刺激酸味,易燃	能与水、乙醇、甘油、乙醚和四氯化碳等有机溶剂相混溶	低毒,有腐蚀性,能引起烧伤
乙酸酐	$CH_3CO_2COCH_3$ 102.09	-73 139	无色透明液体,有强乙酸味,易燃	溶于氯仿、乙醇、乙醚、丙酮,能缓慢溶于水生成乙酸	吸入或口服有害,有腐蚀性,能引起烧伤
乙酸乙酯	$CH_3COOC_2H_5$ 88.11	-83.0 77.0	无色透明液体,有果香味,有挥发性,高度易燃	水能使其缓慢分解,能与氯仿、乙醇、乙醚、丙酮相混溶	对眼睛有刺激性,其蒸气能引起瞌睡和眩晕
乙醚	$C_2H_6OC_2H_5$ 74.12	-116.3 34.6	无色透明易挥发的液体,极易燃,能形成爆炸性过氧化物	微溶于水,能与乙醇、苯、氯仿、石油醚等任意混溶	口服有害,其蒸气能引起瞌睡和眩晕;切勿排入下水道
石油醚 60~90℃		— 60~90	低沸点的碳氢化合物的混合物;无色透明液体,易挥发,有特殊气味,高度易燃,和空气的混合物有爆炸性	不溶于水,能与乙醇、乙醚、苯、氯仿等有机溶剂相混溶	口服有害,能损伤肺脏,对皮肤有刺激性,切勿排入下水道
三氯甲烷(氯仿)	$CHCl_3$ 119.37	-63.5 61~62	无色透明液体,有特殊臭味,味甜,易挥发而不易燃烧	微溶于水,与乙醇、乙醚、苯、石油醚、四氯化碳、二硫化碳、油类相混溶	吸入、口服有中等毒性,对皮肤有刺激性,可能致癌
四氯化碳	CCl_4 153.81	-23 76.7	无色透明不燃烧的重质液体,有特殊气味	极微溶于水,能与乙醇、乙醚、苯、氯仿、二硫化碳、石油醚、油类相混溶	吸入、口服、皮肤接触有强毒性,使用时应避免吸入其蒸气和飞沫
苯	C_6H_6 78.11	5.5 80.1	无色透明易挥发液体,有特殊气味,白色结晶粉末,高度易燃	微溶于水,能与乙醇、乙醚、丙酮、氯仿、冰乙酸、二硫化碳、四氯化碳及油类等有机溶剂相混溶	强毒性,吸入、口服、皮肤接触对健康有严重损伤危险,误服可使肺受损,能致癌

（续）

名称	化学式/相对分子质量	Mp(℃)/Bp(℃)	物理性质	溶解性质	危害性及注意事项
甲苯	$C_6H_5CH_3$ / 92.14	-95 / 110.6	无色透明液体，有特殊苯芳香味，高度易燃	极微溶于水，与乙醇、乙醚、氯仿、丙酮、氯仿、二硫化碳、乙酸等多种有机溶剂相混溶	吸入有毒，对皮肤有刺激性，其蒸气能引起瞌睡和眩晕
二甲苯	$C_6H_4(CH_3)_2$ / 106.17	— / 137~140	无色透明液体，易燃	不溶于水，与无水乙醇、乙醚、氯仿等多种有机溶剂相混溶	吸入、皮肤接触有低毒性，对皮肤有刺激性
正己烷	$CH_3(CH_2)_4CH_3$ / 86.17	-95.3 / 68.7	无色透明液体，有微弱特殊气味，易挥发，高度易燃	能与乙醇、乙醚、氯仿等多数有机溶剂相混溶，不溶于水	能损伤肺脏，对皮肤刺激性，其蒸气能引起瞌睡和眩晕
酚（苯酚，石炭酸）	C_6H_5OH / 94.11	40.85 / 182.0	无色结晶，见光或露置空气中变为淡红色	溶于热水，易溶于乙醇、氯仿、乙醚、甘油、二硫化碳、碱溶液，不溶于石油醚，微溶于冷水	强腐蚀性，能引起烧伤，吸入、口服、皮肤接触有毒
环己烷	$(CH_2)_6$ / 84.16	6.47 / 80.7	无色液体，有特殊气味，高度易燃	温度高于57℃时能与乙醇、甲醇、苯、乙醚、丙酮等相混溶，不溶于水	口服有毒，对皮肤有刺激性，其蒸气能引起瞌睡和眩晕
吡啶	C_5H_5N / 79.10	-41.6 / 115.2~115.3	无色透明液体，有特殊臭味，高度易燃	能与水、乙醇、氯仿、石油醚、乙醚、油类等多种有机溶剂相混溶	高毒，吸入、口服、皮肤接触有害
乙腈	C_2H_3N / 41.5	-45 / 81.6	无色透明液体，有似乙醚气味，高度易燃	能与水、乙醇相混溶	吸入、口服、皮肤接触有害，对眼睛有刺激性
二硫化碳	CS_2 / 76.14	-111.6 / 46.5	无色透明液体，有恶臭，易挥发，高度易燃	几乎不溶于水，能与甲醇、乙醇、乙醚、苯、氯仿、四氯化碳、油类相混溶	对眼睛及皮肤有刺激性，吸入有严重损害健康危险
二甲亚砜	CH_3SOCH_3 / 78.13	18.5 / 189	无色黏稠液体，无味，极易吸潮	溶于水，几乎不溶于乙醇、乙醚、丙酮、苯、氯仿	微毒性，使用时应避免与眼睛及皮肤接触
甲酰胺	CH_3NO / 45.04	2.55 / 210.5	无色透明微有黏性液体，微有氨味，易吸水	能与水、乙醇、甲醇、丙酮、乙酸、甘油、苯酚相混溶，极微溶于苯、乙醚	对眼睛、呼吸系统、皮肤有刺激性
乙二胺四乙酸	$C_{10}H_{16}N_2O_8$ / 292.24	240 / —	白色结晶或粉末，易吸湿	溶于氢氧化钠、碳酸钠溶液和氨水，不溶于冷水、乙醇和一般有机溶剂	对眼睛有刺激性
吐温80		— / 154~156	浅粉红色油状液体，有脂肪味	易溶于水，溶于乙醇、乙酸乙酯、甲醇、甲苯，不溶于矿物油和植物油	

（刘艳萌）